高等学校应用型本科系列教材

计算机基础及应用

（第二版）

主编　丁雪芳　周　燕

参编　李　容　袁建民　冯　佩

西安电子科技大学出版社

内 容 简 介

本书根据教育部制订的教学要求以及新版全国计算机技术与软件专业技术资格考试信息处理技术员考试大纲的要求编写，内容包括信息处理与计算机系统基础知识、操作系统、文字处理软件 Word 2010 及 WPS(文字)2019、电子表格处理软件 Excel 2010、演示文稿软件 PowerPoint 2010。

本书理论与实践相结合，内容丰富，层次清晰，图文并茂。每章章末都附有适量的自测题，以方便学生练习。

本书可作为高等学校计算机基础课程的教材，也可作为其他人员的自学参考用书或培训用书。

图书在版编目（CIP）数据

计算机基础及应用 / 丁雪芳，周燕主编. -- 2 版. -- 西安 ： 西安电子科技大学出版社, 2025. 3. -- ISBN 978-7-5606-7564-0

Ⅰ. TP3

中国国家版本馆 CIP 数据核字第 20255HM894 号

责任编辑　孟秋黎

出版发行　西安电子科技大学出版社（西安市太白南路 2 号）
电　　话　（029）88202421　88201467　　　邮　　编　710071
网　　址　www.xduph.com　　　　　　　　电子邮箱　xdupfxb001@163.com
经　　销　新华书店
印刷单位　陕西精工印务有限公司
版　　次　2025 年 3 月第 2 版　　　　　2025 年 3 月第 1 次印刷
开　　本　787 毫米×1092 毫米　　　　1/16　印　张　18.5
字　　数　437 千字
定　　价　53.00 元

ISBN 978-7-5606-7564-0

XDUP 7865002-1

*** 如有印装问题可调换 ***

出 版 说 明

本书为西安科技大学高新学院课程建设的最新成果之一。西安科技大学高新学院是经教育部批准、由西安科技大学主办的全日制普通本科独立学院。

学院秉承西安科技大学六十余年厚重的历史文化积淀，坚持"为党育人，为国育才"教育使命，充分发挥学科优势和优质教育教学资源，注重"产学研用"的融合与学生高质量就业目标的达成，践行高水平应用型试点院校发展道路。

学院根据国家、城市发展的阶段性需求，现设置有科技与工程学院、经济管理与传媒艺术学院、国际教育与人文学院三个二级学院，以及马克思主义学院、公共基础部、体育部、外语中心部等教学单位，开设有本、专科专业 44 个，涵盖工、管、文、艺等多个学科门类，并联合学术、行业专家，根据人才培养的实际需要不断优化科学培养体系。

学院以高质量就业、高水平升学为责任，通过校企合作、订单式培养、建设双师团队与实践基地，提升学生职业能力与就业优势，通过书院制培养、中外合作办学，打造升学平台，拓宽升学通道，满足每位学子的学历提升需求。学院以建设国际化、创新性、高水平应用型大学为使命，致力于培养实践动手能力强、具有创新创业思维和国际化视野的高素质应用型人才。

在全面、协调发展的同时，学院以人才培养为根本目标，高度重视以课程设计为基本内容的各项专业建设，着力提升学院的核心竞争力。学院大力推进教学内容和教学方法的变革与创新，努力建设与时俱进、先进实用的课程教学体系，在师资队伍、教学条件、社会实践及教材建设等方面不断增加投入、提高质量，努力打造能够适应时代挑战、实现自我发展的人才培养模式。学院与西安电子科技大学出版社合作，发挥学院办学条件及优势，不断推出反映学院教学改革与创新成果的新教材，逐步完善学校特色教材系列，推动学院人才培养质量不断迈向新的台阶，同时为在全国建设独立本科教学示范体系、服务全国独立本科人才培养作出有益探索。

西安科技大学高新学院

西安电子科技大学出版社

2024 年 12 月

前　言

"计算机基础及应用"是高等学校各专业开设的一门公共基础课，旨在提高大学生的计算机基础知识水平和应用能力，并为其后续学习打下扎实的基础。本书根据教育部高等学校计算机类专业教学指导委员会制订的教学要求以及全国计算机技术与软件专业技术资格考试信息处理技术员考试大纲的要求编写，紧跟计算机技术的发展和应用水平，在介绍理论知识的基础上强化应用，以培养和提高学生应用计算机处理信息、解决实际问题的能力。

本书第一版自 2021 年出版以来，受到高等学校广大师生的欢迎。本次修订，作者在每章章末增加了拓展阅读内容。全书内容分为 5 章。其中，第 1 章主要介绍信息与信息技术的基本概念、信息处理的一般过程和数据处理方法、信息安全基础知识以及计算机系统的相关知识；第 2 章介绍操作系统的概念、功能、类型，以及 Windows 7 操作系统的基础知识和使用方法等；第 3 章重点介绍文字处理软件 Word 2010 及 WPS(文字) 2019 的基础知识和基本操作；第 4 章详细介绍电子表格处理软件 Excel 2010 的基础知识和基本操作；第 5 章详细介绍演示文稿软件 PowerPoint 2010 的基础知识和基本操作。

丁雪芳、周燕担任本书主编，李容、袁建民、冯佩参与编写。具体编写分工如下：袁建民编写第 1 章，冯佩编写第 2 章，李容编写第 3 章，丁雪芳编写第 4 章，周燕编写第 5 章。全书由丁雪芳统稿。

在本书的编写过程中，我们得到了西安科技大学高新学院领导和有关教师的关心与支持，同时也得到了西安电子科技大学出版社的大力支持，在此表示衷心感谢。

由于编者水平有限，书中难免存在不足之处，殷切希望广大读者批评指正。

编　者

2024 年 12 月

目　录

第1章　信息处理与计算机系统基础知识

　　本章主要介绍信息与信息技术的基本概念，信息处理的一般过程和数据处理方法，信息安全基础知识，以及计算机系统的相关知识，包括硬件系统、软件系统和多媒体基础知识等。

 学习目标

- ➢ 掌握信息技术、信息处理的基本概念。
- ➢ 掌握计算机系统的组成及计算机的工作原理。
- ➢ 掌握计算机硬件系统的基本结构。
- ➢ 掌握计算机软件系统基础知识。
- ➢ 了解多媒体基础知识。

 学习难点

- ➢ 信息处理的方法。
- ➢ 计算机的基本工作原理。

1.1　信息与信息技术

　　信息在我们的学习与生活中无处不在、无时不有。信息、物质、能源为当今人类社会赖以生存和发展的三大资源。随着信息化在全球的快速发展，信息技术影响着人们的生活模式和生存方式，成为支撑当今经济活动和社会活动的基石。

1.1.1　信息

　　信息的爆炸式增长使人类社会加速发展，同时，信息在当今社会中所产生的巨大价值也是人类社会史上从未有过的。如今"信息"这个词在日常生活中出现的频率越来越高，人们越来越意识到信息的重要性，信息的价值远远超过了许多看得见、摸得着的东西。

因此，怎样更合理地搜集、处理、组织和利用信息已经成为人们需要掌握的基本技能之一。那么到底什么是信息呢？是否像通常人们认为的那样，信息就是消息或者数据呢？下面就来了解一下消息、信息与数据的概念。

1. 消息

消息指以简要的语言文字迅速传播事实的一种方式。通俗地说，消息就是对某件事进行简单的传播，它是信息的一种表达，而不是信息本身，它在传播过程中容易产生误差。

可能很多人都玩过传话游戏：有 5 个人，两两传递一句话"今天上午调课"，当传到第 5 个人的时候，可能听到的是"今天不上课"。由此可以看出，从所传递的消息中得到的信息不一定是最真实、最原始的信息，而信息本身应具有确定性的含义，因此这种有误的消息实际反映的是另一个信息，或者说是错误的信息。

2. 信息

自从信息的概念被提出后，从不同角度和层次，对其有着不同的定义和解释。

1948 年信息论的创始人香农(C. E. Shannon)在《通信的数学理论》中阐明了"信息是人们对事物了解的不确定性的减少或消除，是两次不确定性之差"。所谓不确定性，是指人们对客观事物不了解；两次不确定性之差是指人们在获得新知识之后，改变了原有的知识状态，减少或消除了原先的不确定性。香农给出了信息量的数学表达式，奠定了信息的理论基础。

控制论的奠基人维纳(Winner)指出"信息就是信息，不是物质，也不是能量"，明确了信息是区别于物质与能量的第三类资源。

我国信息论学者钟义信教授认为信息是"事物运动的状态和方式，也就是事物内部结构和外部联系的状态和方式"，指明了信息是物质的一种属性。

基于对信息概念的研究，这里将信息的概念概括为：信息是客观事物在其运动、演化以及相互作用等过程中所呈现的现象、属性、关系与规律等。信息不是事物本身，是表示事物之间联系的消息、情报、指令、数据或信号。在人类社会中，信息通常以行为、情感(包括手势、眼神等)和声、图、文、像、影等形式出现。

信息在人类社会生活中具有十分重要的作用。人们通过获得、识别自然界和社会的不同信息来区别不同事物，人们之间只有不断地交流信息，才能使生产、生活等活动正常进行。可以说，信息是人类认识世界和改造世界的知识源泉，是推动人类文明、社会发展和科学进步的重要基础。人类社会的发展速度，在一定程度上取决于人类对信息获取与利用的水平。

3. 数据

数据是由记录信息的可识别的符号组成的，是信息的具体表现形式。数据的表现形式包括数字、文字、图形、图像、声音和视频等，它们都可以经过数字化后存储到计算机中。

4. 信息与数据的关系

数据是信息的物理形式，信息是数据的内容。数据本身没有意义，只有经过解释才有意义，才成为信息。可以说，数据是信息的载体，信息是数据的内涵。

信息有多种表现形式，如手势、眼神、声音或图形等。由于数据能够被记录、存储和处理，并且人们能从中挖掘出更深层的信息，因此数据是信息的最佳表现形式。随着计算机技术的发展，数据的存储和处理已逐渐由人手动完成转向由计算机自动处理。

虽然数据不等于信息，但信息与数据是形影不离的，人们常常把信息处理也称为数据处理。在不影响对问题理解的情况下，信息和数据这两个术语可以被不加区别地使用。可以说，整个信息化社会是以数据为基础的。

5. 信息的特性

只有准确把握信息的本质和特点，才能更好地利用信息。尽管从不同的角度对信息有着不同的定义，但是它们是具有共性的。信息的主要特性如下：

(1) 普遍性。只要有事物的地方，就必然存在信息。信息在自然界和人类社会活动中广泛存在。

(2) 客观性。信息是客观现实的反映，不随人的主观意志而改变。如果人为地窜改信息，信息就会失去它的价值，甚至不能称之为信息。

(3) 识别性。人类可以通过感觉器官和科学仪器等方式来获取、整理和认知信息，这是人类利用信息的前提。

(4) 动态性。事物是在不断变化发展的，信息也必然随之变化发展，其内容、形式、容量都会随时间而改变。

(5) 时效性。由于信息具有动态性，因此特定信息的使用价值必然会随着时间的流逝而衰减。

(6) 传递性。没有传递，就没有信息。传递信息的方式很多，如口头语言、体语、手抄文字、印刷文字、电信号等。

(7) 分享性。信息可以被分享，除了一些特定的信息和一些特定的人群，在一定范畴内传递的信息一般是这个范畴内每一个个体都可以分享的。

(8) 价值性。信息是一种资源，信息的应用就是挖掘并利用其蕴含的价值。

(9) 不完全性。任何信息都不可能、也不必要反映出客观对象的各个方面，它只反映事物某一方面的某一种变化。

1.1.2　信息技术

1. 信息技术的概念

信息技术(Information Technology，IT)是指在信息科学的基本原理和方法的指导下扩展人类信息功能的技术。一般来说，信息技术是以电子计算机和现代通信为主要手段实现信息的获取、加工、传递和利用等功能的技术总和。这意味着一切涉及信息从生产到应用的技术、方法、制度、技能、工具以及物资设备等都是信息技术。因此，信息技术涵盖软、硬信息技术范畴，涉及信息的一切自然技术和社会技术，包括信息劳动者的技能，信息劳动工具，信息劳动对象，信息技术的管理制度、方法体系、解决方案、系统集成和服务体系等。

具体来讲，信息技术主要包括感测、通信、计算机和控制四类技术。

感测技术就是获取信息的技术，通信技术就是传递信息的技术，计算机技术就是处理信息的技术，控制技术就是利用信息的技术。感测、通信、计算机和控制这四类技术在信息系统中虽然各司其职，但是从技术要素层次上看，它们又是相互包含、相互交叉、相互融合的。感测、通信、计算机技术都离不开控制技术；感测、计算机、控制技术也都离不开通信技术；感测、通信、控制技术更离不开计算机技术。由于计算机技术极大地促进了感测、通信和控制技术水平的提高，因此计算机技术在四类技术中处于较为核心的位置。

2. 信息技术的特点

信息技术是提高人类信息处理能力的主要方法和手段。以计算机技术和通信技术为代表的现代信息技术极大地扩展和延伸了人类信息处理能力，使人类的信息交流和传播在时间上大大缩短，在空间上也大大缩小。信息技术的特点如下：

(1) 数字化。数字化就是将许多复杂多变的信息转换为可度量的数字、数据，再通过建立适当的数字化模型，把它们转换为一系列二进制代码，以便计算机处理和应用。

(2) 高速、大容量化。当前，随着信息技术的发展，信息处理速度越来越快，信息存储容量越来越大。

(3) 智能化。信息技术的发展趋势主要体现为人工智能理论方法的深化和应用。

(4) 综合、网络化。信息社会的最大特征就是业务综合和网络综合。

(5) 柔性化。运用计算机软件及自动化技术，通过系统结构、人员组织、运作方式和市场营销等方面的改革，可使生产系统和管理系统对市场需求变化作出快速适应。

计算机、互联网等推动了信息技术的高速发展。当前，大数据、云计算、物联网和人工智能正在将信息技术推向新的高度和新的形态。

3. 信息技术的应用

目前，信息技术已广泛应用于物质生产、科研教育、医疗保健、政府管理、企业运营等领域，对社会发展产生了巨大的影响，不仅从根本上改变了人们的生活习惯、行为方式和价值观念，深刻地影响着经济结构与经济效益，而且作为先进生产力的代表，对社会文化和精神文明也产生了深刻的影响。其具体表现如下：

(1) 信息技术已引发传统教育方式的深刻变化。计算机仿真技术、多媒体技术、虚拟现实技术、远程教育技术以及信息载体的多样性，使学生可以克服时空障碍，更加主动地安排自己的学习时间和进度。信息技术的应用开辟了通达全球的知识传播通道，实现了不同地区的学生、老师之间的对话和交流，不仅大大提高了教学效率，而且给学生提供了一个宽松的、内容丰富的、个性化的学习环境，促使人类知识水平普遍提高。

(2) 互联网已经成为科学研究和技术开发不可缺少的工具。互联网拥有丰富的大型图书馆、文献库和信息源，是科研人员可以随时进入并从中获取最新科技动态的信息宝库，大大节约了查阅文献的时间和费用；互联网上信息传递的快捷性和交互性，使身处世界任何地方的研究者都可以成为研究伙伴，在网上进行实时讨论、协同研究，使用网上的硬件和软件资源来完成自己的研究工作。

(3) 信息网络为思想文化的传播提供了更加便捷的渠道。大量的信息通过网络渗入社会各个角落，成为当今文化传播的重要手段。电子出版采用光盘、磁盘和网络出版等多种形式，打破了以往信息媒体——纸介质一统天下的局面。多媒体技术的应用和交互式界面的使用为文化、艺术、科技的普及开辟了广阔前景。网络等新型信息介质为优秀文化的继承和传播及文化的交流和交融提供了更多的可能性。网络改变着人与人之间的交往方式，改变着人们的工作方式和生活方式，也必然会对文化的发展产生深远的影响，一种新的适应网络时代和信息经济的先进文化已逐渐形成。

1.1.3　信息化与信息社会

1. 信息化

信息化的概念起源于 20 世纪 60 年代，是由一位日本学者首先提出的，而后被译成英文传到西方。西方社会普遍使用"信息化"的概念是从 20 世纪 70 年代后期才开始的。

在中国，关于信息化的表述，学术界和政府进行过较长时间的研讨。有的认为，信息化就是计算机、通信和网络技术的现代化；有的认为，信息化就是从物质生产占主导地位向信息产业占主导地位转变的发展过程；有的认为，信息化就是从工业社会向信息社会演进的过程；等等。

1997 年首届全国信息化工作会议对信息化和国家信息化的定义为"信息化是指培育、发展以智能化工具为代表的新的生产力并使之造福于社会的历史过程。国家信息化就是在国家统一规划和组织下，在农业、工业、科学技术、国防及社会生活各个方面应用现代信息技术，深入开发、广泛利用信息资源，加速实现国家现代化进程。"实现信息化就要构筑和完善六个要素(开发利用信息资源，建设国家信息网络，推进信息技术应用，发展信息技术和产业，培育信息化人才，制定和完善信息化政策)的国家信息化体系。《2006—2020 年国家信息化发展战略》中将信息化进一步描述为"信息化是充分利用信息技术，开发利用信息资源，促进信息交流和知识共享，提高经济增长质量，推动经济社会发展转型的历史进程"。

信息化代表了一种信息技术被高度应用，信息资源被高度共享，从而使得人的智能潜力以及社会物质资源潜力被充分发挥，个人行为、组织决策和社会运行趋于合理化的理想状态。同时，信息化也是不断运用信息产业改造传统经济、社会结构从而通往理想状态的一段持续过程。

"信息化"用作名词时，通常指现代信息技术应用，特别是应用对象或领域(如企业或社会)发生转变的过程。例如，企业信息化不仅指在企业中应用信息技术，更重要的是深入应用信息技术促成业务模式、组织架构乃至经营战略发生转变。"信息化"用作形容词时，常指对象或领域因信息技术的深入应用所达成的新形态或状态。例如，信息化社会指信息技术应用到一定程度后达成的社会形态，它包含许多只有充分应用现代信息技术才能达成的新特征。

信息化的构成要素有信息资源、信息网络、信息技术、信息设备、信息产业、信息管理、信息政策、信息标准、信息应用、信息人才等。从产生的角度看，信息化从小到大的五个层次是产品信息化、企业信息化、产业信息化、国民经济信息化和社会生活信息化。

信息化是当今世界经济和社会发展的大趋势，信息化程度已成为衡量一个国家现代化水平和综合国力的重要标志，也是我国进行产业优化升级和实现工业化、现代化的关键环节。

2. 信息产业

信息产业又称信息技术产业，是运用信息手段和技术，收集、整理、存储、传递信息情报，提供信息服务，并提供相应的信息手段、信息技术等服务的产业。

信息产业是一门新兴的产业，它建立在现代科学理论和科学技术的基础之上，采用了先进的理论和通信技术，是带有高科技性质的服务性产业。信息产业的发展对整个国民经济的发展意义重大，信息产业的活动使经济信息的传递更加及时、准确、全面，有利于各产业提高劳动生产率；信息技术产业加快了科学技术的传递速度，缩短了科学技术从创新到应用于生产领域的时间；信息产业的发展推动了技术密集型产业的发展，有利于国民经济结构上的调整。

信息产业主要包括以下三大行业。

(1) 信息处理和服务行业。该行业利用现代的电子计算机系统收集、加工、整理、存储信息，为其他行业提供各种各样的信息服务，如计算机中心、信息中心和咨询公司等。

(2) 信息处理设备行业。该行业主要从事电子计算机的研究和生产(包括相关机器的硬件制造)、计算机的软件开发等活动，如计算机制造公司、软件开发公司等。

(3) 信息传递中介行业。该行业运用现代化的信息传递中介，将信息及时、准确、完整地传递到目的地，因此，印刷业、出版业、新闻广播业、通信邮电业、广告业都可归入其中。

3. 信息社会

信息社会也称信息化社会，是脱离工业化后，信息将起主要作用的社会。社会信息化是指信息技术和信息产业在经济和社会发展中的作用日益加强，并发挥主导作用的动态发展过程。信息社会以信息产业在国民经济中的占比，信息技术在传统产业中的应用程度和信息基础设施的建设水平为主要标志。其特征如下：

(1) 在信息社会中，信息成为重要的生产力要素，和物质、能源一起构成人类社会赖以生存的三大资源。

(2) 信息社会的经济是以信息经济、知识经济为主导的经济，有别于农业社会以农业经济为主导，工业社会以工业经济为主导。

(3) 在信息社会中，知识成为对劳动者的基本要求。

(4) 科技与人文在信息、知识的作用下更加紧密地结合起来。

(5) 人类生活不断趋向和谐，社会可持续发展。

1.1.4 信息系统

1. 信息系统的概念

信息系统(Information System)是由计算机硬件、网络和通信设备、计算机软件、信息资源、信息用户和规章制度组成的以处理信息流为目的的人机一体化系统。

信息系统的开发涉及计算机硬件技术、计算机软件技术、计算机网络技术和数据库技术。因此，信息系统是以提供信息服务为主要目的的数据密集型、人机交互的计算机应用系统。从技术层面上讲，信息系统有以下三个特点：

　　(1) 涉及的数据量大。数据一般需存放在大容量存储器中。

　　(2) 绝大部分数据是持久的，即不随程序运行的结束而消失，需长期保留在计算机系统中。这些持久数据为多个应用程序所共享，甚至在一个单位或更大范围内共享。

　　(3) 除数据采集、传输、存储和管理等基本功能外，还可向用户提供信息检索、报表统计、事务处理，以及规划、设计、指挥、控制、决策、报警、提示、咨询等信息服务。

　　从信息系统的发展和系统特点来看，信息系统可分为过程控制系统、信息资源服务系统、管理信息系统和其他信息系统四大类。

　　(1) 过程控制系统：用于过程的控制。

　　(2) 信息资源服务系统：提供专门的信息资源服务。

　　(3) 管理信息系统：为企业的管理决策服务。

　　(4) 其他信息系统：包括电子数据交换(Electronic Data Interchange，EDI)系统、电子商务(Electronic Commerce，EC)系统、企业资源规划(Enterprise Resource Planning，ERP)系统、自动化办公(Office Automation，OA)系统等。

2. 信息系统的功能与效益

　　信息系统的五个基本功能包括信息的输入、存储、处理、输出和控制。

　　(1) 输入功能：取决于系统所要达到的目的及系统的能力和信息环境。

　　(2) 存储功能：系统存储各种信息资料和数据的能力。

　　(3) 处理功能：基于数据仓库技术的联机分析处理(On-Line Analytical Processing，OLAP)和数据挖掘(Data Mining，DM)技术。

　　(4) 输出功能：保证最终实现最佳的输出。

　　(5) 控制功能：对构成系统的各种信息处理设备进行控制和管理，通过各种程序对信息的加工、处理、传输、输出等环节进行控制。

　　信息系统的主要任务是最大限度地利用现代计算机及网络通信技术加强企业的信息管理，通过对企业拥有的人力、物力、财力、设备、技术等资源的调查了解，建立正确的数据库，并对数据进行加工处理，编制成各种信息资料，及时提供给管理人员，以便其作出正确的决策，从而不断提高企业的管理水平和经济效益。信息系统已成为企业进行技术改造和提高管理水平的重要手段。信息系统的效益体现在以下几个方面：

　　(1) 运用自动化系统提高生产能力，降低生产成本。

　　(2) 利用工具对数据进行收集、存储和分析，从而发现和创造机遇。

　　(3) 提高客户服务水平和产品质量。

　　(4) 改进企业决策的制定过程。

3. 信息系统的应用与发展

　　20 世纪 50 至 60 年代，计算机以极高的处理速度、极强的存储能力在信息处理领域得到了广泛的应用，以计算机为基本处理工具的信息处理技术和系统风靡整个西方世界。各公司纷纷出巨资购买计算机，并投入大量的人力、财力建立信息处理系统，以取代日常的人工处理，解决人工处理情况下无法做到的数据处理、信息分析和管理决策工作，为企业带来了巨大的经济效益。

随着信息技术的发展，信息系统经历了简单的数据处理信息系统、孤立的业务管理信息系统、集成一体化的智能信息系统三个阶段。

当前，信息系统已经应用于社会的方方面面，在政府运行、企业管理、商业运营、个人生活等方面发挥着巨大的作用。例如，电子政务实现了政府组织结构和工作流程的优化重组，通过精简、高效、廉洁、公平的政府运行模式，全方位地向社会提供优质、规范、透明、符合国际水准的管理与服务；电子商务实现了消费者的网上购物、商户之间的网上交易和在线电子支付以及各种商务活动、交易活动、金融活动和相关的综合服务活动；数字化校园则以教师、学生、管理人员为主体，以教学、科研、管理活动为主要服务内容，实现了网上办公、网上管理和网上服务。

随着技术的不断进步，信息系统的应用范围将越来越广，安全性也会越来越高，并且更注重以人为本和知识管理系统的发展，向协同生态、网络化、智能化和集成化的方向发展。

1.2　信　息　处　理

信息处理有一个"信息不增原理"。这个原理表明，对载荷信息的信号所做的任何处理，都不可能使它所载荷的信息量增加。一般来说，进行信息处理时总会损失信息，而且处理的环节和次数越多，损失的信息也越多，只有在理想的情况下，才不会损失信息，但也不会增加信息。通过信息处理虽不会增加信息，但可以突出有用信息，增强信息的可利用性。

1.2.1　信息处理过程与规范

1. 信息处理及其过程

信息处理是对已有信息进行分类、加工、提取、分析和思考的过程，主要包括信息收集、信息的数据表示、信息加工、信息传递和信息存储等技术。信息处理过程是一个去粗取精、去伪存真的过程。信息处理的一般过程如图 1-1 所示。

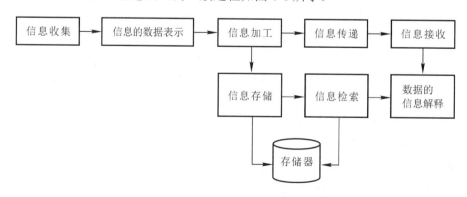

图 1-1　信息处理的一般过程

信息处理的第一步是进行信息收集，而收集的信息只有被数字化成计算机能够识别的数据，计算机才可以对其进行处理，因此信息处理的第二步是进行信息的数据表示，即将信息表示成计算机可以识别的数据，之后计算机就可以自动地按照人们既定的处理规律和方法来高效、高速地处理数据了。当数据处理完成后，可以对数据进行存储或传递。再经信息检索或信息接收，最终对数据表示的信息进行解释。由于数据本身没有意义，只有对其进行解释，其表示的信息才能被信息的使用者和接收者所利用，信息的价值才能得以体现。

在信息处理的过程中使用计算机，不仅可以提高信息加工的速度和效率，还可以方便地进行信息存储和传递，同时，信息被数字化成计算机能识别的数据后，拥有极小的复制成本。以下介绍五大信息处理技术。

1) 信息收集

信息收集是指通过各种方式获取所需要的信息。信息收集是信息得以利用的第一步，也是关键的一步。信息收集直接关系到整个信息管理工作的质量。信息可以分为原始信息和加工信息两大类。原始信息是指在活动中直接产生或获取的数据、概念、知识、经验、总结等未经加工的信息。加工信息则是对原始信息进行加工、分析、改编和重组后形成的具有新形式、新内容的信息。

信息收集一般包括以下步骤：

(1) 根据信息处理项目的目标和规划，制订信息收集计划。只有制订出周密、切实可行的信息收集计划，才能指导整个信息收集工作正常开展。

(2) 为了便于以后信息的加工、存储和传递，在进行信息收集以前，根据信息收集的目的和要求设计出合理的信息收集提纲和统计格式。

(3) 明确数据源和信息收集的方式及方法。

(4) 实施信息收集工作(包括收集原始信息和二手数据等)。

(5) 形成信息收集的成果。以调查报告、资料摘编、数据图表等形式把获得的信息整理出来，并将这些信息资料与信息收集计划进行对比分析，如不符合要求，则要进行补充收集。

2) 信息的数据表示

信息是多种多样的，如日常的十进制数、文字、符号、图形、图像和视频等，但是计算机无法直接识别这些信息，所以需要采用数字化编码的形式对信息进行存储、加工和传递。信息的数据表示就是采用统一的基本符号，使用一定的组合规则来表示信息。计算机中采用的是二进制编码，其基本符号是"0"和"1"。

3) 信息加工

信息加工是对收集来的信息进行去伪存真、去粗取精、由表及里、由此及彼的加工，从而生产出价值含量高、方便用户利用的二次信息的过程，也是信息得以利用的关键处理步骤。由于信息量不同，加工的内容不同，处理信息的人员的能力不同，因此信息加工没有固定的模式。信息加工的主要内容如下：

(1) 信息的清洗和整理。信息是从数据中提取的，没有数据就没有信息。而收集的数据往往包含一些错误数据(内容错误、格式错误、时空错误)、重复数据，还常有部分数据缺失以及数据不一致的情况。我们把这类数据统称为"脏"数据。若需要从收集的数据中获得正确的信息，则必须对"脏"数据进行清洗。数据清洗就是把"脏"数据"洗掉"，发现并纠正错误数据，检查数据的一致性，删除重复数据，处理无效值和缺失值，进一步审查异常数据等。同时，还要将混乱的数据进行整理，使其井井有条，便于处理。数据清洗和整理的工作量较大，但对于保证数据质量至关重要。

(2) 信息的筛选和判别。在收集到的大量原始信息中，不可避免地存在一些假信息，只有通过认真筛选和判别，才能防止鱼目混珠、真假混杂。

(3) 信息的分类和排序。收集来的信息是一种初始的、孤立的和零乱的信息，只有把这些信息进行分类和排序，才便于存储、检索、传递和使用。

(4) 信息的分析和研究。对分类排序后的信息应进行分析、比较、综合，从而鉴别和判断出信息的价值，去粗取精，使原始信息升华、增值，成为有用信息，并对信息进行分析概括及研究计算，使信息更具有使用价值，为决策提供依据。

(5) 信息的编制。可将加工过的信息整理成易于理解和阅读的新材料，并对这些材料进行编目和索引，以供信息使用者提取和利用。

针对不同的信息处理目标，支持信息加工的方法很多，总体可分为五大类：统计学习方法、机器学习方法、不确定性理论、可视化技术和数据库技术。

4) 信息传递

信息传递是指将信息从信息源传递给用户的过程，信息只有传递给用户，才能体现其价值，发挥其作用。

信息的发送者称为信源，信息的接收者称为信宿，信源和信宿之间信息交换的途径与设备称为信道。信源、信宿、信道是构成信息传递的三要素，如图1-2所示。

图 1-2 信息传递的三要素

信息传递依赖于一定的物质形式，如声波、光波、电磁波等，且通常伴随着能量的转换。因此，它需要有特定的工具和手段，并形成一个完整的系统。多个信息过程相连就使系统形成信息网，当信息在信息网中不断被转换和传递时，就形成了信息流。

5) 信息存储

信息存储是将经过加工整理后的信息按照一定的格式和顺序存储在特定的载体中的信息活动。其目的是便于信息管理者和信息用户快速、准确地识别、定位和检索信息，信息存储不是一个孤立的环节，它始终贯穿于信息处理工作的全过程。

信息存储分为纸质存储和电子存储等。不同的信息可以存储在不同的介质上，相同的信息也可以同时存储在不同的介质上。比如，凭证文件适用纸质存储，也适用电子存储；对于企业中企业结构、人事方面的档案材料、设备或物料的库存账目，纸质及电子存储均适用。与纸质存储相比，电子存储的存取速度极快，存储的信息量较大。

信息存储是信息在时间上的传递，也是进一步综合、加工、积累和再生信息的基础，在人类和社会发展中具有重要意义。

大数据时代，信息存储非常重要，不仅要求存储量大，处理速度快，还要求确保信息安全。大数据存储催生了许多如分级存储、分布式存储、分布式处理、数据备份、数据恢复等新技术。

2. 信息处理的要求

现代企业对信息处理的要求可归结为及时、准确、适用、经济和安全五个方面。

1) 及时

及时有两方面的意义：一是及时获取信息，及时产生信息；二是加工、检索和传输信息要迅速。应尽可能缩短信息从信息源到用户的时间，及时控制，及时反馈。

2) 准确

准确是信息的生命。为了实现信息处理的准确性，必须做到以下三点：

(1) 收集的原始信息要准确，获得的信息要能准确反映决策者需要了解的情况。收集者不能按自己或他人的旨意随意变动信息的内容或收集范围。

(2) 信息的存储、加工和传输必须可靠，尽可能排除各种外界干扰，避免信息内容失真，特别是在信息加工过程中，应防止因处理方法和手段不当而丢失或歪曲被加工信息中包含的与决策有关的内容。

(3) 信息处理力求规范化、标准化。这不仅是信息准确性的重要保证，也是高效加工、传输信息与有效利用信息的重要条件。

3) 适用

信息处理部门必须为管理者提供适用的信息，以支持管理决策。如果管理者得到的信息不适用或过于简化/烦琐，则会影响决策过程的效率和决策的质量。

4) 经济

在满足管理决策所必需的信息处理内容与要求的前提下，应采用尽可能节省成本的方法和手段进行信息处理，提高信息的利用率。

5) 安全

信息处理全过程必须确保信息安全。信息处理分工职责要明确，工作要有记录，要能追责。要加强对工作人员的安全意识教育，同时采取管理措施和技术措施，防止信息泄露、信息篡改、信息丢失、信息混乱、黑客入侵等情况发生。

3. 与信息处理有关的规章制度

与信息处理有关的法律和规章制度是保障信息系统安全和保密的基础，是打击各类利用和针对计算机网络进行犯罪的有力武器，也是保障信息系统用户利益和安全的坚强后盾。信息系统运行管理包括三个方面的工作：信息系统日常运行管理、信息系统文档管理和信息系统运行安全与保密。因此，需要在国家相关法律与规章制度的基础上建立健全信息系统运行管理制度，明确各类人员的职责和职权范围，以保障信息系统安全运行。

1) 信息系统日常运行管理

建立信息系统日常运行管理制度的目的是要求系统运行管理人员严格按照规章制度办事，定时定量地进行有关数据与硬件的维护，以及处理突发事件等。相关的规章制度如下：

(1) 机房管理与设备维护制度：包括机房管理制度、设备操作规范、运行情况记录制度、出入机房人员管理与登记制度、各种设备的保养与安全管理制度、简易故障的诊断与排除制度、易耗品的更换与安装规定等。

(2) 突发事件处理制度：当突发事件发生时，要求信息管理专业人员负责处理，并且对突发的现象、造成的损失、引起的原因及解决的方法等做详细的记录。

(3) 信息(或数据)备份、存档、整理和数据初始化制度：信息(或数据)备份制度要求每天必须对新增的或更改过的数据备份，数据正本和备份应分别存储于不同的磁盘或其他存储介质上；数据存档或归档制度要求定期将资料转入档案数据库，作为历史数据存档；数据整理制度要求定期对数据文件或数据表的索引、记录顺序等进行调整，以使数据的查询更为快捷，并保持数据的完整性；数据初始化制度要求在系统正常运行后，以月度或年度为时间单位，对数据文件或数据表的切换与结转等进行预置。

2) 信息系统文档管理

文档是以书面形式记录人们的思维活动及工作结果的文字资料。信息系统开发要以文档描述为依据，信息系统实体运行与维护要用文档来支持。信息系统文档管理制度包括文档制定标准与规范、收存和保管文档规定、文档手续等。

3) 信息系统运行安全与保密

信息系统的安全制度是为了防止破坏系统软件、硬件及信息资源行为而制定的相关规定与措施，如国家出台的《中华人民共和国计算机信息系统安全保护条例》《互联网信息服务管理办法》，各企业针对信息系统实际运行情况制定的《信息系统中的信息等级划分及使用权限规定》《账号申请及注销程序》等。

信息系统的保密制度是为了防止窃取信息资源行为的发生而制定的相关规定与措施。例如，对于信息安全保密应执行的法律制度和规范，有全国人大发布的《中华人民共和国保守国家秘密法》、国家保密局发布的《计算机信息系统保密管理暂行规定》、中共中央保密委员会办公室和国家保密局联合发布的《涉及国家秘密的通信、办公自动化和计算机信息系统审批暂行办法》等。

1.2.2 数据处理方法

数据处理的基本目的是从大量的、杂乱无章的、难以理解的数据中抽取并推导出对于某些特定的人群来说有价值、有意义的数据。计算机数据处理包括数据的采集、存储、检索、加工、变换和传输等要素。不同的系统和应用所采用的数据处理过程和方法会有所不同，而且这些过程和方法往往难以简单分割，常常表现为交叉出现的状态。随着大数据时代的到来，数据处理一般都包括数据的收集、分类、编码、校验、清洗、存储、检索、分析等环节，下面分别进行介绍。

1. 数据收集

在计算机学科中，数据是指所有能输入计算机并被计算机程序处理的具有一定意义的字母、数字、符号和模拟量等的总称。数据收集是指利用某种装置(又称接口)，从系统外部收集数据并输入系统内部，键盘、摄像头、扫描仪、麦克风、光电阅读器和移动存储设备等都是数据收集的接口。

为了保证数据收集的质量，应坚持下列原则：

(1) 全面性原则。收集的数据要完整和全面，要能完整地反映管理活动和决策对象发展的全貌，从而为决策的科学性提供保障。但实际中收集到的数据不可能绝对完整和全面，因此如何在数据不完整的情况下作出科学的决策是一个非常值得探讨的问题。

(2) 准确性原则。收集的数据要准确、真实、可靠，这是数据收集工作最基本的要求。为达到这样的要求，数据收集者必须对收集到的数据进行反复核实，辨别真假，不断检验，把误差减少到最低限度。

(3) 时效性原则。数据的利用价值取决于数据的时效性。只有将数据及时、迅速地提供给使用者，才能有效地发挥其作用。

(4) 尊重提供者原则。无论是面谈采访调查者，还是问卷调查，都需要尊重对方，否则将无法获得高质量的数据。在查阅选用文献时，要尊重数据提供方的权益，以免引起纠纷。

数据收集的方法有以下几种：

(1) 从文献中获取。文献是前人留下的宝贵财富，是知识的集合体，从文献中获取信息是数据收集的主要方法之一。如何在数量庞大且高度分散的文献中找到所需要的有价值的信息，是情报检索研究的内容。

(2) 调查。调查是获得真实可靠信息的重要手段，是运用观察、询问等方法直接从现实社会中了解情况、收集资料和数据的活动。利用调查收集到的信息是第一手资料，通常比较接近社会、接近生活。调查的方法包括：与有关负责人面谈，收集各部门的报表，以及座谈会调查、网上问卷调查、开会问卷调查、街头采访等。

根据调查范围的不同，调查可分为普查和抽样调查。

普查指因某一特定目的而对所有考察对象所做的全面调查。如为了全面了解人口情况，对人口总数、人口分布、家庭人口、人口增长、人口年龄构成、人口文化程度等进行全面调查。普查得到的数据比较准确，但是当调查的总体比较多时，普查比较费时、费力，需要消耗大量财力，并且有时受客观条件限制无法进行。例如，要了解一批灯泡的使用寿命，不可能将这批灯泡逐个使用到损坏为止。故普查主要适用于对准确性要求较高、调查工作可行、没有破坏性的场合。

抽样调查指因某一特定目的而对部分考察对象所做的调查。抽样调查是根据部分样本的调查结果来推断总体样本的一种统计调查方法，属于非全面调查的范畴。它是按照科学的原理和计算，从大量事物总体中抽取部分样本来进行调查、观察，用所得到的调查标志的数据推断总体。抽样调查耗费的人力、物力、财力相对较少，大大节省了数据收集成本，其特点是按随机原则抽选样本，总体中每一个单位都有一定的概率被抽中，可以用一定的概率来保证将误差控制在规定的范围之内。

(3) 建立情报网和感知网。为了长期、定期收集信息，许多机构建立了情报网，由各级机构不断提供所需信息。情报网指负责数据收集、筛选、加工、传递和反馈的整个工作体系。随着物联网技术的发展，许多机构建立了感知网，通过各处的传感器和智能仪表自动定时地收集数据，再通过集中或分布式系统进行数据处理，保证了数据的准确性和时效性。目前，情报网和感知网已成为数据收集的重要方式，RFID 自动识别系统、传感器网络、互联网、移动互联网等都成为企业收集信息的渠道。

2. 数据分类

数据分类就是把具有某种共同属性或特征的数据归并在一起，通过其类别的属性或特征来对数据进行区别。换句话说，就是将相同内容、相同性质的数据以及要求统一管理的数据集合在一起，而将相异的和需要分别管理的数据区分开来，然后确定各个集合之间的关系，形成一个有条理的分类系统。数据分类在诸多方面发挥了关键作用，它有助于人们明确信息的需求，帮助人们了解信息的结构、处理顺序、数据编码和数据存储等。在数据分类的基础上进行数据编码，才能实现计算机信息处理和数据库管理的目标。

数据分类的基本原则如下：

(1) 稳定性。依据分类的目的，选择分类对象的最稳定的本质特性作为分类的基础和依据，确保由此产生的分类结果最稳定。因此，在分类过程中，首先应明确界定分类对象最稳定、最本质的特征。

(2) 系统性。将选定的分类对象的特征(或特性)按其内在规律系统化进行排列，形成一个逻辑层次清晰、结构合理、类目明确的分类体系。

(3) 可扩充性。在类目的设置或层级的划分上，要留有适当的余地，以保证分类对象增加时，不会打乱已经建立的分类体系。

(4) 综合实用性。从实际需求出发，综合各种因素来确定具体的分类原则，使得由此产生的分类结果总体最优，符合需求，综合实用且便于操作。

(5) 兼容性。若有相关的国家标准，则执行国家标准；若没有相关的国家标准，则执行相关的行业标准；若二者均不存在，则参照相关的国际标准。这样才能尽可能保证不同分类体系间的协调一致。

常见的数据分类方法如下：

(1) 按数据计量层次分类。数据由测量而产生，按照测量尺度的不同，数据可以分为定类数据、定序数据、定距数据和定比数据四种。

① 定类数据：将数据按照类别属性进行分类，各类别之间是平等并列的关系。定类数据是精度最低的数据，这种数据不带数量信息，并且不能在各类别间进行排序，在数学中只能用＝或≠来运算。例如，某商场将顾客所喜爱的服装颜色分为红色、白色、黄色等，红色、白色、黄色即为定类数据；又如，人类按性别分为男性和女性，男性和女性也属于定类数据。

② 定序数据：在定类数据的基础上，增加了顺序的概念，各类别之间可以通过排序来比较优劣。在数学中，定序数据不仅可以用＝、≠来区分，还可以用＝、＜、＞来比较，但由于其测量尺度上的区间是主观确定的，缺乏统一的标准，因此只能给出事物的相对大小，并不能确切给出事物差别的准确度量。比如，产品分为一等品、二等品、三等品；物体按尺寸分为大、中、小；考核结果分为优秀、良好、合格、不合格等。

③ 定距数据：不仅具备定类数据和定序数据的基本特征(可以用＝、≠、＞、＜运算)，还具备统一的、标准的测量单位，因而能够使用加法和减法计算彼此之间的确切差别。但定距数据缺乏绝对零点，因此无法用乘法和除法来计算数据间的倍数关系。比如，公元纪年法就是定距数据，可以说 2017 年比 2010 年多 7 年，但并不能说 2017 年是 2010 年的多少倍，这是因为公元元年是根据基督文化定义的起始点，并不是物理或数学意义上出现或者测量的绝对零点。

④ 定比数据：精度最高的数据，可以使用＝、≠、＞、＜、＋、－、×、÷进行运算。定比数据包含了绝对零点的定义，因此能够表达倍数或者比率关系。比如温度，用摄氏温度表示时，因 0 ℃被定义为水的结冰点，而不是绝对零点，所以只能说 30 ℃比 10 ℃高 20 ℃；用热力学温度表示时，因其零度被定义为气体分子平均动能为零的绝对零度(–273.15 ℃)，是定比数据，故可以说 300 K 比 100 K 高 200 K，也可以说 300 K 是 100 K 的 3 倍。

(2) 按数据来源分类。按数据来源的不同，数据主要分为两种：一种是通过直接调查获得的原始数据，一般称为一手或直接数据；另一种是将调查的数据进行加工和汇总后得到的数据，通常称为二手或间接数据。

(3) 按数据时间状况分类。按数据时间状况的不同，数据可分为两类：一类是时间序列数据，即在不同的时间收集的数据，反映现象随时间变化的情况；另一类是截面型数据，即在相同的或近似的时间点收集的数据，描述现象在某一时刻的变化情况。

数据分类过程一般包括两个步骤：第一步是建立模型，描述给定的数据集或概念集，如通过分析由属性描述的数据库元组(记录)来构造关系数据模型；第二步是使用数据模型对数据进行分类，包括评估模型的分类准确性以及对类标号未知的元组按模型进行分类。

3. 数据编码

由于计算机只能处理二进制数，因此必须对各种数据、文本、图像、声音、视频等信息进行编码，以二进制编码的形式输入计算机，并由此形成不同格式的数据文件。常见的数据编码有数据值采用的二进制补码，西文信息采用的 ASCII 码、Unicode 编码，中文信息采用的汉字输入码(如搜狗拼音输入码)、汉字国标码(如 GB 2312—80)、汉字机内码(国标码的计算机表示)、汉字点阵和汉字库等。图形和图像在计算机中有两种数字化表示方法：一种称为点阵图像或位图图像，简称图像(Image)；另一种称为几何图形或矢量图形，简称图形(Graphics)。这里重点介绍信息处理过程中的数据编码。

为了实现计算机信息处理和数据库管理的目标，在数据分类的基础上要进行数据编码。所谓数据编码，是指把需要加工处理的数据用特定的数字来表示的一种技术。具体来讲，就是根据数据结构和目标的定性特征，将数据转换为代码或编码字符，在数据传输中表示数据的组成，并作为数据传输、接收和处理的一组规则和约定。

由于计算机要处理的数据十分庞杂，为了便于使用和记忆，并且可以高效地进行数据分类、校核、合计、检索等操作，常常要对加工处理的数据进行编码，用一个编码代表一条信息或一串数据，利用编码来识别每一个记录，区别处理方法，节省存储空间，提高处理速度。在数据处理过程中，通过数据编码可建立数据间的内在联系，便于计算机识别和管理，因此数据编码是数据处理的关键。

数据编码的设计原则主要有唯一确定性、整体性、易于识别和记忆、可扩充性、简明性和效率性、标准化和规范性以及中文限制等。

(1) 数值型数据的编码。数值型数据的编码就是根据该类数据的参照标准对变量赋予数值。例如，调查问卷通常采用三点计分、四点计分和五点计分等方式进行评分，如选项 A、B、C 计分为 1、2、3，选项 A、B、C、D 计分为 1、2、3、4。

(2) 非数值型数据的编码。对于非数值型数据，首先要确定编码规则，然后根据规则对变量赋予数值；对于双值型数据，通常采用 0、1 或 1、2 来赋值，如性别只有男、女两个值，用 1 表示女性，2 表示男性；对于多值型数据，通常采用 1，2，3，…来赋值，如员工的文化程度，可以采用数字编码表示不同的类别，文盲和半文盲为 1，小学为 2，初中为 3，高中为 4，大专为 5，本科为 6，硕士为 7，博士为 8。对非数据型数据进行编码，主要起到分组的作用，而不是进行各种算术运算。

(3) 缺失值的处理。缺失值是指在数据收集与整理过程中未获取或丢失的内容，往往会给数据的处理和分析带来一些麻烦和误差。

缺失值可分为用户缺失值和系统缺失值。例如，在问卷调查中用户没有勾选的选项就属于用户缺失值，缺失值可用能识别的特殊数字来表示，如 0、9、99 等。计算机默认的缺失方式(如输入数据空缺、输入非法字符等)就属于系统缺失值，缺失值可用特殊符号来标记，如*、#等。

缺失值有两种处理方法：一是替代法，即采用统计命令或在相关统计功能中利用参数替代；二是剔除法，用于剔除有缺失值的数据。

4．数据校验

数据校验主要是为了减少、避免错误数据的产生，保证数据的完整性。最简单的数据校验就是把原始数据和待比较数据直接进行比较，检查二者是否完全一样，这种方法是最安全、最准确的，但效率很低。在数据通信中，通常发送方用一种指定的算法对原始数据计算出一个校验值，接收方用同样的算法计算一次校验值，如果该校验值和发送方提供的校验值一样，则说明数据是完整的。这种方法在计算机数据通信的硬件设计中被普遍采用。

计算机硬件常用的数据校验方法有海明校验、奇偶校验和循环冗余校验。

海明校验是用于错误检测和错误校正的编码技术，通过在数据中添加冗余位来实现错误检测与校正，以确保数据的完整性。

奇偶校验是在 n 位长的数据上增加一个二进制位作为校验位，校验位的取值(0 或 1)取决于数据中 1 的个数和校验方式(奇或偶校验)，校验位可放在高位或者低位(这与具体实现相关)。若为奇校验，则数据加上校验位后 1 的个数应为奇数；若为偶校验，则数据加上校验位后 1 的个数应为偶数。数据传送到目的地后进行奇偶校验，若得到的数不满足奇偶定义，则表示数据传送有错。例如，7 位数据 1010101 中共有 4 个 1，附加校验位后数据变为 8 位，且校验位放在高位。若采用奇校验，则校验位为 1，数据加上校验位后为 11010101；若采用偶校验，则校验位为 0，数据加上校验位后为 01010101。

循环冗余校验的实现原理是加入冗余代码，与原始的数据一起按某种规律编码，这样就可以通过检测编码的合法性来达到发现错误的目的。

在信息处理过程中，每个阶段都要进行数据校验，以检查数据是否有错。校验方法包括人工检查、人机分别检查对比，以及软件自动检查。常用的数据校验有：① 重复校验，即多人同时输入数据，再对数据进行对比；② 界限校验，用于检查数据是否越界；③ 数据类型校验；④ 数据格式校验；⑤ 逻辑校验，用于检查数据是否符合业务的逻辑性；⑥ 顺序校验和计数校验，可以检查记录号是否缺失或重复；⑦ 平衡校验，用于检查数据之间是否符合业务要求的平衡；⑧ 对照校验，利用计算机内已存储的表，通过对照，检查是否存在对应数据等。

5. 数据清洗

数据清洗,顾名思义就是把"脏"的数据"洗掉",是对数据进行重新审查和校验的过程,即利用有关技术(如数理统计、数据挖掘或预定义的清理规则)将"脏"数据删除或转化为满足数据质量要求的数据。

数据清洗的基本方法如下:

1) 不完整数据(值缺失)的解决方法

大多数情况下,不完整数据缺失的值必须手工填入。某些缺失值可以从本数据源或其他数据中推导出来,这时可以用平均值、最大值、最小值或更为复杂的概率估计代替缺失的值。

2) 错误值的检测及解决方法

可用统计分析的方法识别可能的错误值、异常值(如偏差分析)、不遵守分布或回归方程的值,可以用简单规则库(常识性规则、业务特定规则等)检查数据值,可以用不同属性间的约束、外部的数据来检测和清洗数据。对数据异常值的处理需要特别谨慎,应从业务方面分析究竟是否有错误。

3) 重复记录的检测及解决方法

数据库中属性值完全相同的记录被认为是重复记录。可通过判断记录间的属性值是否相等来检测记录,最终将属性值相等的记录合并/清除为一条记录。合并/清除是消除重复记录的基本方法。

4) 不一致性(数据源内部及数据源之间)的检测及解决方法

从多数据源集成的数据可能有语义冲突,可通过定义完整性约束来检测不一致性,也可通过分析数据来发现数据之间的联系,从而使数据保持一致。

6. 数据存储

数据存储的对象包括在加工过程中数据流产生的临时文件或在加工过程中需要查找的信息。数据是以某种格式记录在计算机内部或外部存储介质上的。数据存储后要命名,命名要反映信息特征的组成含义。

1) 存储介质

存储介质是数据存储的载体,也是数据存储的基础。存储介质并不是越先进越好,要根据不同的应用环境合理选择。数据存储要求存储介质容量大、存储速度快、携带方便、与计算机接口通用、成本低等。除了计算机本身的大容量硬盘,数据存储介质还有移动硬盘、可记录光盘、U 盘、闪存卡等。

2) 存储方式

数据存储方式有三种:本地文件、数据库以及云存储。其中,本地文件使用较为方便;数据库性能优越,有查询功能,可以加密加锁、跨应用、跨平台;云存储则用于比较重要和数据量大的场合,比如科研、勘探、航空等实时收集到的数据,需要通过网络传输到数据中心进行存储并处理。

在存储数据时要注意以下问题:

(1) 存储的数据要安全可靠。利用计算机存储数据时,要防止计算机内的数据文件因各种内部或外部的因素而毁坏，因此要有相应的处理和防范措施。

(2) 对于大量数据的存储，要节约空间。例如，可采用科学的编码体系，缩短相同信息所需的代码，以节约存储空间。

(3) 数据存储必须满足存取方便、迅速的要求。利用计算机存储数据时，要对数据进行科学、合理的组织，要按照数据本身和数据之间的逻辑关系进行存储。

(4) 按照数据的使用频度对数据进行分级并分别存储在不同的存储器中，以提高存储体系总体的效率，降低成本。例如，可将归档数据脱机存放在大容量低成本的存储器中。

7. 数据检索

数据检索即把数据库中存储的数据根据用户的需求提取出来。数据检索的结果会生成一个数据表，既可以将其放回数据库，也可以作为进一步处理的对象。

数据检索包括数据排序和数据筛选。

(1) 数据排序：查看数据时，按照实际需要，把数据按一定的顺序排列展示。

(2) 数据筛选：根据给定的筛选条件，从数据表中查找并显示满足筛选条件的记录，将不满足条件的记录隐藏起来。

数据检索的方法主要有顺序检索、对分检索和索引查询等。

8. 数据分析

数据分析是指用适当的统计分析方法对收集来的大量数据进行分析，将它们加以汇总、理解，以最大化地开发数据的功能，发挥数据的作用。数据分析是为了提取有用数据和形成结论而对数据加以详细研究和概括总结的过程。随着社会的发展，人们对数据的依赖性越来越强，无论政府决策、公司运营、科学研究还是媒体宣传，都需要数据支持，因此将数据转化为知识、结论和规律，就是数据分析的作用和价值。例如，企业在正常运营中会产生数据，而对这些数据进行深层次挖掘所产生的数据分析报告，对企业的运营及策略调整至关重要。做好企业数据分析，对于促进企业的发展、为企业领导者提供决策依据有着重大作用。

实施数据分析项目的步骤如下：

(1) 明确分析目的，确定分析框架。首先，确定数据分析所需要解决的问题或者达成的目标；然后，梳理分析思路，并确定分析框架，即从哪些角度进行分析，采用哪些分析指标。不同的数据分析项目对数据分析的要求和方法是不一样的。

(2) 数据收集。按照确定的数据分析目的和框架，有目的地收集、整合相关数据。这是数据分析的基础。

(3) 数据处理。对收集到的数据进行加工、整理，以便开展数据分析。这是进行数据分析前必不可少的阶段。数据处理的方法主要包括数据清洗、数据转化等。

(4) 数据分析。通过分析手段、方法和技巧对准备好的数据进行探索、分析，从中发现因果关系、内部联系和业务规律，为项目目标提供决策参考。开展数据分析，就会涉及工具和方法的使用。这时要熟悉如方差、回归、因子、聚类、分类、时间序列等数据分析方法的原理、使用范围、优缺点和结果的解释，还要熟悉数据分析工具(一般的数据分析可以通过 Excel 完成，高级数据分析则需要专业的分析软件，如数据分析工具 SPSS/SAS/R/MATLAB 等)。

(5) 数据展现。通过图表的形式来呈现数据分析结果。借助图形化手段，能更直观、清晰、有效地呈现信息、观点和建议。常用的图表包括饼图、折线图、柱形图、条形图、散点图、雷达图、金字塔图、矩阵图、漏斗图、帕雷托图等。

(6) 撰写数据分析报告。通过数据分析报告，可以把数据分析的目的、过程、结果及方案完整地呈现出来。一份好的数据分析报告应该图文并茂，结构清晰，层次分明，能够让阅读者正确理解报告内容。另外，数据分析报告需要有明确的结论、建议和解决方案。

9. 大数据技术

随着信息技术逐渐渗透到不同行业和领域，数据正成为重要的生产要素，被各个行业所重视。2012 年后，"大数据"这一概念越来越多地被提及，大数据被描述和定义为信息爆炸时代产生的海量数据，以及由此带动的技术创新和产业发展。大数据既是一类具有数据容量大、增长速度快、数据类别多、价值密度低等特征的数据，也是一项能够对数量巨大、来源分散、格式多样的数据进行收集、存储和关联性分析的新一代信息系统架构和技术。

大数据具有 5V 的特点：Volume(大量)、Velocity(高速)、Variety(多样)、Value(价值)、Veracity(真实性)。可以看出，大数据的实质是对数据资源进行价值挖掘，特别是通过软件技术和新型算法对海量的非结构化数据(如图片、报表、音视频信息等)进行专业化加工处理，以挖掘数据背后的"价值蓝海"。大数据技术包括大规模并行处理数据库、数据挖掘、分布式文件系统、分布式数据库、云计算平台、互联网和可扩展的存储系统等。

1.3　信　息　安　全

1.3.1　信息安全基础

信息安全是指保护信息网络的硬件、软件及其系统中的数据，使其不因偶然的或者恶意的原因而遭到破坏、更改、泄露，保证信息系统可以连续、可靠、正常地运行，信息服务不中断。信息安全从信息资源的角度可以定义为：为了防止意外或人为地破坏信息系统的正常运行或采用不正当手段使用信息资源而对信息系统所采取的安全保护措施。

1. 信息安全的要素

信息安全的基本要素包括真实性、机密性、完整性、可用性、不可抵赖性、可控性和可查性。

(1) 真实性：对信息的来源进行判断，能对伪造来源的信息予以鉴别。

(2) 机密性：确保信息不暴露给未授权的实体或进程。

(3) 完整性：保证数据的一致性，防止数据被非法篡改。

(4) 可用性：保证合法用户对信息和资源的使用不会被不正当地拒绝。

(5) 不可抵赖性：建立有效的责任机制，防止用户否认其行为。

(6) 可控性：可以控制授权范围内的信息内容、流向和行为方式。

(7) 可查性：可以为出现的网络安全问题提供调查的依据和手段。

2. 信息安全的基本内容

1) 实体安全

实体安全是指使计算机设备、设施(含网络)以及其他媒体免遭地震、水灾、火灾、有害气体和其他环境事故破坏。实体安全包括环境安全、设备安全、媒体安全三个方面。

2) 运行安全

运行安全就是保障信息处理过程的安全性。

3) 信息资产安全

信息资产安全是指防止文件、数据、程序等信息资产被恶意非授权泄露、更改、破坏或被非法控制，确保信息的完整性、机密性、可用性和可控性。信息资产安全主要包括操作系统安全、数据库安全、网络安全、病毒防护、访问控制、加密和鉴别等七个方面。

4) 人员安全

人员安全主要是指使用信息系统的人员的安全意识、法律意识、安全技能等。

1.3.2 计算机病毒的防范

计算机病毒(Computer Virus)是指在计算机程序中插入的破坏计算机功能或者毁坏数据，影响计算机使用并能自我复制的一组计算机指令或者程序代码。计算机病毒种类繁多，虽然它们表现出的症状各不相同，但都有传染性、激发性、隐蔽性、破坏性和潜伏性。

通常用于保障网络信息安全的技术有两大类：一类是以"防火墙"技术为代表的被动防卫型网络安全保障技术；另一类是建立在数据加密、用户授权确认机制上的开放型网络安全保障技术。

1. 防火墙技术

防火墙是指在内部网络与外部网络之间设置一道防御系统，该系统是软件和硬件的组合体，它具有简单实用、透明度高的特点。所有内部网络与外部网络之间传输的数据必须通过防火墙，一方面可检查、分析、过滤从内部网络输出的数据包，另一方面可屏蔽外部网络中的危险地址，从而实现对内部网络的安全保护。防火墙本身不受各种攻击的影响，可以在不修改原有网络应用系统的情况下达到一定的安全要求。

防火墙在功能上有一定的缺陷，不能防范不经过防火墙的攻击，不能防范人为攻击，不能防止受病毒感染软件或文件的传输。

2. 数据加密与用户授权访问控制技术

与防火墙技术相比，数据加密与用户授权访问控制技术比较灵活，更适用于开放网络。用户授权访问控制技术主要用于对静态信息的保护，其需要系统级别的支持，一般在操作系统中实现。

1.4 计算机系统概述

计算机(Computer)俗称电脑，是指一种能快速、高效、准确地对各种信息进行处理和存储的数字化电子设备。计算机把程序存放在存储器中，通过执行程序对输入数据进行加工、处理、存储和传输并获得输出信息。

我们平时所说的计算机不是指一个简单的物理设备，而是包含了硬件系统和软件系统，即计算机系统是由硬件系统和软件系统两部分构成的。

1.4.1　计算机的产生与发展

计算机的诞生、发展和普及是 20 世纪科学技术的卓越成就，是人类历史上最伟大的发明之一，是新技术革命的基础。

计算机的发展与电子技术特别是微电子技术密切相关。

1. 计算机的产生

1946 年 2 月，世界上第一台计算机 ENIAC(Electronic Numerical Integrator and Calculator) 在美国宾夕法尼亚大学诞生。它是一台电子数字积分计算机，占地 170 m²，共用了 18 000 多个电子管、1500 个继电器，重达 30 吨，每小时耗电 140 kW，可谓是一个庞然大物。这台计算机每秒钟能完成 5000 次加法运算、300 多次乘法运算，比当时最快的计算工具快 300 倍。用现在的标准看，它的功能远不及一个可编程的计算器，但它使科学家们从繁杂的计算中解放出来，它的诞生标志着人类进入了一个崭新的信息革命时代。

2. 计算机的发展

计算机的发展阶段通常以构成计算机的电子器件来划分。每一个发展阶段在技术上都是一次新的突破，在性能上都是一次质的飞跃。以构成计算机的电子器件的变革作为标志，可将计算机划分为以下几代。

第一代(1946—1958 年)是电子管计算机。这个时期计算机使用的主要逻辑元件是电子管，这一时期也称电子管时代。计算机主存储器先采用延迟线，后来采用磁鼓磁芯，外存储器采用磁带。在软件方面，用机器语言和汇编语言编写程序。这个时期计算机的特点是体积庞大，运算速度低(一般每秒几千次到几万次)，成本高，可靠性差，内存容量小。这个时期的计算机主要用于科学计算(包括军事和科学研究方面)，其代表机型有 ENIAC、IBM650 (小型机)、IBM709 (大型机)等。

第二代(1959—1964 年)是晶体管计算机。这个时期计算机使用的主要逻辑元件是晶体管，因此这个时期也称为晶体管时代。计算机主存储器采用磁芯，外存储器采用磁带和磁盘。在软件方面，开始使用管理程序，后期使用操作系统并出现了 FORTRAN、COBOL、ALGOL 等一系列高级程序设计语言。这个时期计算机的应用扩展到数据处理、自动控制等方面，计算机的运行速度已提高到每秒几十万次，体积已大大减小，可靠性和内存容量也有较大的提高。这一时期的代表机型有 IBM7090、IBM7094、CDC7600 等。

第三代(1965—1970 年)是集成电路计算机。这个时期的计算机用中小规模集成电路代替了分立元件，用半导体存储器代替了磁芯存储器，外存储器采用磁盘。在软件方面，操作系统进一步完善，高级语言数量增多，出现了并行处理、多处理机、虚拟存储系统以及面向用户的应用软件。计算机的运行速度提高到每秒几十万次到几百万次，可靠性和存储容量进一步提高，外部设备种类繁多，计算机和通信密切结合起来，广泛地应用到科学计算、数据处理、事务管理、工业控制等领域。这一时期的代表机型有 IBM360 系列、富士

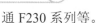

通 F230 系列等。

第四代(1971 年以后)是大规模和超大规模集成电路计算机。这个时期计算机使用的是大规模和超大规模集成电路,一般将这一时期称为大规模集成电路时代。计算机主存储器采用半导体存储器,外存储器采用大容量的软、硬磁盘,并开始引入光盘。在软件方面,操作系统不断发展和完善,同时发展了数据库管理系统、通信软件等。计算机的发展进入了以计算机网络为特征的时代。计算机的运行速度可达每秒上千万次到万亿次,计算机的存储容量和可靠性又有了很大提高,功能更加完备。这个时期计算机的类型除小型、中型、大型机外,开始向巨型机和微型机(个人计算机)两个方面发展。计算机开始进入了办公室、学校和家庭。

目前新一代计算机正处在研制阶段。新一代计算机是把信息收集、信息存储处理、通信和人工智能结合在一起的计算机系统。也就是说,新一代计算机由以处理数据为主转向以处理知识信息为主,如获取、表达、存储及应用知识等,并有推理、联想和学习 (如理解能力、适应能力、思维能力等)等人工智能方面的能力,能帮助人类开拓未知的领域和获取新的知识。

计算机的发展日新月异。1983 年国防科技大学研制成功的"银河-Ⅰ"巨型计算机,其运行速度达每秒 1 亿次。1992 年,国防科技大学计算机研究所研制的巨型计算机"银河-Ⅱ"通过鉴定,该机的运行速度为每秒 10 亿次。1997 年我国又研制成功了"银河-Ⅲ"巨型计算机,其运行速度达每秒 130 亿次,其系统的综合技术达到了当时国际先进水平,填补了我国通用巨型计算机的空白,标志着我国计算机的研制技术已进入世界先进行列。

3. 未来计算机的发展趋势

未来计算机将向智能型计算机发展,其发展趋势大致有如下五个。

1) 高速超导计算机

所谓超导,是指某些物质在接近绝对零度时,电流流动是无阻力的。高速超导计算机是使用超导体元器件的高速计算机,这种计算机的耗电量仅为用半导体器件制造的计算机耗电量的几千分之一,它执行一条指令只需十亿分之一秒,比用半导体器件制造的计算机快 10 倍。以目前的技术制造出的超导计算机用集成电路芯片的大小只有 3~5 mm^3。

2) 光计算机

光计算机是利用光作为载体进行信息处理的计算机,也称为光脑。光计算机靠激光束进入由反射镜和透镜组成的阵列中来对信息进行处理,与电脑相似,光计算机也靠一系列逻辑操作来处理和解决问题。计算机的功率取决于其组成部件的运行速度和排列密度,而光在这两个方面都很有优势。

3) 生物计算机

生物计算机主要是以生物电子元件构建的计算机。它利用蛋白质的开关特性,以蛋白质分子作元件制成生物芯片。其性能由元件与元件之间电流启闭的开关速度来决定。用蛋白质制造的生物计算机芯片,它的一个存储点只有一个分子大小,所以它的存储容量可以达到普通计算机的 10 亿倍。由蛋白质构成的集成电路,其大小只相当于硅片集成电路的

1/100 000，而且其开关速度更快，为 10～11 ps(1 ps = 1/10 000 s)，大大超过了人脑的思维速度。生物芯片传递信息时阻抗小、能耗低，且具有自我组织、自我修复的功能。

4) 量子计算机

量子计算机是一种利用处于多现实态下的原子进行运算的计算机，它与传统的二进制计算机将数据分为"0"和"1"(对应于晶体管的"开"和"关")来处理是不同的。量子计算机中最小的处理单位是一个量子比特。量子比特是多态的，而且可同时出现。因此，量子计算机具有信息传输不需要时间、信息处理所需能量几乎为零的神奇之处。

5) 情感计算机

未来的计算机将在模式识别、语音处理、句法分析和语义分析的综合处理能力上获得重大突破。它可以识别孤立单词、连续单词、连续语音和特定或非特定对象的自然语言(包括口语)。

这些新一代计算机将对人们的生活产生重大影响。

1.4.2　计算机的特点

计算机的主要特点是运算速度快，计算精度高，具有记忆和逻辑判断能力，自动化程度高，通用性强。

1. 运算速度快

计算机的运算速度一般是指计算机每秒能执行的加法运算次数。例如，微型机的运算速度一般可达每秒几亿次，巨型计算机的运算速度可达每秒数百万亿次甚至每秒上千万亿次。

2. 计算精度高

计算机的计算精度主要取决于 CPU 在单位时间内一次处理二进制数的位数。CPU 在单位时间内一次处理的二进制数的位数称为字长，字长越长，计算机的计算精度越高。目前微型计算机的字长有 16 位、32 位、64 位等。为了达到更高的计算精度，可以采用双倍字长进行运算。

3. 具有记忆和逻辑判断能力

随着计算机存储容量的不断增大，可存储的信息越来越多。计算机不仅能进行运算，而且能把运算的数据、程序以及中间结果和最后结果保存起来，以供用户随时调用，还可以通过编码技术对各种信息(如语言、文字、图形、图像、音乐等)进行算术运算和逻辑运算，甚至进行推理和证明。计算机的计算能力、逻辑判断能力和记忆能力三者结合，使之可以模仿人的某些智能活动，因此，人们也把计算机称为电脑。

4. 自动化程度高

由于采取存储程序的工作方式，因此计算机能够在人们预先编制好的程序的控制下自动地进行连续不断的运算、处理和控制。这给很多行业带来了方便，如电信部门电话费的记录与计算等。

5. 通用性强

由于计算机采用数字化信息来表示各类信息，采用逻辑代数作为相应的设计手段，既能进行算术运算，又能进行逻辑判断，因此计算机不仅能进行数值计算，还能进行信息处理和自动控制。如果想通过计算机解决相关问题，则将解决问题的步骤用计算机能识别的语言编制成程序装入计算机中运行即可。一台计算机能适应于各种各样的应用，具有很强的通用性。

1.4.3　计算机系统的组成

计算机硬件(Hardware)是构成计算机的各种物质实体的总和。

计算机软件(Software)是计算机上运行的各种程序及相关资料的总和。

硬件是软件建立和依托的基础，软件是计算机系统的灵魂。没有软件的计算机称为裸机，而裸机是无法工作的。同样，没有硬件对软件的物质支持，软件的功能则无从谈起。所以应把计算机系统当作一个整体，它既包括硬件，也包括软件，两者不可分割。

1.4.4　计算机的基本工作原理

1. 指令和指令系统

计算机硬件能够直接识别并执行的命令称为机器指令(简称指令)。一台计算机能够识别的指令的集合称为指令系统。指令通常由操作码和操作对象两部分组成。操作码表示操作的类型，如加、减、乘、除等；操作对象包括操作对象的来源(如参加运算的操作数或操作数地址)以及操作结果的地址，如图 1-3 所示。

操作码	操作数源地址(操作数)，操作数目标地址

图 1-3　指令的组成

在设计计算机时就要确定它能执行什么样的指令，怎样表示操作码，用什么样的寻址方式等，要作出具体的规定。指令类型和指令系统的功能直接决定了计算机的处理能力，影响着计算机的结构。指令的不同组合可以构成用于完成不同任务的程序。也就是说，程序员可以通过设计编写出实现不同任务的多个程序，计算机则会严格按照程序安排的指令顺序执行规定的操作，完成预定的任务。

需要注意的是，对于不同类型的计算机，其指令系统不同，与计算机设计相关。

2. 计算机的工作原理

计算机的基本原理是存储程序和控制程序。

计算机在运行时，先从内存中取出第一条指令，通过控制器的译码，按指令的要求，从存储器中取出数据进行指定的运算和逻辑操作等加工，然后按地址把结果送到内存中，接下来取出第二条指令，在控制器的指挥下完成规定操作，以此类推，进行下去，直至遇到停止指令。

程序与数据一样需要存储。按程序编排的顺序，一步一步地取出指令，自动地完成指令规定的操作是计算机最基本的工作原理。这一原理最初是由美籍匈牙利数学家冯·诺依曼于 1945 年提出的，故称为冯·诺依曼原理。

程序执行过程如图 1-4 所示。

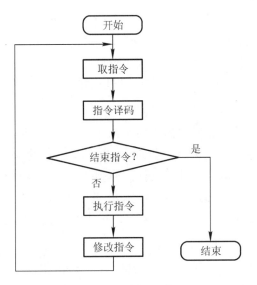

图 1-4　程序执行过程

1.5　计算机硬件系统

1.5.1　计算机硬件系统概述

计算机的硬件系统由五个基本部分组成：运算器、控制器、存储器、输入设备和输出设备，如图 1-5 所示。

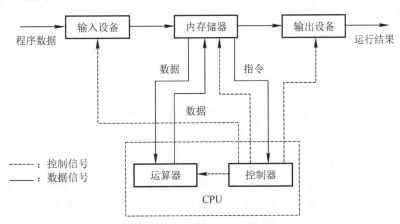

图 1-5　冯·诺依曼计算机硬件的基本结构

计算机中，运算器和控制器集成在一起，称为中央处理器(Central Processing Unit，CPU)，而中央处理器和内存储器又组成了主机。输入设备、输出设备和外存储器合称为外部设备(Input/Output Unit)。

1. 运算器

运算器由很多逻辑电路组成，包括算术逻辑单元(Arithmetic Logical Unit，ALU)和一系列寄存器等部件。其中，算术逻辑单元(ALU)是运算器的核心。它可以进行算术运算和逻辑运算。算术运算包括加、减、乘、除等；逻辑运算泛指非算术运算，如非、与、或等运算。运算器在控制器的控制下，从内存中取出数据并进行处理，之后将处理的结果送回存储器。运算器的操作是在 CPU 内部进行的，这些操作对使用者来说是看不到的。

2. 控制器

控制器(Control Unit)是计算机的指挥部。它的功能是从内存中依次取出指令，分析指令并产生相应的控制信号，再发送给各个部件，指挥计算机的各个部件协调工作。就像人的大脑按照计划指挥躯体完成一套动作一样，控制器是统一协调各部件的中枢，也是计算机中的"计算机"，它对计算机的控制是通过输出的电压和脉冲信号来实现的。

控制器一般由指令寄存器、指令译码器、时序电路和控制电路组成。

3. 存储器

存储器(Memory Unit)是计算机的仓库，其中有许多小的空间，这些空间称为存储单元。为每个小的空间编号，这些编号称为单元地址。单元地址用来存放输入设备送来的数据以及运算器送来的运算结果。

对存储器的操作有两种：一种是写入，另一种是读取。往存储器里存入数据的操作称为写入；从存储器里取出数据的操作称为读取。计算机中的存储器分为主存储器和辅助存储器两种。

1) 主存储器

主存储器(Main Memory)又称为内存储器，简称内存。在控制器的控制下，主存储器与运算器、输入/输出设备交换信息。目前，计算机的内存都采用大规模或超大规模半导体集成器件。它由随机存取存储器(Random Access Memory，RAM)和只读存储器(Read Only Memory，ROM)组成。一旦关机，在 RAM 中的程序和数据就会全部丢失。由于主存储器的速度比运算器的速度慢，因此在中央处理器内部增加了高速缓冲存储器(Cache)，以便在速度上和中央处理器匹配。

2) 辅助存储器

辅助存储器(Auxiliary Memory)也称为外存储器，简称外存。当用到外存中的程序和数据时，才将它们从外存调入内存，并且外存只同内存交换信息。

3) 主存储器与辅助存储器的区别

内存储器速度快，容量较小，可以直接向运算器和控制器提供数据和指令，用于存放计算机当前正待运行的程序和数据；与内存储器相比，外存储器的速度较慢，存储容量较大，而且价格较低，它作为内存储器的延伸和后援，用于存放暂时不用的程序和数据。运算器和控制器不能直接访问外存储器中的信息，但是外存储器可以与内存储器进行信息交换，外存储器中的程序和数据必须调入内存储器后才可被使用。

4. 输入设备

将程序和数据送到内存，并转换为计算机能够识别的电信号的设备就是输入设备(Input Unit)。常见的输入设备有键盘、鼠标、扫描仪等。

5. 输出设备

输出主机的信息时，会产生与输出信息相对应的各种电信号，并在显示器上显示，或在打印机上打印，又或在外存储器上存放等。能将计算机内部的信息传递出来的设备就是输出设备(Output Unit)。常见的输出设备有显示器、打印机、绘图仪、音箱等。

1.5.2　微型计算机配置

所谓微型计算机(简称微机)，是指能够独立完成所有输入、处理、输出和存储操作，即至少配有一个输出设备、存储设备和一个处理器的计算机。

为了更好地操作微型计算机，灵活地使用各种软件，下面从实际出发简单介绍微型计算机的系统配置。

1. 机箱和电源

机箱是微型计算机主机的外衣，微型计算机的大多数部件都固定在机箱内部，机箱保护这些部件不受破坏，减少灰尘吸附，减少电磁辐射干扰。

电源用于给硬盘、光驱、主机等供电，它是主机的动力源泉，主机中的所有部件都需要电源供电。电源质量直接影响微型计算机的使用，如果电源质量比较差，输出不稳定，则会导致死机、计算机自动重新启动，甚至部件烧毁等。

2. 主板

主板(Main Board，MB)也称为母板或系统板，其实物图如图 1-6 所示。主板是微机最基本也是最重要的部件之一，分为商用主板和工业主板两种，安装在机箱内。主板一般为矩形电路板，上面安装了组成微型计算机的主要电路系统，一般有 BIOS 芯片、I/O控制芯片、键和面板控制开关接口、指示灯插接件、扩充插槽、主板及插卡的直流电源供电接插件等元件。

图 1-6　主板

微型主板采用了开放式结构。主板上大都有 6~15 个扩展插槽，供 PC 外围设备的控制卡(适配器)插接。通过更换这些插卡，可以对微机的相应子系统进行局部升级，使厂家和用户在配置机型方面有更大的灵活性。总之，主板在整个微机系统中扮演着举足轻重的角色。可以说，主板的类型和档次决定着整个微机系统的类型和档次，主板的性能影响着整个微机系统的性能。

1) 主板结构

所谓主板结构，就是根据主板上元器件的排列方式、尺寸大小、形状以及所使用的电源规格等制定出的通用标准，所有主板厂商都必须遵循。

2) 主板芯片组

芯片组(Chipset)是主板的核心组成部分，决定了主板的功能，进而影响整个计算机系统性能的发挥。按照在主板上排列位置的不同，主板芯片组通常分为北桥芯片和南桥芯片。北桥芯片提供对 CPU 的类型和主频、内存的类型和最大容量、ISA/PCI/AGP 插槽、ECC 纠错等的支持。南桥芯片则提供对 KBC(键盘控制器)、RTC(实时时钟控制器)、USB(通用串行总线)、Ultra DMA/33(66)EIDE 数据传输方式和 ACPI(高级能源管理)等的支持。北桥芯片起主导性的作用，也称为主桥(Host Bridge)。

对逻辑控制芯片组来说，这些芯片组集成了对 CPU、Cache、I/O 和总线的控制。

3) 主要插槽和接口

主要插槽包括 CPU 插槽、内存插槽、PC 插槽、PCI-E 插槽。

主要接口包括 PS/2 键盘接口、鼠标接口、USB 通用串行接口、LPT 打印机接口、COM 串行通信接口、VGA 视频接口、HDMI 视频接口、RJ45 网口、AUDIO 主板音频接口、SATA 硬盘接口、主板电源接口、风扇接口等。

微型计算机的主板上都有一个 CMOS 电路，它记录着有关计算机各项配置的信息，该电路中有充电电池，即使关掉计算机之后电路仍然有效。每次开机，计算机首先会按照 CMOS 电路中记录的参数检查计算机各部件是否正常，并按照 CMOS 指示进行系统设置。

3. 微处理器(CPU)

微处理器是微型计算机完成指令读出、解释和执行的重要部件，主要由运算器和控制器组成，其外形如图 1-7 所示。

图 1-7　微处理器

微处理器是微型计算机的硬件核心，负责控制和协调整个计算机系统的工作。现代的微处理器(CPU)还包括高速缓冲存储器(Cache)。微处理器一般都是通过专门的插座安装在主板上的。目前市场上大多数微型计算机所采用的微处理器主要是 Intel 公司和 AMD 公司的 CPU 系列产品。

微处理器的性能直接影响着微型计算机的性能，其关键性能指标有主频、字长，以及高速缓冲存储器(Cache)的容量、速度、层级等。

1) 主频

主频也称内频，是 CPU 正常工作时的时钟频率，用来表示 CPU 的运算速度。主频越高，计算机的运算速度就越快，这是因为主频越高，单位时钟周期内完成的指令就越多。主频的计算式为

$$主频 = 外频 × 倍频$$

其中，外频指系统总线的工作频率，倍频指外频与主频相差的倍数。

2) 字长

字长是指 CPU 在单位时间内能一次处理的二进制数据的位数。字长一般都是字节的整数倍，字长越长，CPU 计算精度越高，处理能力越强。例如，一个 CPU 的字长为 16 位，则其每执行一条指令可以处理 16 位二进制数据。如果要处理更多的数据，则需要执行多条指令才能完成。显然，字长越长，CPU 可同时处理的数据位数就越多，功能就越强，但 CPU 的结构也就越复杂。CPU 的字长与寄存器的位宽及数据总线的宽度都有关系。微型计算机的微处理器字长有 8 位、16 位、32 位和 64 位等。

4. 内存

内存位于系统主板上，可以与 CPU 直接进行信息交换，它存放的是当前正在执行的程序和数据。内存的特点是存取速度快，但存储容量较小，价格相对较贵。内存主要由随机存取存储器(RAM)和只读存储器(ROM)两部分组成。

1) 随机存取存储器(RAM)

内存采用的随机存取存储器(RAM)是可读写的易失性存储器(断电后信息不能保存)，允许以任意顺序访问其存储单元。主板上的内存通常叫作内存条(绿色长条形)，是微型计算机中数据存储和交换的部件。因为 CPU 工作时需要与外部存储器(如硬盘、U 盘、光盘)进行数据交换，但外部存储器的速度远远低于 CPU 的速度，所以需要一种工作速度较快的设备在其中完成数据暂时存储和交换工作。

我们通常所说的内存主要是指内存条，如图 1-8 所示。内存条上的缺口用来防止将其插入内存槽时插反而导致内存条损坏，还用来区分不同种类的内存；金手指是内存条上金黄色的接触片，是内存条与主板内存插槽接触的部分，数据就是通过金手指传输至 CPU 的。

图 1-8　内存条

2) 只读存储器(ROM)

只读存储器(ROM)也具有随机访问的能力，但不能写入数据。在计算机中，ROM 一般用来保存某些专用的程序(如 BIOS 基本输入/输出系统等)。ROM 的特点是其中的信息数据

是由生产厂家事先写入的，计算机开机工作时只能读出，不能写入。ROM 以永久存储重要数据为目的，关机或者停电时，其中的数据不会丢失。

RAM 和 ROM 的主要区别在于：RAM 中存放的信息是临时的，是可以根据需要随时进行存取的，系统掉电后所有存储的信息都将丢失；而 ROM 中存放的是固定不变的信息，是出厂时一次性写入的，系统掉电后所有存储的信息是不会丢失的。

3) 高速缓冲存储器 Cache

Cache 位于内存和 CPU 之间，是一种存取速度高于内存的高速缓冲存储器，简称高速缓存。Cache 可以解决 CPU 与内存之间的速度匹配问题。当 CPU 从内存中读取数据时，把附近的一批数据读入 Cache。若 CPU 还要读取数据，则首先从 Cache 中读取，如果 Cache 中的数据不存在，那么再从内存中读取。这样可大大减少 CPU 直接读取内存的次数，从而提高计算机的工作效率。

4) 内存的主要技术指标

内存的主要技术指标如下。

(1) 存储容量：一个存储器中可以容纳的存储单元总数。

(2) 存取时间：从启动到完成一次存储操作所经历的时间。

(3) 存储周期：连续启动两次操作所需间隔的最短时间。

5. 外存

外存的特点是存储容量大，价格便宜，但存取速度慢，不能与 CPU 直接交换信息。外存可分为磁存储器(如磁鼓、磁带等)、磁盘存储器(硬盘)以及光盘存储器等。

6. 其他外部设备

目前计算机常用的输入设备是键盘和鼠标，输出设备是显示器、打印机、绘图仪和音箱等。

1.5.3 计算机的应用

计算机的应用非常广泛，几乎涵盖了我们生活的方方面面。以下是计算机几个主要的应用。

1. 科学计算

计算机作为一种高速、高精度的自动化计算工具，在科学技术领域中得到了广泛应用，在数学、物理、化学、天文学、地质学、气象学等科研方面，以及宇航、飞机制造、机械、建筑、水电等工程设计方面解决了大量的科学计算问题。过去人工需要几年完成的计算问题，现在使用计算机仅需几天、几小时甚至几分钟即可完成。过去工程设计中，因计算量大只能粗略地近似计算，现在使用计算机不仅能得到精确的计算结果，而且可以从多个设计中得到最佳的设计方案。

2. 数据处理

数据处理是指使用计算机进行事务、财务、统计、资料情报处理及对科学试验结果等大量数据进行加工、合并、分类、比较、统计、排序、检索及存储等。数据处理是目前计算机应用中最广泛的领域。例如，指纹的自动识别系统、信用卡的识别系统、各种条码的识别系统等都是应用计算机进行数据处理的。我国大量的数据信息是汉字，所以汉字信息处理也是目前计算机系统应用和研究的一个重要方面。

3. 过程控制

过程控制又称实时控制，指用计算机及时收集数据、处理数据后按最佳值迅速对控制对象进行控制，实现生产过程自动化，提高控制的及时性和准确性，从而改善劳动条件，提高质量，节约能源，降低成本。例如，生产流水线上的计算机自动控制系统、医院里病人病情的自动监控系统、交通信号灯的自动控制系统等，都是计算机对过程控制的应用。

4. 辅助系统

计算机辅助系统包括计算机辅助设计(Computer Aided Design，CAD)、计算机辅助制造(Computer Aided Manufacturing，CAM)、计算机辅助教学(Computer Aided Instruction，CAI)、计算机辅助工程(Computer Aided Engineering，CAE)、计算机辅助测试(Computer Aided Testing，CAT)、计算机集成制造系统(Computer Integrated Manufacturing System，CIMS)等。

CAD 指利用计算机及其图形设备帮助设计人员进行设计工作，如机械设计、建筑设计、飞机设计、大规模集成电路设计等。

CAM 的核心是计算机数值控制(简称数控)，它是将计算机应用于对生产设备进行管理控制和操作的过程或系统，如机械产品的零件加工(切削、冲压、铸造、焊接、测量等)、部件组装、整机装配、验收、包装入库、自动仓库控制和管理等。

CAI 是在计算机辅助下进行各种教学活动，以对话方式与学生讨论教学内容、安排教学进程和进行教学训练的方法。采用 CAI 可使教学方式和教学手段得到改进，使学习的过程更生动、更深入。

CAE 是把工程的各个环节有机地组织起来，其关键就是将有关信息集成，使其产生并存在于工程的整个生命周期。因此，CAE 系统是一个包括了相关人员、技术经营管理、信息流和物流的有机集成且优化运行的复杂系统。

CAT 是指利用计算机协助进行测试的一种方法，可以用在不同的领域。在教学领域，可以使用计算机测试学生的学习效果和估量学习能力。CAT 一般分为脱机测试和联机测试两种方法。在软件测试领域，可以使用计算机来进行软件的测试，提高测试效率。

CIMS 是随着计算机辅助设计与制造的发展而产生的。它是在信息技术、自动化技术与制造技术的基础上，通过计算机技术把分散在产品设计制造过程中各种孤立的自动化子系统有机地集成起来形成的适用于多品种、小批量生产，实现整体效益的集成化和智能化的制造系统。

5. 网络应用

计算机技术与现代通信技术的结合构成了计算机网络。计算机网络的建立不仅解决了一个单位、一个地区、一个国家中计算机之间的通信和各种软硬件资源的共享，也大大促进了国际间的文字、图像、视频和声音等各类数据的传输与处理。例如，消费者网上购物、商户之间的网上交易等活动，就是在 Internet 开放的网络环境下进行的商务活动，又称为电子商务(Electronic Commerce)。

6. 人工智能

人工智能(Artificial Intelligence，AI)是研究、开发用于模拟、延伸和扩展人的智能的理论方法、技术及应用系统的一门新的技术科学。

人工智能是计算机科学的一个分支，被称为 20 世纪 70 年代以来世界三大尖端技术(空间技术、能源技术、人工智能)之一，也被认为是 21 世纪三大尖端技术(基因工程、纳米科学、人工智能)之一，目前主要应用于机器视觉、指纹识别、人脸识别、视网膜识别、虹膜识别、掌纹识别、专家系统、自动规划、智能搜索、定理证明、博弈、自动程序设计、智能控制、机器人学、语言和图像理解、遗传编程等方面。

1.6 计算机软件系统

只有硬件，计算机还不能发挥其作用，必须为计算机安装软件。计算机的软件系统指在硬件设备上运行的各种程序、数据以及有关的资料，它包括系统软件和应用软件两种。系统软件包括操作系统、语言处理程序、数据库管理系统、服务性软件等；应用软件主要指针对某项工作专门开发的一组程序，如 Office 系列软件等。

1.6.1 系统软件

系统软件是计算机系统必须配置的程序和数据集合，其物质基础是硬件系统，所以系统软件是计算机硬件系统正常工作必须配置的软件。系统软件是管理、监控和维护计算机资源的软件，一般由计算机生产厂家或专门的软件开发公司研制，用来扩展计算机的功能，提高计算机的工作效率，方便用户使用计算机。程序的编写和运行都要有系统软件的支持。系统软件包括各种操作系统、语言处理程序、服务性程序(诊断程序)、网络软件、数据库管理系统等。

1. 操作系统

操作系统是最基本的系统软件，它的主要功能包括存储器管理、处理器管理、文件管理、设备管理、作业管理等。计算机只有在安装了操作系统之后，才能够正常运行和使用其他软件。操作系统在用户和计算机之间架起了一座沟通的桥梁，为用户提供了一个方便、有效和友善的工作环境。

2. 语言处理程序

语言处理程序的主要作用是将使用计算机高级语言编写的程序转换为计算机可以理解和执行的低级指令。这类程序包括编译器、解释器等，它们负责将用高级语言编写的源代码转换为目标代码或者计算机可以直接识别和执行的代码。

计算机语言也称为计算机程序设计语言，是用于人与计算机之间通信的一种符号系统，通过特定的语法和规则编写程序，指导计算机执行特定的任务。计算机语言的发展历程是一个不断演进的过程，从最初的机器语言到现代的高级语言，每一步都标志着计算机科学的巨大进步。

1) 机器语言

机器语言(Machine Language)是最早的计算机语言形式，直接使用二进制代码(0 和 1)进行编程。使用机器语言编写的代码能被计算机直接识别和执行，但不同类型的计算机机器语言规则是不同的，而且不可移植。同时这种语言的指令不容易被人们记忆和掌握，且程序编写困难。

2) 汇编语言

由于机器语言难以被人们记忆和编写，因此人们对这种语言进行了改进。采用助记符来代替指令的关键字，即用一些简单的英语缩写词、字母和数字符号来代替指令的关键字，便于使用和记忆，这种语言就是汇编语言(Assembly Language)。

汇编语言仍然是一种面向机器的语言。它的语句和机器指令一一对应，即每条指令由操作码和地址码所组成。汇编语言是第二代语言。

3) 高级语言

高级语言是面向用户的过程语言，它和自然语言更接近，并能为计算机所识别和执行。

高级语言与硬件功能相分离，独立于具体的机器系统，人们在编写程序时不需要对机器的指令系统有深入的了解，而且一个用高级语言编写的源程序可以在不同型号的计算机上使用，因此高级语言程序具有较好的通用性和可移植性。高级语言是第三代语言。

源程序(Source Program)是人们为解决某一问题而编制且未经计算机编译或汇编的程序，源程序只有被翻译成目标程序才能被计算机识别和执行。

汇编语言源程序和高级语言源程序必须被翻译成机器所能识别的二进制码后才能被计算机执行，这项工作是由计算机本身来完成的。翻译程序有编译程序和解释程序两种，因此在使用高级语言时，首先要给计算机配备高级语言的编译程序和解释程序。图 1-9 所示为高级语言源程序的两种编译方式。

编译程序将用高级语言编写的源程序翻译成二进制目标程序，然后通过连接装配程序，连接成计算机可执行的程序。编译之后的目标程序和连接之后的可执行程序都以文件形式存放在磁盘上，再运行可执行程序便可得到该源程序的运行结果。经过编译产生的目标程序运行速度快，但所占内存空间大。编译过程如图 1-9(a)所示。

解释程序就是将源程序输入计算机后，用高级语言的解释程序将其逐条解释，逐条执行，执行完后只得结果，而不保存解释后的机器代码。再次运行这个程序时还要重新解释执行。解释过程如图 1-9(b)所示。

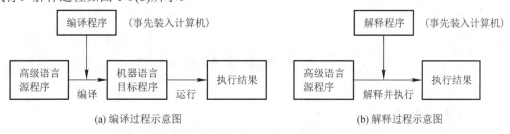

图 1-9 高级语言源程序的两种编译方式

3. 数据库管理系统

数据库管理系统是用于支持数据管理和存取的软件。其主要功能包括数据库的定义和操纵、共享数据的并发控制、数据的安全与保密等。

4．服务性程序

服务性程序是一类辅助性的程序，它提供各种运行所需的服务，主要有编辑程序、调试程序、装配和连接程序、测试程序等。

1.6.2 应用软件

除系统软件以外的所有软件都可以称为应用软件。应用软件种类繁多，而正是因为有了各种各样的应用软件，才使计算机可以在各行各业大显身手，从而推动了计算机的普及和发展。应用软件按其功能不同，大致可分为工具软件、办公软件、游戏娱乐软件和通信软件等。

1.6.3 用户、计算机软件和硬件之间的关系

归纳起来，硬件结构是计算机系统中看得见的物理实体，而软件则是计算机系统中各种程序的集合。在软件的组成中，系统软件是人与计算机进行信息交换、通信对话、按用户的思维对计算机进行控制和管理的工具。用户、计算机软件系统和硬件系统的层次关系如图 1-10 所示。

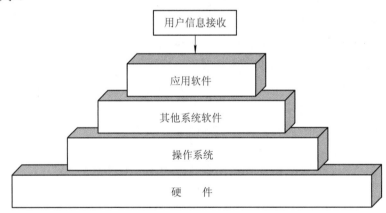

图 1-10 用户、计算机软件系统和硬件系统的层次关系

当然，在计算机系统中并没有一条明确的硬件与软件的分界线，软硬件之间的界限是任意的、经常变化的。

1.7 多媒体基础知识

1.7.1 多媒体概述

1．多媒体的定义

人们普遍认为，多媒体是指能够同时获取、处理、编辑、存储和展示两个以上不同类

型媒体信息的技术。这些媒体信息包括文字、声音、图形、图像、动画、视频等。多媒体技术是利用计算机对文本、图形、图像、声音、动画、视频等多种信息进行综合处理、建立逻辑关系和实现人机交互的技术。

计算机的数字化与交互式处理信息的能力极大地推动了多媒体技术的发展，所以现在的多媒体技术与计算机技术紧密结合在一起，形成了一个集成多种信息处理技术的新技术领域。

2. 多媒体技术的特性

多媒体技术的主要特性包括信息载体的多样性、集成性、交互性和非线性。

1) 多样性

多媒体技术的多样性主要体现在用多媒体技术能够处理的信息形式非常多样，例如文本、图像、音频、视频、动画等。这些不同的媒体信息形式可以单独使用，也可以组合在一起，形成丰富多彩的多媒体内容。同时多媒体技术提供了多种表现方式。例如，对图像可以进行缩放、旋转和裁剪等操作；对视频可以进行剪辑、混音和特效处理等。这些多样化的表现方式使得用多媒体技术能够创造出更加生动、有趣和吸引人的内容。

2) 集成性

多媒体的集成性主要表现在两个方面：一是多媒体信息的集成，这种集成包括信息的多通道统一获取与多媒体信息的统一存储和组织等；二是媒体设备的集成，这种集成指的是将多媒体的各种设备集成为一体。

3) 交互性

多媒体的交互性向用户提供了更加有效地控制和使用信息的手段，用户可以通过键盘、鼠标、触摸屏、语音识别、手势识别等多种输入设备进行信息交互，实现信息的查询、选择、反馈等功能，从而使用户能够以更加自然、便捷的方式与多媒体内容进行互动。

4) 非线性

以往人们读写文本时，大都按线性顺序读写，循序渐进地获取知识。多媒体技术借用超媒体的方法，改变了人们传统的读写模式，把内容以一种更灵活、更具变化的方式呈现给使用者。超媒体不仅为用户浏览信息、获取信息带来了极大的便利，也为多媒体的制作带来了极大的便利。

总之，多媒体技术最显著的特点就是具有多样化、集成性、交互性和非线性。从这个角度可以判断，电视、各种家电的组合、可视图文不具备像计算机一样的交互性，不能对内容进行控制和处理，所以它们不是多媒体；仅有个别种类媒体的计算机系统也不是多媒体；而那些采用计算机多媒体技术的系统，如多媒体咨询台、交互式电视、交互式视频游戏、计算机支持的多媒体会议系统、多媒体课件及展示系统等，都属于多媒体技术的范畴。

3. 数字媒体

数字媒体是指以二进制数的形式记录、处理、传播、获取过程信息的载体，这些载体包括数字化的文字、图形、图像、声音、视频影像和动画等感觉媒体，还包括表示这些感觉媒体的表示媒体(编码)等(通称为逻辑媒体)，以及存储、传输、显示逻辑媒体的实物媒体。

数字媒体技术是信息与通信工程专业的术语，其概念和分析方法广泛应用于通信与信息系统、信号与信息处理、电子与通信工程等信息技术领域。

视频网站和社交媒体将成为数字媒体发展的新方向。

4. 移动数字媒体

移动数字媒体是指以移动数字终端为载体,通过无线数字技术与移动数字处理技术运行各种平台软件及相关应用,以文字、图片、视频等方式展示信息和提供信息处理功能的媒介。当前,移动数字媒体的主要载体以智能手机及平板电脑为主,随着信息技术的发展和通信网络的融合,一切能够借助移动通信网络沟通信息的个人信息处理终端都可以作为移动媒体的运用平台。例如,电子阅读器、移动影院、MP3、MP4、数码摄/录像机、导航仪、记录仪等都可以成为移动数字媒体的运用平台。

1.7.2 音频基础知识

1. 音频的概念

音频是多媒体信息的重要组成部分。音频信号可通过模数转换器转换成数字信号,便于存储、传输和处理。

声音是一种连续的模拟信号,而计算机处理的是数字信号,因此要把声音存储到计算机中必须先对其进行数字化处理。播放声音时要以实际声音输出,必须将数字声音解码、解压缩,经过数/模信号转换,形成模拟信号后回放输出,如图 1-11 所示。

输入信号 ——→ 编码器 ——→ 传输/存储 ——→ 解码器 ——→ 输出信号

图 1-11　音频信号的处理过程

2. 数字化音频及其相关计算

1) 声音的数字化

把输入的声音(模拟信号)转换成数字信号的过程称为声音的数字化,它是一种利用数字化手段对声音进行录制、存放、编辑、压缩或播放的技术,是随着数字信号处理技术、计算机技术、多媒体技术的发展而形成的一种全新的声音处理手段。

(1) 声音的数字化过程。

① 采样:在时间轴上对模拟信号(声音)进行数字化处理,即用有一定时间间隔的信号样值序列来代替原来在时间上连续的信号,也就是在时间上将模拟信号离散化。

② 量化:在幅度轴上对模拟信号(声音)进行数字化处理,即用有限个幅度值近似原来连续变化的幅度值,并把模拟信号的连续幅度变为有限数量的有一定间隔的离散值。

③ 编码:按一定格式记录经采样和量化后的数据,即按照一定的规律把量化后的值用二进制数字表示。

(2) 音频信号的处理过程。

采样和量化后的模拟信号(声音)经编码后就成为数字音频信号,我们可以将其以文件形式保存在计算机的存储介质中,这样的文件一般称为数字声波文件。

播放数字声音时需进行解码、解压缩,形成二进制数据,再将二进制数据进行数/模信号转换,形成模拟信号(声音)后输出。

因此,获取与处理音频信号的顺序应该是采样、量化、编码、存储、解码、D/A 转换。

2) 音频文件的容量

音频文件的容量与声音数字化的质量密切相关，声音数字化的质量越高，音频文件的容量就越大。声音数字化的质量与采样频率、采样精度(也称量化级)和声道数也密切相关。

(1) 采样频率。采样频率等于单位时间内声音波形被等分的份数，份数越多，频率越高，质量也越好。采样频率的单位为赫兹(Hz)。

根据采样定理，采样频率是能够再现的声音频率的 2 倍。人耳听觉的频率上限在 20 kHz 左右，为了保证声音不失真，采样频率应在 40 kHz 左右。在多媒体技术中常用的标准采样频率为 44.1 kHz，就是指每秒采样 44 100 次，低于此值声音就会有较明显的损失，而高于此值的声音人的耳朵已经很难分辨且增大了数字音频所占用的空间。一般为了达到"万分精确"，我们还会使用 48 kHz 甚至 96 kHz 的采样频率。通常 CD 的采样标准就是 44.1 kHz，其他经常使用的采样频率还有 11.025 kHz、22.05 kHz 等。

采样频率越高，采样间隔时间越短，声音波形越精确，声音失真就越小，音频数据量也就越大。

(2) 采样精度。采样精度即每个声音样本所需存储的位数，它反映了度量声音波形幅度的精度。由于计算机按字节进行运算，所以量化位数一般为 8 位和 16 位。假如某个声音信号的幅度为 A，如果采用 8 位度量，则声音信号可等分为 2A/256，如果采用 16 位度量，则声音信号可等分为 2A/65 536。由此可见，量化位数越高，信号的动态范围越大，数字化后的音频信号就越可能接近原始信号，但所需要的存储空间也就越大。

(3) 声道数。声道数即声音通道的个数。声道数表明声音产生的波形数，一般分为单声道和多声道。为了取得立体声音效果，有时需要进行多声道录音，至少采用左、右两个声道(通常意义上的立体声道)，较好的则采用 5.1 或 7.1 声道。所谓 5.1 声道，是指含左、中、右、左环绕、右环绕五个有方向性的声道，以及一个无方向性的低频加强声道。

采样频率越高，采样精度越高，声道数越多，则声音质量就越好，声音数字化后的数据量也就越大。

数据量(单位为字节)的计算公式如下：

$$数据量 = \frac{采样频率(Hz) \times 量化位数(B) \times 声道数 \times 时间(s)}{8}$$

例如，语音信号的采样频率为 16 kHz，量化位数为 10 位，单声道输出，则每小时的数据量约为

$$\frac{16\ 000 \times 10 \times 1 \times 3600}{8 \times 1024 \times 1024} = 68.66\ \text{MB}$$

1.7.3　图形和图像

图形(Graph)和图像(Image)都是多媒体系统中的可视元素。

1. 图形和图像的概念

1) 图形

图形是指矢量图(Vector Drawn)，它是根据几何特性来绘制的。图形的元素是一些点、

直线、弧线等。矢量图常用于框架结构的图形处理,应用非常广泛,如计算机辅助设计(CAD)系统中常用矢量图来描述十分复杂的几何图形。矢量图适用于表示直线以及其他可以用角度、坐标和距离来表示的图,图形经任意放大或者缩小后依旧清晰。

2) 图像

图像是位图(Bitmap),它所包含的信息是用像素来度量的,就像细胞是组成人体的最小单元一样,像素是组成一幅图像的最小单元。对图像的描述与分辨率和色彩位数有关,分辨率与色彩位数越高,占用存储空间就越大,图像也就越清晰。

图形是人们根据客观事物制作生成的,它不是客观存在的;图像可以直接通过照相、扫描、摄像得到,也可以通过绘制得到。

图像的参数如下:

(1) 分辨率:水平与垂直方向上的像素个数。

分辨率分为显示分辨率与图像分辨率。

① 显示分辨率(屏幕分辨率)表示显示器所能显示的像素有多少。由于屏幕上的点、线和面都是由像素组成的,显示器可显示的像素越多,画面就越精细,屏幕区域内能显示的信息也就越多,所以分辨率是显示器非常重要的性能指标之一。若把整个图像想象成一个大型棋盘,则分辨率就是所有经线和纬线交叉点的数目。在显示分辨率一定的情况下,显示屏越小,图像越清晰;反之,当显示屏大小固定时,显示分辨率越高,图像越清晰。

② 图像分辨率是单位英寸图像中所包含的像素点数,其定义更趋近于分辨率本身的定义。分辨率和图像的像素有直接的关系,通常分辨率被表示成每一个方向上的像素数量,比如640×480等,某些情况下也可以表示成"每英寸像素"(PPI)以及图像的长度和宽度。

(2) 色彩模式:图像所使用的色彩描述方法,如RGB(红、绿、蓝)、CMYK(青、洋红、黄、黑)等。

(3) 颜色灰度(深度):在图像处理中用来表示每个像素颜色信息的位数。这一位数直接决定了图像中每个像素可以显示的颜色数量或灰度级别,即图像的亮度或色彩丰富性。

2. 图像的数字化

图像数字化是将连续色调的模拟图像经采样量化后转换成数字图像的过程,是进行数字图像处理的前提。图像数字化必须以图像的电子化作为基础,把模拟图像转变成电子信号,随后才将其转换成数字图像信号。

1) 模拟/数字(A/D)转换

模拟/数字(A/D)转换是指将模拟图像信号转换为数字图像信号的过程和技术。

2) 图像数字化过程

要用计算机处理图像,必须先把真实的图像(照片、画报、图书、图纸等)通过数字化转换成计算机能够接收的显示和存储格式,然后用计算机进行分析和处理。图像的数字化过程主要分为采样、量化与编码三个步骤。

(1) 采样:按照某种时间间隔或空间间隔采集模拟信号的过程(空间离散化)。

采样的实质就是要用多少点来描述一幅图像,采样结果质量的高低用前面所介绍的图像分辨率来衡量。简单来讲,将二维空间上连续的图像在水平和垂直方向上等间距地分割成矩形网状结构,所形成的微小方格称为像素点,这样一幅图像就被采样成有限个像素点构成的集合。

(2) 量化：表示图像经采样之后的每一个点的数值范围。量化的结果是图像能够容纳的颜色总数，它反映了采样结果的质量。量化也就是将采集到的模拟信号归到有限个信号等级上，即信号值等级有限化。

例如，如果以 4 位存储一个点，就表示图像只能有 16 种颜色；若采用 16 位存储一个点，则有 $2^{16} = 65\ 536$ 种颜色。因此，量化位数越大，表示图像可以拥有的颜色越多，产生的图像效果越细致，但是占用的存储空间也越大。4 位存储和 16 位存储的基本问题都是视觉效果和存储空间的取舍。

经过采样和量化得到的一幅空间上表现为离散分布的有限个像素，灰度取值上表现为有限个离散的可能值的图像称为数字图像。只要水平和垂直方向采样点数足够多，量化比特数足够大，数字图像的质量就毫不逊色于原始模拟图像。

(3) 编码：将量化的离散信号转换成用二进制数码 0/1 表示的形式。

3. 常见图形图像的文件格式

1) BMP

BMP (Bitmap)是美国微软(Microsoft)公司为其 Windows 环境设置的标准图像格式，是PC 上最常用的图像格式。BMP 有压缩和不压缩两种形式，可表现 2～32 位的色彩，其中高 8 位含有表征透明信息的 Alpha 数值，它在 Windows 环境下相当稳定。一般情况下，BMP 格式是非压缩格式，故图像文件比较大，在文件大小没有限制的场合中运用极为广泛。

2) GIF

GIF(Graphics Interchanges Format)是 CompuServe 公司开发的图像格式，它采用的是基于 LZW(Lempel-Ziv Welch)算法的无失真压缩技术，使用了变长代码，支持 256 色的彩色图像，并且在一个文件中可存放多幅彩色图像。

GIF 文件是世界通用的一种 8 位图像文件，各种平台的图像处理软件均可处理这种经过压缩的图像文件，这种格式的图像文件是网络传输和 BS 用户使用最频繁的图像文件，其传输速度要比其他格式的图像文件快得多。但其缺点是存储色彩最高只能达到 256 种。

3) JPEG

JPEG(Joint Photographic Experts Group)是可以大幅度压缩图像文件的一种图像格式。JPEG 格式的图像文件具有迄今为止最为复杂的文件结构和编码方式。和其他格式的最大区别是 JPEG 使用了一种有损压缩算法，即以牺牲一部分图像数据来达到较高的压缩率，但是这种损失很小，以至于很难察觉。印刷时不宜使用 JPEG 格式。目前 JPEG 被广泛应用于Internet 的主页或图片库。

4) PNG

PNG (Portable Network Graphic)是一种无失真压缩图像格式，可以在不损失图像数据的情况下进行压缩，以减小文件大小，同时保持图像的完整性和质量。PNG 格式支持灰度图像、RGB 图像、索引颜色图像以及带有 Alpha 通道的 RGB 图像等多种图像模式。PNG 最高支持 48 位真彩色图像以及 16 位灰度图像，被广泛应用于互联网。

1.7.4 动画和视频

1. 动画和视频基础知识

1) 动画

动画是一种综合了绘画、漫画、电影、数字媒体、摄影、音乐、文学等众多艺术门类于一体的艺术表现形式,通过逐帧制作或利用计算机图形技术生成一系列连续的静态图像,并以一定的速度快速播放这些图像,同时结合声音等元素,从而在视觉上产生动态效果的媒体形式。

2) 视频

视频是一种由一系列连续的图像帧按照特定的帧率快速播放,并通常结合相应音频而形成的动态视觉信息载体。

动画和视频的相同点是它们都由一系列静止画面按照一定的顺序排列而成,这些静止画面称为帧,每一帧与相邻帧略有不同。当帧画面以一定的速度连续播放时,基于人眼视觉暂留特性和相关技术手段,使得一系列快速连续显示的静态图像在人眼中能够融合成一个连续的动态画面。

计算机动画和视频的主要差别类似于图形与图像的区别,即帧图像画面的产生方式有所不同。计算机动画是利用计算机图形技术绘制出的连续画面,它是用计算机产生的画面表现真实对象和模拟对象随时间变化的行为和动作的,是计算机图形学的一个重要分支;而数字视频主要指模拟信号源经过数字化后的图像和同步声音的混合体。目前,在多媒体应用中有将计算机动画和数字视频混同的趋势。

3) 立体视频(Stereoscopic Video)

立体视频的原理是针对人的左右两眼发出略微不同的视频以营造立体物的感觉。因为两组视频画面是混合在一起的,所以直接观看时会觉得模糊不清或颜色不正确,必须借由遮色片或特制眼镜才能观看其效果。

2. 视频文件格式

视频文件一般分为影像文件和动画文件两类,其文件格式如下。

1) 影像文件格式

(1) AVI。AVI 是 Audio Video Interleaved (音频视频交错)的英文缩写。该格式的文件是一种不需要专门的硬件支持就能实现音频与视频压缩处理、播放和存储的文件。可以把视频信号和音频信号同时保存在 AVI 文件中,播放时,音频和视频同步播放。AVI 视频文件使用起来非常方便。

(2) MPEG。MPEG 标准包括 MPEG 视频、MPEG 音频和 MPEG 系统(视频、音频、系统)三个部分。我们熟知的 MP3 就是 MPEG 音频标准的一个典型应用。它的普及极大地推动了数字音乐的消费和传播。MPEG 的平均压缩比为 50∶1,最高可达 200∶1,压缩效率非常高,同时图像和声音的质量也非常好。

(3) ASF。ASF 是 Advanced Streaming Format 的英文缩写,它是 Microsoft 公司的影像

文件格式，是 Windows Media Service 的核心。ASF 是一种数据格式，音频、视频、图像以及控制命令脚本等多媒体信息通过这种格式，以网络数据包的形式传输，实现流式多媒体内容发布。其中，在网络上传输的内容就称为 ASF 流。ASF 支持任意的压缩/解压缩编码方式，并可以使用任何一种底层网络传输协议，具有很大的灵活性。

(4) WMV。WMV 的英文全称为 Windows Media Video，是 Microsoft 推出的一种采用独立编码方式，并可以直接在网上实时观看的视频文件压缩格式。WMV 格式采用了先进的视频编码算法，能够在保持较高图像质量的同时实现较高的压缩比，因此 WMV 格式的视频具有较小的体积和较高的图像质量，可以更快地加载和播放，从而提高用户的观看体验。同时 WMV 格式支持多种语言和环境独立性，适应不同的网络条件和播放需求。这些优势使得 WMV 格式在视频制作和发布领域具有更广泛的应用前景。

(5) RM。RM 是 Real Media 的缩写，它是 Real Networks 公司开发的视频文件格式，也是出现最早的视频流格式。RM 文件可以是离散的单个文件，也可以是一个视频流。RM 的压缩非常出色，生成的文件非常小，它已成为网上直播的通用格式，并且这种技术已相当成熟，它至今依然占据视频直播的主导地位。

(6) MOV。MOV 是著名的 Apple(美国苹果)公司开发的一种视频格式，默认的播放器是苹果的 Quick Time Player。现在几乎所有的操作系统都支持 Quick Time 的 MOV，它已经是数字媒体行业的工业标准，多用于专业领域。

2) 动画文件格式

(1) GIF(GIF)。GIF 是 Graphics Interchange Format(图形交换格式)的英文缩写，是由 CompuServe 公司于 1987 年推出的一种高压缩比的彩色图像格式，主要用于图像文件的网络传输。考虑到网络传输中的实际情况，GIF 图像格式除了一般的逐行显示方式，还增加了渐显方式。也就是说，在图像传输过程中，用户可以先看到图像的大致轮廓，然后随着传输过程的继续而逐渐看清图像的细节部分，这样就适应了用户的观赏心理。最初，GIF 只用来存储单幅静止图像，后来又进一步发展为可以同时存储若干幅静止图像并进而形成连续的动画。目前 Internet 上的动画文件多为 GIF 文件。

(2) SWF。SWF 是基于 Adobe 公司 Shockwave 技术的流式动画格式。SWF 文件是 Flash 的一种发布格式，已广泛用于 Internet，在客户端的浏览器中安装 Shockwave 插件即可播放 SWF 文件。

本 章 小 结

本章重点介绍信息技术、计算机系统的组成、多媒体基础知识等内容。信息技术部分主要介绍了信息系统、信息处理及信息安全。计算机系统是由硬件系统和软件系统两大部分组成的复杂整体，它能够按照程序的要求，自动、高速地对各种信息进行处理和存储，以实现特定的功能和任务。硬件是计算机系统的物理基础，而软件则是计算机系统的灵魂，两者相互依存、协同工作，共同构成了完整的计算机系统。另外，围绕多媒体基础知识，讲解了多媒体的构成要素，音频、图像的数字化和常见文件的格式等。

自 测 题

1. 人类赖以生存与发展的基础资源是(　　)。
A. 信息、能源、物质
B. 材料、知识、经济、能源
C. 物质、材料、通信、服务
D. 工业、农业、商业、信息业

2. 下列关于信息特性的叙述，不正确的是(　　)。
A. 信息必须依附于某种载体进行传输
B. 信息是不能被识别的
C. 信息能够以不同的形式进行传递，并且可以还原再现
D. 信息具有时效性和时滞性

3. 下列关于信息的叙述中，(　　)不正确。
A. 信息是事物状态的描述
B. 信息蕴含于数据之中
C. 信息是数据的载体
D. 数据是信息的载体

4. 以下(　　)不属于目前新兴的信息技术。
A. 文字编辑排版
B. 大数据
C. 云计算
D. 物联网

5. 信息处理过程包括了对信息的(　　)。
A. 识别、收集、表达、传输
B. 收集、存储、加工、传输
C. 鉴别、比较、统计、计算
D. 获取、选择、计算、存储

6. 下列叙述中正确的是(　　)。
A. 内存是主机的一部分，访问速度快，一般比外存容量大
B. 内存不能和 CPU 直接交换信息
C. 外存中的信息可以通过内存和 CPU 进行信息交换
D. 硬盘属于内存储器

7. 在获取与处理音频信号的过程中，正确的处理顺序是(　　)。
A. 采样、量化、编码、存储、解码、D/A 变换
B. 量化、采样、编码、存储、解码、A/D 变换
C. 编码、采样、量化、存储、解码、A/D 变换
D. 采样、编码、存储、解码、量化、D/A 变换

 拓展阅读

夏培肃(1923—2014 年)，计算机专家，中国科学院计算技术研究所研究员，1945 年毕业于中央大学电机系，1950 年获英国爱丁堡大学博士学位，1991 年当选为中国科学院院士。

1952 年，中国科学院数学研究所所长华罗庚教授提出要在中国研制电子计算机，夏培肃积极响应。1953 年初，她加入了中国第一个计算机科研小组。由于院所调整以及人员变动，到了 1958 年，最早的 3 人小组中，只有夏培肃一人坚持下来。1960 年，我国第一台

自行设计的通用电子数字计算机——107 计算机设计试制成功。夏培肃完成了该机的总体功能设计、逻辑设计、工程设计、部分电路设计以及调试方案设计，并提出和主导设计了当时先进的磁芯存储器。这台占地 60 m² 的 107 计算机，其磁芯存储器的容量为 1024 字，可以连续工作 20 个小时。107 计算机安装在中国科学技术大学，这是我国高校的第一台计算机。除了为教学服务，107 计算机还接受外单位的计算任务，包括潮汐预报计算、原子核反应堆射线能量分布计算等。

20 世纪 80 年代至 90 年代期间，夏培肃先后负责研制完成了 5 个计算机系统，它们各有自己的特点。20 世纪 90 年代中期，她担任国家攀登计划 B "高性能计算机中的若干关键问题的基础性研究" 的首席科学家时，提出高速互连网络的思路，可以互连数以万计或更多的处理机。

除了科研和培养人才，夏培肃还创办了在中国计算机领域最具影响力的《计算机学报》和对国外发行的 *JCST*(计算机科学技术学报)，并担任主编。

夏培肃在中国计算机科技发展史上留下了宝贵财富，也为后辈学者树立了做人、做事、做学问的榜样。

第2章 操作系统

操作系统是计算机系统中的核心系统软件，它控制程序的运行，为用户提供操作界面，也为其他应用软件提供支持。操作系统作为人机交互的接口，既是计算机系统的内核与基石，也是计算机的灵魂。Windows 操作系统在当今社会的个人计算机中占有垄断性的地位，本章将以 Windows 7 系统为例，阐述 Windows 操作系统的基本操作及相关管理功能。

学习目标

➤ 掌握操作系统的基本概念、作用、特征及分类。
➤ 熟悉常见的操作系统界面及操作方法。
➤ 熟悉 Windows 7 操作系统的桌面、窗口、图标及组成部分。
➤ 掌握 Windows 7 的基本操作。
➤ 掌握 Windows 7 的文件及文件夹管理、磁盘管理。
➤ 掌握 Windows 7 控制面板中的环境设置方法。

学习难点

➤ Windows 7 的文件管理。
➤ 控制面板中常用的系统配置与管理。

2.1 操作系统概述

操作系统在计算机系统中占有非常重要的地位，只有熟悉了操作系统及相关操作，才能更好地使用计算机及其相关的自动化信息设备。

2.1.1 操作系统的概念

操作系统(Operating System，OS)是管理和控制计算机硬件与软件资源的计算机程序，是直接在裸机上运行的最基本的系统软件(一般将没有配置操作系统和其他软件的电子计算机称为裸机),是计算机系统中必不可少的核心系统软件,任何其他软件都必须在操作系统的管理和支持下才能运行。

操作系统是用户和计算机的接口,也是计算机硬件与其他软件的接口,如图 2-1 所示。

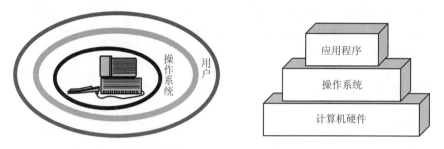

图 2-1　操作系统在计算机中所处的位置

操作系统管理计算机的硬件和软件资源,改善人机接口,使得计算机的软硬件功能更好地实现。

2.1.2　操作系统的作用及特征

1. 操作系统的作用

操作系统主要有以下两个方面的作用:第一,屏蔽硬件的物理特性和操作细节,为用户使用计算机提供便利,用户采用人机界面的方式操作,通过按钮或指令来控制操作系统。例如,我们打开计算机或者手机,面对的就是一个操作系统,不论是 Android、Windows还是 iOS 系统,我们通过操作系统提供的便利操作方式就可进行相应功能的操作;第二,有效管理系统资源,提高系统资源的使用效率,如手机或者计算机内存的管理。

2. 操作系统的特征

现代操作系统广泛采用并行操作技术,使多种硬件设备能并行工作,如 I/O 操作和 CPU 计算同时进行,在内存中同时存放并执行多道程序等。以多道程序设计为基础的现代操作系统具有并发性(Concurrence)、共享性(Sharing)、虚拟性(Virtuality)以及异步性(Asynchronism)等主要特征。

1) 并发性

并发性是指在同一段时间间隔内同时执行两个或两个以上的运行程序。发挥并发性能够消除计算机系统中各部件之间的相互等待,有效提高系统资源的利用率,改进系统的吞吐率,提高系统效率。

2) 共享性

共享性是操作系统的另一个重要特征。共享是指操作系统中的资源(包括硬件资源和信息资源)可被多个并发执行的进程所使用。

3) 虚拟性

虚拟是指将一个物理实体映射为若干个逻辑实体。例如,在多道程序系统中,虽然只有一个 CPU,每次只能执行一道程序,但采用多道程序设计技术后,在一段时间间隔内,宏观上有多个程序在运行。在用户看来，就好像有多个 CPU 在各自运行自己的程序。这种情况就是将一个物理的 CPU 虚拟为多个逻辑上的 CPU。逻辑上的 CPU 称为虚拟处理机。

4) 异步性

异步性又称随机性、不确定性。操作系统内部产生的事件序列有许多种可能，而操作系统的一个重要任务是必须捕捉和正确处理可能发生的随机事件，否则将会导致严重后果。例如，操作员发出命令或按动按钮的时刻是随机的，各种各样的硬件和软件中断事件发生的时刻是随机的，等等。

2.1.3 操作系统的功能

从资源管理和用户接口的角度来说，操作系统的主要任务是对系统中的硬件、软件实施有效的管理，以提高系统资源的利用率。计算机硬件资源主要是指处理器、主存储器和外部设备；软件资源主要是指信息(文件系统)和各类程序。因此，操作系统的主要功能相应地就有 CPU 管理、存储管理、设备管理、文件管理、作业管理。

1. CPU 管理

CPU 管理是指针对不同的应用和用户合理地分配 CPU 的使用。CPU 的分配和运行是以进程作为基本单位的，所以对 CPU 的管理实际上是对进程的管理。简单地说，进程就是一个正在运行的程序，当这个程序被加载到内存后，系统就自动为它创建了一个进程。在 Windows 7 系统中，打开任务管理器，在"进程"选项卡下可以看到当前系统正在运行的进程。

2. 存储管理

存储管理是指合理地给不同应用和用户分配内存和外存的存储空间。内存中除了操作系统，可能还有一个或多个程序，这就要求内存管理应具有内存分配、存储保护、内存扩充等功能。

3. 设备管理

设备管理的主要任务是管理各类外围设备，完成用户提出的输入/输出(I/O)请求，加快 I/O 信息的传送速度，发挥 I/O 设备的并行性，提高 I/O 设备的利用率，提供每种设备的设备驱动程序和中断处理程序，向用户屏蔽硬件的使用细节。

4. 文件管理

文件管理就是有效地支持文件的存储、检索、控制和修改等操作，主要是确定文件信息的存放位置及存放形式，实现文件的共享、保护和保密，保证文件的安全，实现对文件的各种控制操作(如文件的建立、撤销、打开、关闭)和存取操作(如文件的读写、复制和转存操作等)。

5. 作业管理

用户需要用计算机完成某项任务时，要求计算机所做工作的集合称为作业。作业管理的主要功能是把用户的作业装入内存并投入运行。一旦作业进入内存，就称为进程。作业管理是操作系统的基本功能之一。

2.1.4　操作系统的类型

根据用户界面的使用环境和功能特征的不同，常见的操作系统主要有 6 种基本类型：批处理操作系统、分时操作系统、实时操作系统、网络操作系统、分布式操作系统、嵌入式操作系统。

1. 批处理操作系统

批处理操作系统分为单道批处理系统和多道批处理系统。单道批处理系统中，用户一次可提交多个作业，但系统一次只处理一个作业，系统处理完一个作业后，才能调入下一个作业进行处理。单道批处理系统的资源利用率不高。多道批处理系统中，把同一批次的作业调入内存，并存放在内存的不同位置，当一个作业由于等待输入/输出操作而使处理器出现空闲时，系统自动进行切换，处理另一个作业，因此它提高了资源的利用率。

多道批处理系统的特点是不需要人工干预，自动进行批量处理。

2. 分时操作系统

分时操作系统中，一台主机连接了若干个终端，每个终端都有一个用户在使用，用户交互式地向系统提出命令请求，系统接收每个用户的命令，采用时间片轮转方式处理服务请求，并通过交互方式在终端上向用户显示结果。这种系统支持位于不同终端的多个用户同时使用一台计算机，彼此独立，互不干扰，让用户感到好像计算机全为他所用，而不受他人限制。

分时操作系统的特点是具有交互性、多路性、独立性、及时性。

3. 实时操作系统

实时操作系统是指使计算机能及时响应外部事件的请求，在严格的规定时间内完成对该事件的处理，并控制所有实时设备和实时任务协调一致地工作的操作系统。

实时操作系统的特点是可靠性、完整性较高，实时性、容错性强。

4. 网络操作系统

网络操作系统是指为计算机网络配置的操作系统。在其支持下，网络中的各台计算机能互相通信和共享资源。常见的网络操作系统有 Linux、UNIX、Windows Server 等。

网络操作系统的特点是可与网络的硬件相结合来完成网络通信任务。

5. 分布式操作系统

分布式操作系统中，由于大量的计算机通过网络连接在一起，因此可以获得极高的运算能力及广泛的数据共享。分布式操作系统是网络操作系统的更高形式，它保持了网络操作系统的全部功能，而且具有透明性、可靠性和高性能等，主要应用于大型企业，如阿里巴巴等。

分布式操作系统的特点是具有透明性、可靠性和高性能，负责整个资源的分配。

网络操作系统和分布式操作系统虽然都用于管理分布在不同位置的计算机，但它们最大的差别是网络操作系统知道计算机的确切网址，而分布式系统则不知道计算机的确切网址。

6. 嵌入式操作系统

嵌入式操作系统是运行在嵌入式系统环境中，对整个嵌入式系统以及它所操作、控制的各种部件进行统一协调、调度、指挥和控制的操作系统。目前在嵌入式领域广泛使用的操作系统有嵌入式 Linux、Windows Embedded、VxWorks 等，以及应用在智能手机和平板电脑中的 Android、iOS 等。

嵌入式操作系统的特点是系统内核小，专用性强，支持多任务操作，具有高实时性，系统精简，需要开发工具和环境。

2.1.5 常见操作系统的用户界面及操作方法

1. 常见用户界面

根据用户类型的不同，操作系统可以分为如下两种界面。

1) 图形用户界面(GUI)

当前的操作系统通常都具有良好的图形用户界面(GUI)。GUI 通过识别鼠标、触控面板、键盘等输入设备的指令来操作计算机桌面上的图标、窗口以及各种功能软件，实现对计算机的使用和控制。

2) 命令行界面

在图形用户界面得到普及之前，命令行界面(Command-Line Interface)是使用最为广泛的用户界面，它不支持鼠标操作，计算机接收到通过键盘输入的指令后，执行相应的操作。

例如，启动操作系统的命令行界面，利用键盘在图 2-2(a)所示的"C:\Users\feng＞"命令行提示符后输入计算器的程序名称"calc"，则会启动计算机自带的计算器，如图 2-2(b)所示。

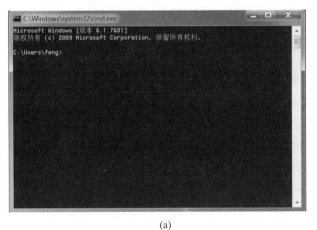

(a)   (b)

图 2-2　在命令行界面打开计算器

2. 常见操作系统及操作方法

目前最为常见的操作系统如图 2-3 所示。下面分别对这几种常见的操作系统进行介绍。

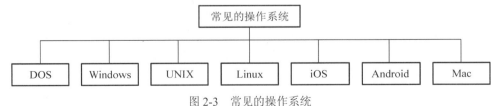

图 2-3　常见的操作系统

1) DOS 操作系统

DOS 操作系统是 1979 年由 Miorosoft 公司为 IBM 个人计算机开发的操作系统。DOS 主要有两种类型：PC-DOS 和 MS-DOS。PC-DOS 指的是 IBM 开发的 DOS 版本，MS-DOS 则是 Microsoft 公司的 DOS 版本。DOS 是一种单用户、单任务的操作系统，对内存的管理局限在 640 KB 的范围内。DOS 界面一般是黑底白字，如图 2-4 所示。

```
Welcome to MS-DOS 7.10...
Copyright Microsoft Corp. All rights reserved.

IDE/ATAPI CD-ROM Device Driver  Version 2.14   10:48:22 02/17/98
 CD-ROM drive #0 found on 170h port master device, v3.0

Killer v1.0 Copyright 1995 Vincent Penquerc'h. All Rights Reserved.
Killer installed in memory.
DOSKEY installed.
SHARE v7.10 (Revision 4.11.1492)
Copyright (c) 1989-2003 Datalight, Inc.

installed.

Locking volumes...

Now you are in MS-DOS 7.10 prompt. Type 'HELP' for help.

C:\>cd dos71

C:\DOS71>
```

图 2-4　DOS 界面

操作方法：使用各种命令操作计算机完成各种功能及任务。

2) Windows 操作系统

Windows 操作系统是为个人计算机和服务器用户设计的操作系统，它引入了图形化模式，以直观的图标、窗口和菜单，让计算机的使用变得更加便捷和易懂。随着计算机硬件和软件的不断升级，Windows 操作系统经历了从 16 位到 32 位再到 64 位的架构变迁，各版本不断引入新技术和设计，不仅提高了系统的性能和易用性，还推动了计算机的广泛应用和发展。其中：16 位架构的 Windows 1.0 首次引入图形化用户界面（GUI），大大降低了计算机的使用门槛，使得更多用户能够轻松上手；32 位架构的 Windows 95 凭借更大的内存寻址空间以及经典的设计（如开始菜单和任务栏），极大地推动了计算机的广泛应用；64 位架构的 Windows Vista 开启了新的时代，发展出 Windows 7、Windows 10、Windows 11 等版本。Windows 7 操作系统的界面如图 2-5 所示。

图 2-5　Windows 7 操作系统的界面

操作方法：通过鼠标的左键、右键或者使用键盘上某些组合键与快捷键来操作计算机完成相应功能和任务。

3) UNIX 操作系统

UNIX 操作系统是一种分时计算机操作系统。最早的 UNIX 系统是于 1969 年由 Ken 和 Dennis 在贝尔实验室(AT&T bell)开发完成的。UNIX 操作系统是可以在笔记本、个人计算机、网络服务器、中小型机、工作站、大巨型机以及服务器群集、SMP(Symmetric Multi-Processing，对称多处理结构)、MPP(Massively Parallel Processing，大规模并行处理系统)上全系列通用的操作系统。UNIX 操作系统的界面如图 2-6 所示。

图 2-6　UNIX 操作系统的界面

操作方法：通过键盘输入命令，或者安装 GUI 插件来进行图形化操作。

4) Linux 操作系统

Linux 操作系统是基于 UNIX 改装的操作系统，支持多用户、多进程、多线程，实时性较好且具有很好的稳定性。Linux 操作系统具有开放源代码、良好的可移植性以及丰富的代码资源。常见的 Linux 系统有红旗、ubuntu、Fedora、Debian 等。Linux 可以装在台式机或笔记本上，同时也提供了一些常用软件，如 QQ、IE 等。Linux 操作系统的界面如图 2-7 所示。

图 2-7　Linux 操作系统的界面

操作方法：同 UNIX 操作系统相似，通过键盘输入命令，或者安装 GUI 插件来进行图形化操作。

5) iOS 操作系统

iOS 操作系统是由苹果公司开发的移动操作系统，在 2007 年 1 月 9 日的 Macworld 大会上公布。它最初是设计给 iPhone 使用的，后来陆续套用到 iPod touch、iPad 以及 Apple TV 等产品上。iOS 属于类 UNIX 的商业操作系统。iOS 操作系统的界面如图 2-8 所示。

操作方法：通过触控来进行单击、连击、长按、滑动、缩放等操作。

6) Android 操作系统

Android 是 Google 公司在 2007 年发布的一种基于 Linux 的自由及开放源代码的操作系统，主要用于移动设备，如智能手机和平板电脑。Android 操作系统的界面如图 2-9 所示。

图 2-8　iOS 操作系统的界面

图 2-9　Android 操作系统的界面

操作方法：和 iOS 操作系统类似，通过触控来进行单击、连击、长按、滑动、缩放等操作。

7) Mac 操作系统

Mac 操作系统是比较知名的操作系统，基于 UNIX 开发。这种操作系统有华丽的用户界面和简单的操作，其设计比较人性化，追求的是良好的用户体验。Mac 操作系统的界面如图 2-10 所示。

图 2-10　Mac 操作系统的界面

操作方法：属于可视化的图形界面，主要通过鼠标、触摸板与快捷键组合来操作计算机完成相应功能和任务。

2.2　Windows 7 操作系统的基础知识

Windows 7 是由 Microsoft 公司开发的操作系统，内核版本号为 Windows NT6.1。Windows 7 可供家庭及商业工作环境中的笔记本电脑、多媒体中心等使用。和同为 NT6 成员的 Windows Vista 一脉相承，Windows 7 继承了包括 Aero 风格等多项功能，并且在此基础上增添了一些功能，同时具有效率高、速度快、运行流畅、易使用等特点。

2.2.1　Windows 操作系统简介

Windows 采用了图形用户界面(GUI)，比 DOS 更为人性化。
Windows 操作系统的发展历程如下：
➤ 1985 年 Windows 1.0 发布。
➤ 1987 年 Windows 2.0 发布。
➤ 1990 年 Windows 3.0 发布。
➤ 1995 年 Windows 95 发布。
➤ 1996 年 Windows NT 发布。
➤ 1998 年 Windows 98 发布。
➤ 2000 年 Windows 2000 发布。
➤ 2000 年 Windows Me 发布。
➤ 2001 年 Windows XP 发布。
➤ 2006 年 Windows Vista 发布。

➢ 2009 年 Windows 7 发布。

➢ 2012 年 Windows 8 发布。

➢ 2015 年 Windows 10 发布。

➢ 2021 年 Windows 11 发布。

常见的 Windows 7 版本主要有旗舰版、专业版、家庭高级版以及家庭普通版，具体如表 2-1 所示。

表 2-1　Windows 7 常见版本及适用场合

版　　本	特点及适用场合
Windows 7 旗舰版	拥有 Windows 7 的所有功能，适用于高端用户、大中型企业
Windows 7 专业版	专为企业用户设计，提供了更高级的扩展性和可靠性，适用于中小型企业、家庭办公
Windows 7 家庭高级版	拥有针对数字媒体的最佳平台，为个人消费者主流版本，适用于家庭用户和游戏玩家
Windows 7 家庭普通版	满足最基本的计算机应用，为基础功能和入门级版本，适用于上网笔记本等低端计算机

2.2.2　启动与退出

1. Windows 7 的启动

打开外部设备和主机的电源开关后，计算机将自动检测硬件，开始启动系统。

(1) 若此计算机只有系统管理员一个账户，则系统启动后直接显示 Windows 7 的桌面。

(2) 若此计算机有多个用户账户，则系统启动后不直接显示 Windows 7 桌面，而显示登录界面，如图 2-11 所示。在此界面输入用户名和密码，按 Enter 键确认，即可显示 Windows 7 桌面，如图 2-12 所示。至此，Windows 7 启动完成。

图 2-11　登录界面　　　　　　　　　图 2-12　进入 Windows 7 桌面

2. Windows 7 的退出

Windows 7 的退出是指结束 Windows 系统的运行、关机或进入其他操作系统。正确退出 Windows 7 的方法：关闭所有运行的应用程序，单击"开始"按钮，再单击"关机"

按钮，系统进入退出检测状态，自动关闭所有打开的程序和文件，退出 Windows 7，并关闭计算机电源。

单击"关机"按钮右侧的三角形，打开子菜单，如图 2-13 所示。其中，"睡眠"选项适用于用户暂时离开计算机又不想关机的情况，选择该选项可以使计算机转入休眠状态，以节省电能的消耗，按键盘上的任意键即可唤醒计算机，恢复到离开时的状态。

图 2-13　Windows 7 的关机

当计算机突然出现死机、蓝屏、黑屏等情况时，只需要持续按住主机箱电源开关数秒钟，主机就会关闭，然后再关闭显示器电源开关即可。

2.2.3　桌面

Windows 7 启动后呈现在用户面前的整个工作屏幕就是桌面，也可以将桌面理解为窗口、图标、对话框等工作项所在的屏幕背景。桌面显示一些经常使用的文件夹、工具或快捷方式图标等，以方便用户快速地启动和使用这些项目。

Windows 7 的桌面主要由桌面背景、桌面图标、"开始"按钮、任务栏等部分组成，如图 2-14 所示。

1. 桌面背景

桌面背景是指应用于桌面的颜色或图片。图 2-14 中桌面背景是 Windows 为用户提供的一个图形界面，其功能是使桌面的外观更加美观丰富。用户可根据喜好更换不同的桌面背景，其设置如下：

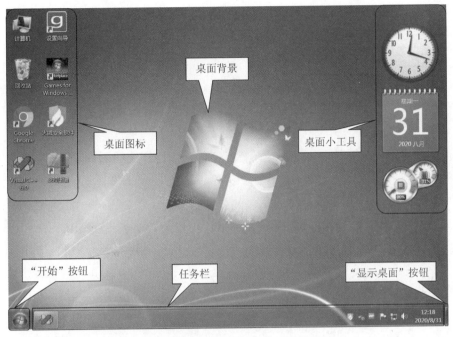

图 2-14　Windows 7 的桌面

(1) 右击桌面空白处，在弹出的快捷菜单中选择"个性化"命令，弹出窗口如图 2-15 所示，单击窗口下方的"桌面背景"链接，弹出"桌面背景"窗口。

(2) 在"图片位置(L)"下拉列表框中选择作为背景的图片，或者单击"浏览"按钮，选择保存在计算机中的图片。

(3) 在"图片位置(P)"下拉列表框中选择"拉伸""平铺""居中"等图片的显示方式，然后单击"保存修改"按钮即可。

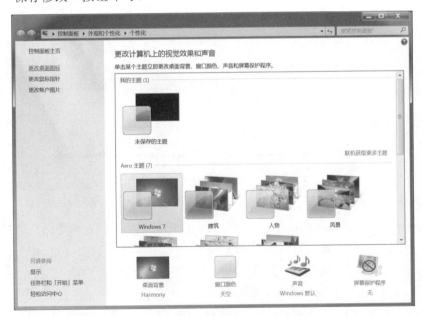

图 2-15　设置桌面背景

若要将保存在磁盘中的某张图片作为桌面背景，最简单的方法是右击该图片，从弹出的快捷菜单中选择"设置为桌面背景"命令即可。

2. 桌面图标

桌面图标是指在桌面上显示的图形符号，它包含图形、说明文字两部分，每一个图标代表一个对象，双击图标就可以打开相应的应用程序或执行命令等。

1) 桌面图标的类型

桌面图标通常分为系统图标、快捷图标、文件夹图标和文档图标，它们中有些是由系统提供的，有些是由用户手动添加或在程序安装时自动生成的。

2) 系统图标的显示或隐藏

右击桌面空白处，在弹出的快捷菜单中选择"个性化"命令，在弹出的窗口中单击"更改桌面图标"链接，打开"桌面图标设置"对话框，如图 2-16 所示。在"桌面图标设置"对话框中，若某项前面的复选框中有"√"标志，表示在桌面上显示此项图标；若不想显示此项图标，则单击其前面的复选框，将"√"取消。

图 2-16　"桌面图标设置"对话框

3) 更改图标样式

在图 2-16 所示的"桌面图标设置"对话框中，选定中间列表框中要更改样式的图标，单击"更改图标"按钮，弹出如图 2-17 所示的"更改图标"对话框。在此对话框的"从以下列表中选择一个图标"列表框中选择一个要使用的图标，单击"确定"按钮即可。若单击图 2-16 中的"还原默认值"按钮，则会将更改的图标还原为默认图标。

图 2-17 "更改图标"对话框

4) 桌面图标的排列

桌面图标的排列有两种方法：一种是按住鼠标左键将图标拖动到桌面的任意位置；另一种是右击桌面空白处，在弹出的快捷菜单中选择"排序方式"命令，在其子菜单中包含了多种排列方式，可按名称、大小、项目类型、修改日期等排列图标。

5) 图标的重命名与删除

右击要重命名的图标，在弹出的快捷菜单中选择"重命名"命令，此时图标的名称以反色显示，输入新名称，单击桌面的任意位置，即可完成对图标的重命名。右击欲删除的图标，从弹出的快捷菜单中选择"删除"命令，或者将欲删除的图标直接拖动到"回收站"图标上，都可删除该图标。

6) 桌面小工具

Windows 7 内置了一系列实用的小工具，如货币、时钟、天气、日历等，可将所需的小工具放置在桌面上。右击桌面空白处，在弹出的快捷菜单中选择"小工具"命令，出现小工具界面，如图 2-18 所示。双击某一小工具图标，该图标将出现在桌面上。

图 2-18 桌面小工具

3. "开始"按钮

"开始"按钮是访问计算机资源的一个入口,用于引导用户在计算机上开始工作。单击桌面左下角的"开始"按钮,即可打开"开始"菜单,如图 2-19 所示。通过"开始"菜单可以完成启动各种应用程序、打开文档、改变系统设置、获得帮助以及在计算机中搜索指定信息等操作。

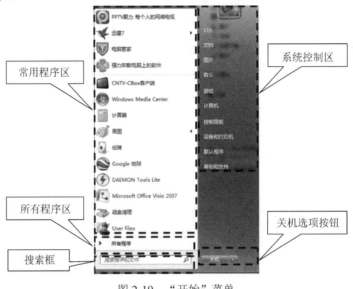

图 2-19 "开始"菜单

4. 任务栏

任务栏位于 Windows 桌面的底部,它显示了系统正在运行的程序和打开的窗口、当前时间等内容。当打开的任务较多时,计算机自动将来自同一程序的多个窗口汇集到任务栏中的同一图标里,以节省任务栏的空间。

1) 任务栏的组成

任务栏主要由快速启动按钮区、应用程序最小化按钮区、语言栏、系统提示区、"显示桌面"按钮组成,如图 2-20 所示。通过任务栏可以完成多项操作,也可以进行一系列设置。

图 2-20 任务栏的组成

2) 任务栏的基本操作

任务栏的基本操作主要是指改变任务栏的大小、移动任务栏、锁定任务栏、隐藏任务栏等。

2.2.4 窗口

当打开某个应用程序或文件夹时出现的界面称为窗口,计算机所进行的工作、执行的程序都在窗口中显示,窗口是用户进行计算机操作的主要界面。

1. 窗口的组成

在 Windows 7 中，窗口分为系统窗口、程序窗口、文件夹窗口等，无论哪种窗口，它们的组成基本相同，都是由标题栏、地址栏、搜索栏、工具栏、窗口工作区、导航窗格、状态栏等组成的，如图 2-21 所示。

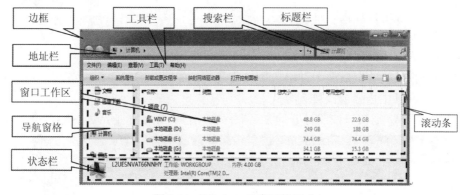

图 2-21　Windows 7 窗口的组成

1) 标题栏

在 Windows 7 中，标题栏位于窗口的最顶端，不显示任何标题，而在最右端有"最小化"(-)、"最大化/还原"(□)、"关闭"(×)三个按钮，用来执行改变窗口的大小和关闭窗口的操作。用户还可以单击标题栏并按住鼠标左键来移动窗口。

2) 地址栏

地址栏类似于网页中的地址栏，用于显示和输入当前窗口地址。用户也可以单击地址栏右侧的三角形下拉按钮，在弹出的列表中选择路径。

3) 搜索栏

窗口右上角的搜索栏主要用于搜索计算机中的各种文件。

4) 工具栏

工具栏给用户提供了一些基本的工具和菜单任务。

5) 窗口工作区

窗口工作区在窗口的右侧，其中显示窗口中的主要内容，如不同的文件夹和磁盘驱动等。

6) 导航窗格

导航窗格在窗口的左侧，以树结构显示文件夹列表，帮助用户迅速定位所需的目标。

7) 状态栏

状态栏用于显示当前操作的状态及提示信息，或者当前用户选定对象的详细信息。

2. 窗口的基本操作

在 Windows 7 中，窗口的基本操作主要有三种：调整窗口的大小、多窗口排列、多窗口切换预览。

1) 调整窗口的大小

在 Windows 7 中，用户不仅可以通过标题栏最右端的"最小化""最大化/还原"按钮来改变窗口的大小，也可以通过鼠标来改变窗口的大小。将光标悬停在窗口边框的位置，当光标指针变成双向箭头时，按住鼠标左键拖曳光标指针，即可调整窗口的大小。

2）多窗口排列

如果用户在使用计算机时打开了多个窗口，而且需要它们全部处于显示状态，那么就涉及排列问题。Windows 7 提供了三种排列方式：层叠方式、横向平铺方式、纵向平铺方式，右击任务栏的空白区，弹出一个快捷菜单，如图 2-22 所示，可在其中选择窗口排列方式。

图 2-22　任务栏菜单中窗口排列

(1) 层叠窗口。把窗口按照打开的先后顺序依次排列在桌面上，如图 2-23 所示。

图 2-23　层叠窗口

(2) 堆叠显示窗口。堆叠显示也称为横向平铺显示，是系统在保证每个窗口大小相当的情况下，使窗口尽可能沿水平方向延伸，如图 2-24 所示。

图 2-24　堆叠显示窗口

（3）并排显示窗口。并排显示也称为纵向平铺显示，是系统在保证每个窗口大小相当的情况下，使窗口尽可能沿垂直方向延伸，如图 2-25 所示。

图 2-25　并排显示窗口

3）多窗口切换预览

用户在日常使用计算机时，桌面上常常会打开多个窗口，用户可以通过多窗口切换预览的方法找到自己需要的窗口。窗口切换预览方法如下：

（1）单击任务栏上的程序窗口来实现程序间的切换。

（2）使用 Tab + Alt 键进行切换，如图 2-26 所示。

图 2-26　用 Tab+Alt 键切换窗口

2.2.5　菜单

菜单是多种操作命令的集合。Windows 7 系统中的菜单主要有三种类型，即下拉菜单、子菜单和快捷菜单。

1. 下拉菜单和子菜单

如图 2-27 所示，单击"组织"下拉按钮，然后在下拉菜单中单击"布局"右侧的三角形，打开其子菜单。

图 2-27 菜单

常见的下拉菜单命令符号及其含义如表 2-2 所示。

表 2-2 下拉菜单命令符号含义

命令项	含　义
灰色显示项	表示此命令在当前不可用。
前面带有"√"	表示此命令正在起作用；单击此命令，"√"消失，此命令不再起作用
前面带有"●"	表示在此组命令中，只能选择其中的一个命令作为当前状态
后面带"▶"	表示有下级菜单，光标指向该命令后即弹出下一级菜单
后面带有"…"	表示该命令带有一个对话框，单击此命令会弹出一个对话框，供用户输入信息
组合键	表示该命令的快捷键，直接输入快捷键就可执行对应的命令：如 Ctrl+S 是"保存"命令的快捷键
带有下画线的字母	表示打开下拉菜单后直接按下此字母，就可执行相应的命令

2. 快捷菜单

右击窗口、桌面任意位置或某个对象图标，就会弹出快捷菜单。快捷菜单包含了与当前对象相关的一些命令，其内容随着当前对象的不同而不同。

2.2.6　对话框

执行某些命令后，通常会弹出一个简单的界面，这个界面就是对话框。

1. 对话框的特点

与窗口对比，对话框具有如下特点：

(1) 无菜单栏和控制菜单。标题栏右端没有"最大化""最小化"按钮，对话框尺寸不能变化，可按住鼠标左键拖动对话框以改变其位置。

(2) 在关闭某些对话框前，不能进行应用程序的任何操作。对话框标题栏的右端都有"？"(帮助)按钮，单击这个按钮，光标将变成"？"，将"？"光标移到对话框的某处，然后单击该处，就会出现与其有关的在线帮助信息。

(3) 有些对话框是公用的，从程序的不同地方，甚至不同的程序，都可以打开同一个对话框，如"打印""打开""另存为"等对话框。

2. 对话框中的常见元素

对话框通常由选项卡、下拉列表框、复选框、单选框、数值框和命令按钮等元素组成，不同对话框的组成元素也有所不同，对话框中的常见元素如图 2-28 所示。

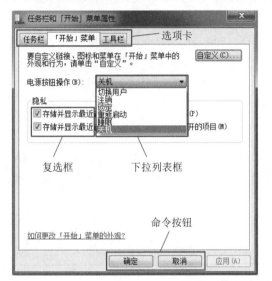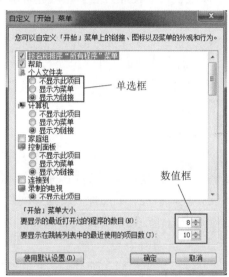

图 2-28　对话框中的常见元素

2.3　Windows 7 文件及文件夹管理

文件是一组相关信息的集合，包括程序和文档。文档指除程序以外的任何文件，如图片、视频和音乐都是文档，通过大多数程序创建的电子表格、数据库等也是文档。文件夹是组织程序和文档的一种手段，它既可包含文件，也可再包含其他文件夹。

2.3.1　文件概述

1. 文件

文件(File)是存储在存储设备中的一段数据流，它由计算机文件系统管理。一个完整的文件名由主文件名和文件扩展名(类型名)共同构成，主文件名和文件扩展名中间以"."加以连接，如"操作系统.doc"。

2. 文件系统

操作系统中负责管理和存储文件信息的部分称为文件系统，或者称为文件管理系统。信息存储是指对所采集的信息进行科学有序的存放、保管以及使用的过程。

3. 文件的命名规则

在早期的 DOS 操作系统中,主文件名由 1~8 个字符组成,扩展名由 1~3 个字符组成。而在 Windows 操作系统中,突破了 DOS 对文件命名规则的限制,允许使用长文件名,其主要命名规则如下:

(1) 主文件名最长可以使用 255 个字符。

(2) 文件名可以由英文字母、数字、下画线、空格和汉字等组成,但不允许使用 /、\、:、*、? 、 ”、<、>、| 等符号。

(3) 在同一个文件夹中不允许有名字相同的文件或文件夹,文件名不区分英文大小写。如 NEW.DOC 和 new.doc 是同一个文件。

(4) 一个文件名中允许同时存在多个分隔符,如 exam.computer.file.doc。文件名最后一个“.”后的字符串是文件的扩展名,其余字符串是文件的名称。

(5) 文件名具有唯一性。同一个文件夹内的文件名不能相同,若文件名相同,则文件扩展名就一定不能相同。

4. 文件目录

文件目录又称为文件夹,是操作系统为了方便文件的管理与归类而建立的一个存储多个文件的空间(索引),可以对其进行命名和移动。在文件夹里既可包含文件,也可包含下一级文件夹,被包含的文件夹称为子文件夹。

通过磁盘驱动器、文件夹名和文件名可查找到文件夹或文件所在的位置,即文件夹或文件的路径,如图 2-29 所示。

图 2-29 文件路径的组成

1) 文件路径

查找文件夹中的某个文件(子文件夹)时,必须先指明在哪个分区、哪个文件夹中查找,这就是文件路径,通过它可以说明目标文件(子文件夹)的存储位置。文件路径分为绝对路径和相对路径。

(1) 绝对路径。绝对路径是指从根文件夹开始到目标文件(子文件夹)所经过的各级文件夹的路径关系。

(2) 相对路径。相对路径是指从当前文件夹开始到目标文件(子文件夹)所经过的各级文件夹的路径关系。例如,在 D 盘下的 Test 文件夹中有文件 qq.exe,当前所处位置为 D 盘根目录,则绝对路径表示为 D: \Test\qq.exe,相对路径表示为 Test\qq.exe。

2) 文件目录结构

在人们的日常工作和学习生活中会产生各类不同的文件,只有将这些文件科学地分类存放在不同的文件夹中,才方便查找与使用。在 Windows 中,文件/文件夹的存放采用树结构,如图 2-30 所示。

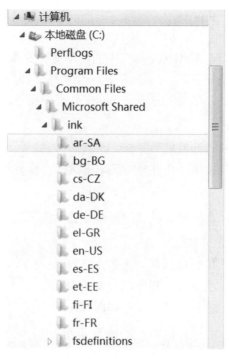

图 2-30　文件目录结构

在 Windows 系统的实际使用中，可以在系统的资源管理器中看到文件/文件夹的树结构。

3) 常见文件类型

默认情况下，以图标和文件名来表示文件，用图标来区分文件的类型，不同类型的文件使用的图标不同。常见的文件类型与图标如表 2-3 所示。

表 2-3　常见的文件类型与图标

图标	文件类型	扩展名
	系统文件	SYS
	系统配置文件	INI
	可执行文件	EXE
	Word 文档文件	DOC
	电子表格文件	XLS
	演示文稿文件	PPT
	文本文件	TXT
	压缩文件	RAR
	图片文件	JPEG、GIF、BMP
	视频文件	WMV、AVI
	音频文件	WAV、MP3、MID

2.3.2 文件和文件夹的管理

"计算机""资源管理器"是 Windows 7 中的两个文件管理工具，它们都可以对文件和文件夹进行管理。从本质上来说，"计算机"是一个系统文件，"资源管理器"是一个应用程序，本节主要介绍利用"计算机"管理文件和文件夹的操作。

1. 打开"计算机"

方法一：双击桌面上的"计算机"图标。

方法二：单击"开始"按钮，在打开的菜单中选择"计算机"选项。

2. 浏览文件和文件夹

在"计算机"窗口中，选择目标磁盘，在该磁盘中就可以查看已有的文件和文件夹。

3. 文件和文件夹的显示方式

在"计算机"窗口中，可以以八种方式显示文件和文件夹。右击窗口中的空白处，在弹出的快捷菜单中选择"查看"命令，然后选择文件和文件夹的显示方式，如图 2-31 所示。

2.3.3 文件和文件夹的操作

图 2-31　文件和文件夹的显示方式

文件和文件夹的操作主要有新建、打开、选定、复制、移动(剪切)、删除、更改名称、设置属性、搜索等。

1. 新建文件或文件夹

右击桌面空白处，在弹出的快捷菜单中选择"新建"命令，然后选择文件或"文件夹"，如图 2-32 所示。

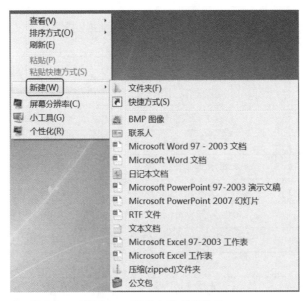

图 2-32　新建文件或文件夹

2. 打开文件或文件夹

1) 使用 Windows 文件资源管理器

(1) 同时按 Windows 键(通常在键盘左下角附近)和 E 键会打开文件浏览器，也就是"资源管理器"文件。

(2) 计算机的驱动器出现在"文件资源管理器"窗口的左侧。单击其中任一驱动器或文件夹，将在窗口右侧显示其中的内容，如图 2-33 所示。

图 2-33　"文件资源管理器"窗口

从网上下载的文件通常会保存到"下载"文件夹中。单击左侧面板中的"下载"文件夹即可查看下载的文件。

如果不确定文件的位置，则单击窗口左侧的"此电脑"，在"文件资源管理器"右上角的搜索栏中输入文件名(或部分文件名)，然后按下"Enter"键即可找到该文件。

(3) 双击文件，即在默认应用程序下打开文件。如果想选择特定的应用程序来打开这个文件，则右击文件，在弹出的快捷菜单中选择"打开方式"命令，然后选择一个应用程序打开目标文件。

2) 使用创建文件的应用程序

打开需要使用的应用程序有以下几种方法：

(1) 在"开始"菜单中打开应用程序。可以通过单击"所有应用程序"或"所有程序"来查看整个列表，然后找到对应的应用程序并打开程序。

(2) 使用 Windows 搜索栏打开应用程序。单击"开始"按钮，在搜索栏中输入应用程序的名称(如计算器)，然后在搜索结果中单击程序名即可打开该应用程序。

(3) 利用"文件"菜单打开应用程序。在应用程序窗口中选择"文件"→"打开"，会弹出文件浏览器，选中需要打开的文件，然后单击文件浏览器窗口中的"打开"，即可打开所需的应用程序。

3) 使用文档文件夹

大多数 Windows 应用程序都默认将文件保存在"文档"文件夹中。以下方法可以打开"文档"文件夹。

(1) 单击"开始"按钮(通常在屏幕的左下角),然后选择"文档"选项。

(2) 单击"开始"按钮,在搜索栏中输入"文档",然后单击搜索结果中的"文档"文件夹。

(3) 双击桌面上的"文档"文件夹。

(4) 击桌面上的"计算机"图标,然后双击里面的"文档"文件夹。

3. 选定文件或文件夹

1) 选定一个对象

直接单击要选定的对象即可选定这个对象。

2) 选定连续的多个对象

(1) 将光标指针移动到要选定的第一个对象图标左上角空白处,按住鼠标左键并拖动光标画方框,在最后一个对象上释放鼠标,则方框内所有的对象都被选定。

(2) 单击要选定的第一个对象,按住 Shift 键,再单击最后一个要选定的对象,则两者之间的所有对象都被选定。

3) 选定不连续的多个对象

按住 Ctrl 键,分别单击要选定的对象,则单击过的对象全部被选定。

4) 选定全部对象

单击窗口工具栏中的"组织"下拉按钮,在打开的下拉菜单中选择"全选"命令,或者按快捷键 Ctrl + A,即可选定该窗口中的全部对象。

5) 取消选定

(1) 若取消所有选定的对象,则只需单击窗口任意空白处即可。

(2) 若取消部分选定的对象,则按住 Ctrl 键,单击要取消的对象即可。

4. 复制文件或文件夹

复制文件或文件夹可使用快捷键、菜单命令或利用鼠标拖动图标进行操作。

右击需要复制的文件或文件夹,在弹出的快捷菜单中选择"复制"命令,进入需要复制到的磁盘位置;右击空白处,在弹出的快捷菜单中选择"粘贴"命令,如图 2-34 所示。

5. 移动文件或文件夹

移动文件或文件夹就是将文件或文件夹移动到其他位置。和"复制"操作不同,执行"移动"操作后,被操作的文件或文件夹在原先的位置不再存在。移动文件或移动文件夹的操作步骤和方法与"复制"操作基本相同。表 2-4 给出了拖动光标来进行"复制""移动"操作的方法。

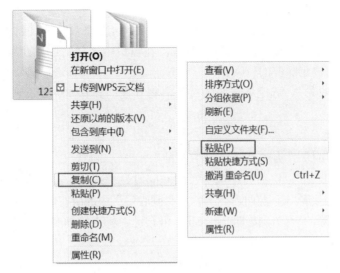

图 2-34 复制文件夹

表 2-4 直接拖动光标法

操 作	源对象与目标对象在同一磁盘	源对象与目标对象不在同一磁盘
直接拖动	移动	复制
Shift + 拖动	移动	移动
Ctrl + 拖动	复制	复制

6. 删除文件或文件夹

1) 文件或文件夹的删除

删除文件或文件夹可通过以下四种方法进行操作。

(1) 按 Delete 键，或选择"文件"→"删除"命令。

(2) 选择"组织"菜单中的"删除"命令。

(3) 利用鼠标将选定的对象图标直接拖动到"回收站"图标上。

(4) 右击需要删除的文件或文件夹，在弹出的快捷菜单中选择"删除"命令，如图 2-35 所示。

注意：一般情况下，此种方法只是将文件或文件夹放置在 Windows 系统的"回收站"中，并未真正删除，在"回收站"中可以将该文件还原。若需彻底删除存储器上的文件或文件夹，则需清空"回收站"或在"回收站"中删除此文件或文件夹。

图 2-35 删除文件夹

2) 已删除文件或文件夹的恢复

如果被删除的对象存在于"回收站"中，则可将其恢复到原来的位置。恢复方法通常有以下三种：

(1) 打开"回收站"，选定要恢复的对象，选择"文件"→"还原"命令，或右击要恢复的对象，在弹出的快捷菜单中选择"还原"命令，则可将所选对象恢复到被删除前的位置。

(2) 打开"回收站"，选定要恢复的对象，在窗口中选择"还原此项目"选项，则可将所选对象恢复到被删除前的位置。

(3) 打开"回收站"，选定要恢复的对象，将其拖动到其他位置，则可将所选对象恢复到该位置。

3) 彻底删除文件或文件夹

彻底删除文件或文件夹的方法有以下两种：

(1) 打开"回收站"，在窗口中选择"清空回收站"选项，或右击"回收站"图标，在弹出的快捷菜单中选择"清空回收站"命令，"回收站"中的所有内容将被彻底删除。

(2) 选定要删除的对象，按 Delete+Shift 组合键，将直接彻底删除选定的对象。

4) 设置"回收站"的属性

右击"回收站"图标，在弹出的快捷菜单中选择"属性"命令，弹出"回收站 属性"对话框，如图 2-36 所示。在此对话框中可设置"回收站"所在的磁盘位置；若单击"不将文件移到回收站中。移除文件后立刻将其删除"单选按钮，则在删除文件或文件夹时，被删除对象将不放入回收站，而直接被彻底删除；单击"自定义大小"单选按钮，则可以设置"回收站"的大小。

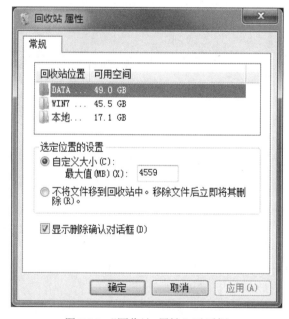

图 2-36 "回收站 属性"对话框

7. 更改文件或文件夹的名称

右击要重命名的对象，在弹出的快捷菜单中选择"重命名"命令，此时对象的名称框反色显示，处于可编辑状态，直接输入新的名称，按 Enter 键或单击窗口空白处，即可确定修改内容。也可以选择"文件"→"重命名"命令，对选定的对象进行更名，如图 2-37所示。注意：重命名时，不要更改文件扩展名。

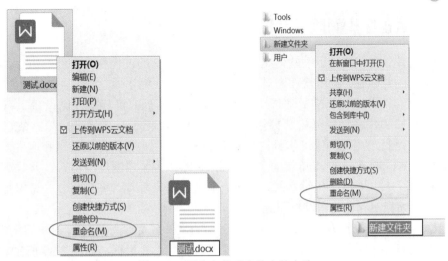

图 2-37　更改文件或文件夹的名称

8. 设置文件或文件夹的属性

在"计算机"窗口中，选定要设置属性的对象，选择"文件"→"属性"命令，或右击选定的对象，在弹出的快捷菜单中选择"属性"命令，打开"属性"对话框，可查看或更改对象的各种属性信息，如"隐藏""只读"等。

9. 搜索文件或文件夹

(1) 单击"开始"按钮，在"搜索程序和文件"文本框中输入要搜索的文件全名或部分名称，则系统按照输入进行搜索，搜索结果显示在"开始"菜单中。如果没有找到符合条件的文件，则提示"没有与搜索条件匹配的项"的信息。

(2) 双击"计算机"图标，在搜索框中输入要搜索的文件全名或部分名称，在地址栏中输入搜索的范围，则搜索结果显示在右窗格中，如图 2-38 所示。

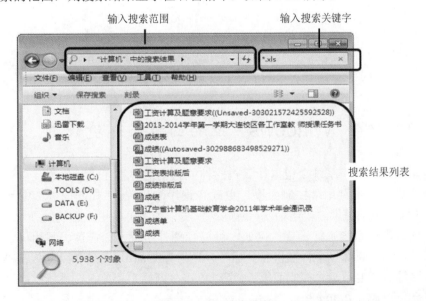

图 2-38　显示搜索结果

2.3.4 文件的压缩和解压

将一个或多个文件通过压缩软件压缩成一个压缩文件的过程称为文件的压缩。如要使用这些文件，则需要通过解压软件先对压缩文件进行解压缩还原。

对文件或文件夹进行压缩处理，可减小它们在计算机或可移动存储设备上占用的空间，有利于存储和传输，或可将其打包成一个文件，以便于对文件进行归类或管理。

WinRAR 是目前流行的压缩工具，其界面友好，使用方便，在压缩率和速度方面都有很好的表现。WinRAR 完全支持市面上最通用的 RAR 及 ZIP 压缩格式，并且可以解开 ARJ、CAB、LZH、TGZ 等压缩格式，此外，它还有分片压缩、资料恢复、资料加密等功能，可以将压缩档案存储为自动解压缩档案。

WinRAR 的使用非常方便，首先右击要压缩的文件或文件夹，在弹出的快捷菜单中选择"添加到压缩文件"命令，打开"压缩文件名和参数"对话框，如图 2-39 所示。

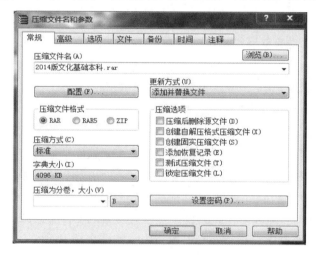

图 2-39 "压缩文件名和参数"对话框

在"压缩文件名"下拉列表框中选择压缩文件名，单击"确定"按钮即可。

注意：勾选"创建自解压格式压缩文件"复选框，可以创建一个自解压格式的压缩文件；选中"压缩方式"下拉列表框中的相应选项，可以实现分卷压缩。

2.4 Windows 7 控制面板与环境设置

安装操作系统后，系统会根据计算机的性能自动对各程序进行设置，以便各个部分能够协调工作，也可利用"控制面板"更改各程序的设置。"控制面板"中包含了许多 Windows 7 操作系统提供的实用程序，通过这些实用程序可以更改系统的外观和功能，对计算机的软、硬件系统进行设置。例如，可以管理打印机、扫描仪、照相机、调制解调器、显示设备、多媒体设备、键盘和鼠标等，还可以添加组件，删除程序，管理文件夹，设置防火墙等。若要启动"控制面板"，可以单击"开始"菜单，在系统控制区选择"控制面板"命令，如图 2-40 所示。

图 2-40 开始菜单中启动"控制面板"

2.4.1 桌面显示属性设置

1. 主题设置

主题指 Windows 的视觉外观，是桌面背景、屏幕保护、鼠标指针、色彩方案、声音、图标等显示于屏幕上的各元素的集合。默认情况下，Windows 7 只提供了七套主题，可右击桌面空白处，在弹出的快捷菜单中选择"个性化"命令，在弹出的"个性化"窗口中单击"我的主题"旁边的"联机获取更多主题"链接，从 Microsoft 公司的网站上下载其他主题。单击要应用于桌面的主题，即可将其设置为当前主题。

2. 屏幕保护程序设置

长时间不使用屏幕时，需设置屏幕保护。这样做一方面可保护显示器，避免显像管长时间工作，减少损耗，另一方面可屏蔽计算机桌面，防止他人查看用户的工作内容。

(1) 单击"个性化"窗口下方的"屏幕保护程序"链接，弹出"屏幕保护程序设置"对话框，如图 2-41 所示。

图 2-41 "屏幕保护程序设置"对话框

(2) 在"屏幕保护程序"下拉列表框中选择一种屏幕保护程序,单击"设置"按钮,在弹出的对话框中可进一步设置屏幕保护程序的参数。

(3) 在"等待"数值框中可输入时间或调节微调按钮,设置启动屏幕保护程序的时间。

(4) 若勾选"在恢复时显示登录屏幕"复选框,则从屏幕保护返回到离开前的状态时需要输入密码。

(5) 单击"确定"按钮,保存设置。设置完成后,若离开计算机的时间超过启动屏幕保护程序的时间,则计算机自动启动屏幕保护程序。

3. 分辨率设置

分辨率是指屏幕上横向和纵向所显示的像素数目,分辨率越高,显示的内容就越多。分辨率的设置因显示适配器类型的不同而有所不同,设置方法如下:

(1) 单击"开始"按钮,选择"控制面板"→"外观和个性化"→"显示"→"屏幕分辨率",如图 2-42 所示。

(2) 在"分辨率"下拉列表框中拖动滑块改变分辨率的大小,单击"确定"按钮。

图 2-42　设置屏幕分辨率

2.4.2　时钟、语言和区域设置

1. 时间和日期设置

系统时间和日期位于任务栏的系统提示区,当将光标指针置于该处时,会弹出一个包含日期和星期的浮动界面。

1) 日期和时间

利用"控制面板"的"日期和时间"选项,可以调整系统日期和系统时间,更改时区设置,如图 2-43 所示。

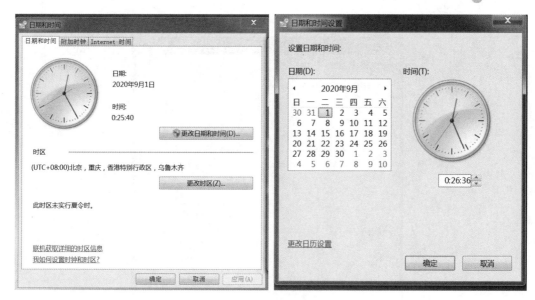

图 2-43 设置系统日期和时间

2) 附加时钟

利用"日期和时间"对话框的"附加时钟"选项卡可以显示其他时区的时间。单击"附加时钟"选项卡,在此选项卡中可以添加不超过两个的附加时钟,如图 2-44 所示。

图 2-44 "附加时钟"选项卡

3) Internet 时间

在"日期和时间"对话框的"Internet 时间"选项卡下可设定计算机系统的时间与 Internet时间服务器同步,然后单击"确定"按钮,如图 2-45 所示。

图 2-45   "Internet 时间"选项卡

2. 语言和区域设置

在"控制面板"中选择"时钟、语言和区域"选项，在弹出的窗口中单击"区域和语言"图标，即可打开"区域和语言"对话框，在"格式"下拉列表框中选择语言，如图 2-46所示。

图 2-46   "区域和语言"对话框

单击图 2-46 中"其他设置"按钮,打开"自定义格式"对话框,如图 2-47 所示,通过此对话框可以进行数字、货币、时间、日期和排序的设置。

图 2-47 "自定义格式"对话框

2.4.3 硬件和声音

1. 鼠标设置

在"控制面板"中选择"硬件和声音"选项,在弹出的窗口中单击"鼠标",即可打开"鼠标 属性"对话框,如图 2-48 所示,通过此对话框可以更改系统指针方案,定义鼠标的相关按钮,确定光标的速度和加速度,更改鼠标的驱动程序等。

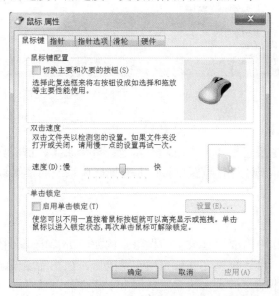

图 2-48 "鼠标 属性"对话框

2. 打印机设置

打印机设置包括:

(1) 添加本地打印机。

(2) 设置默认打印机。

(3) 删除打印机。

(4) 取消文档打印。

(5) 添加网络打印机。

3. 设备管理器

使用设备管理器可以查看计算机中安装的硬件设备,并且可以安装和更新硬件设备的驱动程序,设置硬件设备的属性以及解决存在的问题等。

在"控制面板"中选择"硬件和声音"选项,在弹出的窗口中单击"设备管理器",打开"设备管理器"窗口,如图 2-49 所示,在此窗口中可以查看设备属性、更新设备驱动程序、更改设备资源分配等。

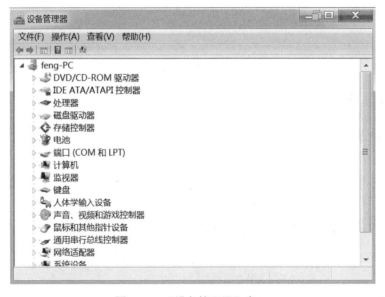

图 2-49 "设备管理器"窗口

4. 多媒体属性设置

多媒体属性设置主要包括四个方面,分别是音量合成器、播放设备、录音设备和声音主题等。通过对多媒体属性进行设置,可以充分地展现系统的多媒体功能和效果。

2.4.4 程序

计算机在正常工作中需要运行大量的程序。例如,听音乐需要播放器,写文章需要文字处理软件,因此,一台计算机在安装完操作系统后,往往需要安装大量的软件。这些软件有些是操作系统自带的,但大多数需要从网上下载安装。软件分为绿色软件和非绿色软件,这两种软件的安装和卸载方式完全不同。

安装程序时，对于绿色软件，只要将组成该软件系统的所有文件复制到本机的硬盘，然后双击主程序，计算机就可以运行程序。而有些软件的运行需要动态库，必须将这些文件安装在 Windows 7 的系统文件夹下，特别是需要向系统注册表写入一些信息，这些软件才能运行，这样的软件叫非绿色软件。一般来说，为了方便用户的安装，大多数非绿色软件都有一个专用安装程序(通常安装程序名为 Setup.exe)，这样，用户只要运行安装程序就可以进行程序的安装。

卸载程序时，对于绿色软件，只要将组成软件的所有文件删除即可。而对于非绿色软件，在安装时都会生成一个卸载程序，必须运行卸载程序，才能将软件彻底删除。当然，Windows 7 也提供了"卸载或更改程序"功能，帮助用户完成软件的卸载和更改。如果希望在系统中打开或关闭 Windows 功能，也可以通过控制面板的"程序"选项来完成。

1. 卸载或更改程序

在"控制面板"中选择"程序"→"程序和功能"，弹出"卸载或更改程序"窗格，如图 2-50 所示。在此窗格中，选择要卸载的程序，单击"卸载"按钮即可。

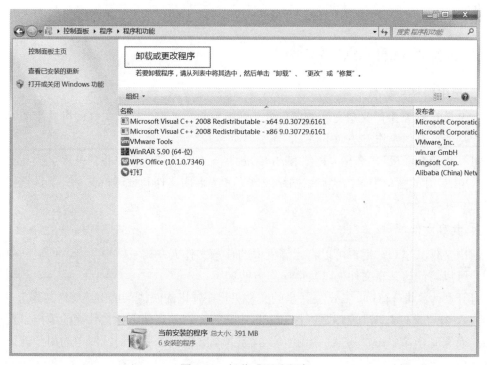

图 2-50　卸载或更改程序

2. 打开或关闭 Windows 功能

Windows 附带的程序和功能必须将其打开才能使用，部分功能在默认情况下是打开的，但可以在不使用时将其关闭。

在"控制面板"中选择"程序"选项，在弹出的窗口中单击"打开或关闭 Windows 功能"，即可打开"Windows 功能"对话框，如图 2-51 所示。在下拉列表框中勾选相应的复选框，单击"确定"按钮即可选中(打开)或撤销(关闭)某项 Windows 功能。

图 2-51 "Windows 功能"对话框

2.4.5 网络和 Internet

1. 启用网络共享

在 Windows 7 中，共享文件或打印机之前，首先需要启用文件与打印机共享的"网络发现"功能。具体操作方法如下：

打开"控制面板"，选择"网络和 Internet"→"网络和共享中心"→"更改高级共享设置"，在打开的窗口中单击"启用网络发现"和"启用文件和打印机共享"单选按钮，然后单击"保存修改"按钮。

2. 共享文件

启用文件共享后，用户可以将计算机中的任意文件夹在局域网中共享，局域网中的其他用户可以访问该共享文件夹。具体操作方法如下：

打开"计算机"窗口，右击要共享的文件夹，在弹出的快捷菜单中选择"共享"→"特定用户"，在"文件共享"窗口从下拉列表框中选择允许共享使用该文件夹的用户以及使用权限，设置完毕，单击"共享"按钮。设置完共享文件夹之后，局域网中的用户就可以通过网络访问该共享文件夹了。

3. 共享打印机

如果局域网中的某台计算机连接了打印机，则可以将该打印机在局域网中共享，这样其他计算机用户也可以使用该打印机打印文件。

4. 使用家庭组共享

利用 Windows 7 的家庭组功能，可以帮助用户通过家庭网络轻松地共享文件和打印机等局域网资源。

2.4.6　用户账户和家庭安全

Windows 7 系统允许管理员设定多个用户，并赋予每个用户不同的权限，从而使各个用户在使用同一台计算机时做到互不干扰。另外，Windows 7 通过对计算机安全策略的设置，保证管理员可对其他账户进行约束，从而使本地计算机的安全得到保证。

在 Windows 7 中，用户是由"计算机管理"工具来管理的。在"控制面板"中单击"系统和安全"选项，在打开的窗口中单击"管理工具"，然后双击"计算机管理"，将打开"计算机管理"控制台，在控制台树中，选择"本地用户和组"，最后单击"用户"，如图 2-52 所示。

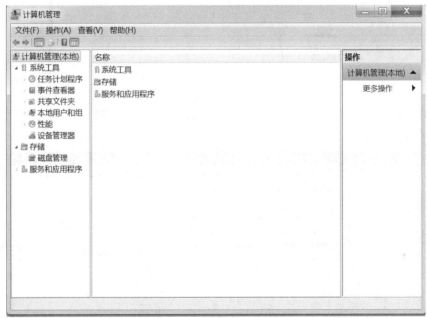

图 2-52　"计算机管理"控制台

1. 用户账户

Windows 7 中有三种不同类型的账户，即 Administrator 账户、Guest (来宾)账户和标准用户账户。

2. 创建和管理用户账户

对于安装了 Windows 7 系统的计算机，除了系统内置的 Administrator 和 Guest 账户，还可以用管理员组的成员账户登录计算机，建立和管理用户账户，更改账户类型，为这些账户分配权限。

Windows 7 是一个多用户多任务操作系统，允许一台计算机由多个用户共同使用，为了保证各自文件的安全，可在计算机中创建多个用户账户，各用户分别在自己的账户下进行操作，方便用户的使用和管理。

1) 创建新账户

(1) 在"控制面板"中选择"用户账户和家庭安全"→"用户账户"选项，弹出"管理账户"窗口，如图 2-53 所示。

图 2-53 "管理账户"窗口

(2) 单击窗口下方的"创建一个新账户"链接，在弹出的窗口中，设置新账户的名称并选择账户类型，如图 2-54 所示。

图 2-54 设置账户名称并选择类型

(3) 单击"创建账户"按钮，完成新账户的创建，返回到"管理账户"窗口，新的账户图标显示在该窗口中。

2) 设置账户密码

创建账户后，需设置账户密码，以提高系统的安全性。在"管理账户"窗口中，单击创建的新账户图标，然后选择"更改账户"→"创建密码"链接，在弹出的窗口中输入新密码并确认，然后单击"创建密码"按钮，完成密码的创建。使用该账户登录时，须输入账户密码，否则不能登录。

3) 删除账户

在"更改账户"窗口中，单击"删除账户"链接，确定是否保留该账户的文件，如需删除，则单击"删除文件"按钮即可。

3. 为用户账户设置家庭控制

利用 Windows 7 的家长控制功能，用户可以对家中儿童使用计算机的方式进行协助管理。如限制儿童使用计算机的时段、可以玩的游戏类型以及可以运行的程序等，还可以进一步控制标准账户的权限。

要启用家长控制功能必须满足以下条件：

(1) 必须为要控制的用户创建一个标准类型的用户账户。

(2) 家长账户及系统管理员账户都必须设置密码。

(3) 禁用系统内置的 Guest 账户。

(4) 应用家长控制功能的程序必须安装在 NTFS 文件系统格式的磁盘分区。

具体操作步骤如下：

在"控制面板"选择"家长控制"选项，从弹出的从窗口中选择需要通过家长控制功能进行管理的账户，然后在"用户控制"窗口单击"启用应用当前设置"单选按钮；单击"时间限制"链接，在打开的窗口中选中需要限制使用的时段方格，使之成为蓝色；单击"允许和阻止特定程序"链接，在打开的窗口中选择允许的程序；最后单击"确定"按钮，保存设置。

2.5 Windows 7 系统维护

对磁盘的管理主要包括磁盘的格式化、磁盘的清理、磁盘碎片整理、磁盘的检查和备份等。

2.5.1 磁盘管理

1. 磁盘格式化和磁盘卷标设置

在"计算机"窗口右击需要操作的磁盘分区，在出现的快捷菜单中单击"格式化"命令，将出现磁盘格式化对话框。

在"容量""文件系统""分配单元大小"等下拉列表框中进行选择(建议使用默认值)，单击"开始"按钮，即可对该磁盘进行格式化(一般称为完全格式化)。如果勾选"快速格式化"复选框，则可以对该磁盘进行快速格式化。从用户使用角度来看，完全格式化不但可清除磁盘中的所有数据，还可对磁盘进行扫描检查，将发现的坏道、坏区进行标注，而快速格式化只清除磁盘中的所有数据，相对来讲速度较快。但要注意，从未格式化过的白盘不能进行快速格式化。

简单来讲，磁盘的卷标就是该磁盘的别名，其命名规则同文件名完全相同。在磁盘格式化对话框中，只要在"卷标"栏中输入适当字符，即可设置该磁盘的卷标。将"卷标"

栏清空，即可去掉该磁盘的卷标。

2. 磁盘清理

在用户使用计算机的过程中会产生一些临时文件，如回收站中的文件、Internet 临时文件、不用的程序和可选 Windows 组件等，这些临时文件会占用一定的磁盘空间并影响系统的运行速度。因此，当使用计算机一段时间后，应对系统磁盘进行一次清理，将垃圾文件从系统中彻底删除。

右击需要清理的磁盘分区，在出现的快捷菜单中单击"属性"命令，将出现磁盘属性对话框，如图 2-55 所示。

图 2-55 "本地磁盘(C:) 属性"对话框

单击"磁盘清理"按钮，然后在"要删除的文件"列表中选中要清理的文件类型，单击"确定"按钮，在弹出的提示框中单击"删除文件"按钮，即可清理选中的垃圾文件。

3. 磁盘错误检查

利用 Windows 7 提供的磁盘错误检查工具，可以检测当前磁盘分区存在的错误，进而对错误进行修复，以确保磁盘中存取数据的安全。

右击需要检查错误的磁盘分区，在出现的快捷菜单中单击"属性"命令，弹出磁盘属性对话框，选择"工具"选项卡，然后单击"开始检查"按钮，弹出"检查磁盘"对话框，单击"开始"按钮，程序自动检查分区。

2.5.2 磁盘碎片整理

频繁地安装、卸载程序，或者复制、删除文件，都会在系统中生成磁盘碎片。这些磁盘碎片会降低系统的运行速度，导致系统性能下降。通过磁盘碎片整理程序可以重新排列碎片数据，以便磁盘和驱动器能够更有效地工作。

在磁盘属性对话框中单击"工具"选项卡，然后单击"立即进行碎片整理"按钮，即可对磁盘进行碎片整理，如图 2-56 所示。选择要整理碎片的磁盘分区，单击"分析磁盘"，分析完毕，在磁盘信息右侧显示磁盘碎片比例，如果磁盘碎片比例较高，单击"磁盘碎片整理"按钮，开始整理磁盘碎片，用户需要等待一段时间。整理完毕，单击"关闭"按钮。

图 2-56　磁盘碎片整理

2.5.3　文件备份与还原

为了避免文件和文件夹被病毒感染，或者因意外删除而丢失，导致一些重要的数据无法恢复，Windows 7 提供了文件备份与还原功能。在磁盘属性对话框中单击"工具"选项卡，然后单击"开始备份"按钮，如图 2-57 所示。

图 2-57　备份文件

用户可将一些重要的文件或文件夹进行备份，如果将来这些原文件或文件夹出现了问题，用户可以通过还原备份的文件或文件夹来弥补损失。

本 章 小 结

本章重点介绍了操作系统的基本概念、Windows 7 操作系统的基础知识、文件及文件夹管理、Windows 7 控制面板中的环境设置以及 Windows 7 的系统维护。主要内容包括：操作系统的概念、作用及特征、常用的操作系统用户界面和操作方法；Windows 7 系统的桌面介绍；文件及文件夹的基本操作；Windows 7 控制面板中的相关设置以及磁盘管理和文件备份与还原。

自 测 题

1. 操作系统的主要作用是(   )。

A. 实现某种具体应用功能

B. 进行游戏、上网、听音乐

C. 作为人机交互接口，管理计算机的软硬件资源

D. 帮助人类进行程序编译

2. (   )不属于基础软件。

A. 操作系统　　　　　　　　　　B. 办公软件

C. 计算机辅助设计软件　　　　　D. 通用数据库系统

3. (   )接收每个用户的命令，采用时间片轮转方式处理服务请求，并通过交互方式在终端向用户显示结果。

A. 批处理操作系统　　　　　　　B. 分时操作系统

C. 实时操作系统　　　　　　　　D. 网络操作系统

4. 触摸屏的手指操作方式不包括(   )。

A. 长按　　　　B. 右击　　　　　C. 缩放　　　　　D. 点滑

5. 现在手机的主流操作系统属于(   )。

A. 嵌入式操作系统　　　　　　　B. 网络操作系统

C. 多用户操作系统　　　　　　　D. 分时操作系统

6. (   )的计算机一般被称为裸机。

A. 未安装软件　　　　　　　　　B. 未安装操作系统

C. 未安装应用程序　　　　　　　D. 没有机箱

7. Microsoft 公司发布的 Windows 操作系统目前是个人计算机市场占有率最高的操作系统，其所属国家是(   )。

A. 中国　　　　B. 美国　　　　　C. 德国　　　　　D. 英国

8. Windows 多窗口的排列方式不包括(   )。

A. 层叠　　　　B. 阵列　　　　　C. 横向平铺　　　　D. 纵向平铺

9. 计算机运行时，( )。

A. 删除桌面上的应用程序图标将导致该应用程序被删除

B. 删除状态栏上的 U 盘符号将导致 U 盘内的文件被删除

C. 关闭屏幕显示器将导致计算机操作系统停止运行

D. 关闭应用程序的主窗口将导致该应用程序被关闭

10. 以下关于计算机操作系统的叙述中，不正确的是( )。

A. 操作系统是方便用户管理和控制计算机资源的系统软件

B. 操作系统是计算机中最基本的系统软件

C. 操作系统是用户与计算机硬件之间的接口

D. 操作系统是用户与应用软件之间的接口

11. 以下关于办公软件的叙述中，不正确的是( )。

A. 办公软件实现了办公设备的自动化

B. 办公软件支持日常办公、无纸化办公

C. 许多办公软件支持网上办公、移动办公

D. 许多办公软件支持协同办公，是沟通、管理、协作的平台

12. Windows 7 的所有操作都可以从( )。

A. "资源管理器"开始　　　　　　B. "计算机"开始

C. "开始"按钮开始　　　　　　　D. "桌面"开始

13. 在 Windows 7 中，若删除桌面上某个应用程序的快捷方式图标，则( )。

A. 该应用程序被删除

B. 该应用程序不能正常运行

C. 该应用程序被放入回收站

D. 该应用程序快捷方式图标可以重建

14. 以下关于操作系统中回收站的叙述，不正确的是( )。

A. 回收站是内存中的一块空间，关机后即清除

B. 回收站中可以包含被删除的整个文件夹

C. 可以设置直接删除文件而不放入回收站

D. 可以选择回收站中的文件，将其恢复到原来的路径

15. 以下文件类型中，除( )外，都属于可执行文件。

A. bmp　　　　　B. com　　　　　　C. bat　　　　　　　　D. exe

16. 磁盘清理的主要作用是( )。

A. 将磁盘空闲碎片连成大片的连续区域，提高系统效率

B. 扫描检查磁盘，修复文件系统错误，恢复坏扇区

C. 删除大量没有用的临时文件和程序，释放磁盘空间

D. 重新划分磁盘分区，形成 C、D、E、F 等逻辑磁盘

17. 调小显示器分辨率后，( )。

A. 屏幕上的文字变大　　　　　　B. 屏幕上的文字变小

C. 屏幕清晰度提高　　　　　　　D. 屏幕清晰度不变

18. 磁盘碎片整理的作用是( )。

A. 将磁盘空闲碎片连成大的连续区域，提高系统效率

B. 扫描检查磁盘，修复文件系统的错误，恢复坏扇区

C. 清除大量没用的临时文件和程序，释放磁盘空间

D. 重新划分磁盘分区，形成 C、D、E、F 等逻辑磁盘

19. 下列软件中，属于系统软件的是(　　)。

A. PowerPoint 2007　　　　　　　　B. Word 2007

C. Excel 2007　　　　　　　　　　　D. Windows 7

20. 下列关于 Windows 文件的叙述中，不正确的是(　　)。

A. 同一目录中允许有不同名但内容相同的文件

B. 同一目录中允许有不同名且内容不同的文件

C. 同一目录中允许有同名但内容不同的文件

D. 不同目录中允许出现同名同内容的文件

21. 操作系统对运行环境的要求一般不包括(　　)。

A. CPU 类型　　　B. 内存容量　　　C. 可用磁盘空间　　　D. 打印机类型

22. Windows 系统的控制面板不包括(　　)功能。

A. 更改键盘或其他输入法　　　　　B. 查看设备和打印机

C. 卸载程序　　　　　　　　　　　D. 查杀计算机病毒

23. (　　)格式的文件属于视频文件。

A. AVI　　　　　B. VOC　　　　　C. WAV　　　　　D. MID

24. Windows 系统运行时，按功能键(　　)可调出系统帮助。

A. F1　　　　　B. F2　　　　　C. F3　　　　　D. F4

25. 长按、右击、Ctrl + C 分别是(　　)的典型操作。

A. 键盘、触摸屏、鼠标　　　　　　B. 鼠标、键盘、触摸屏

C. 键盘、鼠标、触摸屏　　　　　　D. 触摸屏、鼠标、键盘

26. 操作系统的功能不包括(　　)。

A. 管理计算机系统中的资源　　　　B. 调度运行程序

C. 对用户数据进行分析处理　　　　D. 提供人机交互界面

27. Windows 7 文件名中不允许使用(　　)。

A. 符号 "/"　　　　　　　　　　　B. 符号 "-"

C. 符号 "."　　　　　　　　　　　D. 符号 "(" 和 ")"

28. Windows 系统运行时，默认情况下，当屏幕上的光标形状变成(　　)时，单击该处就可以实现超级链接。

A. 箭头　　　　B. 双向箭头　　　　C. 沙漏　　　　D. 手形

29. Windows 系统中，"复制" 和 "粘贴" 操作常用快捷键(　　)来实现。

A. Ctrl + C 和 Ctrl + V　　　　　　B. Shift + C 和 Shift + V

C. Ctrl + F 和 Ctrl + T　　　　　　D. Shift + F 和 Shift + T

30. 一般而言，文件的类型可以根据(　　)来识别。

A. 文件的大小　　　　　　　　　　B. 文件的用途

C. 文件的扩展名　　　　　　　　　D. 文件的存放位置

31. 以下关于 Windows 7 文件名的叙述正确的是( )。

A. 文件名中间可包含换行符　　　　B. 文件名中可以有多种字体

C. 文件名中可以有多种字号　　　　D. 文件名中可以有汉字和字母

32. 在 Windows 7 运行时，为强行终止某个正在持续运行且没有互动反应的应用程序，可使用 Ctrl + Alt + Del 键启动( )，选择指定的进程和应用程序，结束其任务。

A. 引导程序　　B. 控制面板　　　　C. 任务管理器　　　　D. 资源管理器

33. 以下关于文件压缩的叙述中，不正确的是( )。

A. 文件压缩可以节省存储空间　　　　B. 文件压缩可以缩短传输时间

C. 文件压缩默认进行加密保护　　　　D. 右击文件名可操作文件压缩或解压

34. 操作系统的资源管理功能不包括( )。

A. CPU 管理　　B. 存储管理　　　　C. I/O 设备管理　　　　D. 数据库管理

35. Windows 7 系统运行时，右击某个对象经常会弹出( )。

A. 下拉菜单　　B. 快捷菜单　　　　C. 窗口菜单　　　　D. 开始菜单

 拓展阅读

改革开放初期，中国的计算机科学界对于外国操作系统有着较大的依赖。随着国家的发展和技术的进步，国内开始有了自主研发操作系统的需求。在这个背景下，中国科学院计算技术研究所开始了中国第一套操作系统(简称 COS)的研发工作。这套操作系统奠定了中国操作系统发展的基础。

进入 21 世纪，随着中国经济的迅猛发展和科技进步，国产操作系统进入了快速发展的黄金时期。在这个时期，国产操作系统不断突破技术壁垒，自身实力不断提高。中标麒麟操作系统是这一阶段的代表性产品，它是基于 Linux 内核的商业化操作系统，具有高度的自主可控性和安全性。中标麒麟操作系统的发布，标志着中国操作系统产业开始走向成熟。

近年来，随着云计算、人工智能等新兴技术的快速发展，国产操作系统也迎来了新的发展机遇。国产操作系统在技术上取得了长足的进步，不断与新兴技术融合，提升自身的竞争力。

华为鸿蒙操作系统是中国操作系统发展史上非常重要的一个里程碑，对中国操作系统的发展具有非常重要的影响。华为鸿蒙操作系统在技术上有很多创新，比如分布式技术、内核优化、隐私安全保护等，这些创新促进了中国操作系统生态的发展，提升了整个行业的竞争力，带动了中国智能终端产业的发展，促进了相关产业链的完善和升级，提升了中国在全球智能终端产业链中的地位和中国在信息技术领域的自主可控能力，保障了国家信息安全。

在未来，随着技术的不断进步和应用场景的不断拓展，国产操作系统有望在更多领域得到广泛应用，为中国的信息产业发展做出更大的贡献。但同时我们也应该看到，国产操作系统的发展仍然面临着一些挑战和困难。例如，如何进一步提高自主可控性、安全性和稳定性，如何更好地与新兴技术融合发展等。因此，作为信息时代的大学生，我们应树立正确的价值观，不断学习探索，不断提升个人修养和思想道德水平，努力提高自己的专业技能，加强技术创新意识，为社会和人民造福，为国家发展作出贡献。

第3章 文字处理软件 Word 2010 及 WPS(文字)2019

当今社会，数字化已经贯穿到我们生活的各个角落，尤其是文字记录已经从原始的纸笔记录发展到当今的文字信息处理。

计算机可采用多种输入方式来代替笔的书写，既修改方便、无痕，又可以随时进行多种美观设计，甚至可以利用计算机的多种信息表述技术，使文字与图像、数字等其他信息表述形式相结合，形成新的丰富多彩的信息文本。

这一切都需要有一个专门的计算机软件来完成，本章我们以 Word 2010 和 WPS(文字)2019 两个软件为操作软件，介绍文字处理的常用操作。

Word 2010 是 Microsoft Office 阵营中的主力军，它具有丰富的功能和极具人性化的界面。

WPS Office 2019(通常简称为 WPS 2019)是由金山软件股份有限公司自主研发的一款办公软件套装，可以实现办公软件最常用的文字、表格、演示、PDF 阅读等多种功能。

学习目标

➢ 掌握 Word 2010、WPS 2019 的基本操作。
➢ 掌握文本格式化设置及排版方法。
➢ 掌握图形和表格的相关操作。

学习难点

➢ 长篇文档页面的排版与编辑。
➢ 邮件合并的设置及使用。

3.1 文字处理软件概述

1. Word 2010 简介

Word 2010 中文版是 Microsoft Office 2010 套装办公软件之一，与 Excel 2010、Access

2010 共同构成一个集文字处理、图表生成和数据管理于一体的综合系统。

Word 2010 在文字处理方面的功能强大，它集文字输入、显示、编辑、排版、打印于一体，实现所见即所得的效果，特别适合于日常或专业的文字处理。

Word 2010 具有以下特点。

(1) 所见即所得：在屏幕上预览所见到的，就是在打印机上输出的实际结果。

(2) 直观式操作：将选项卡、功能区以及标尺显示在窗口内，可轻松地通过鼠标进行编辑排版操作。

(3) 图文混排：可方便地在文档中插入图片、文本框等，实现图文混排。

(4) 表格制作方便快捷：有多种方法实现表格制作，可根据操作者的习惯以及插入表格的内容灵活使用。

(5) 模板功能：可以将编辑排版格式以一个文件的形式存储起来，下次需要用到时直接使用。

(6) 兼容性强：可打开多种版本和多种格式的文件，也可按其他格式保存文件。

2. WPS 2019 简介

WPS 2019 包含 WPS 文字、WPS 表格、WPS 演示三大功能模块，与 Microsoft Office 中的 Word、Excel、PowerPoint 一一对应，应用 XML 数据交换技术，可无障碍兼容 docx、xlsx、pptx、pdf 等文件格式。WPS 2019 具有内存占用低、运行速度快、云功能多、强大插件平台支持、免费提供海量在线存储空间及文档模板等优点，支持阅读和输出 PDF(.pdf) 文件，支持桌面和移动办公。

WPS 2019 具有以下几个特点。

(1) 体积小：WPS 2019 在保证功能完整性的同时，其体积为同类软件中最小，下载安装快速便捷。

(2) 功能易用：功能操作简单易用，有良好的用户使用体验，降低了用户熟悉功能的门槛，提升了用户的工作效率。

(3) 互联网化：大量的精美模板、在线图片素材、在线字体等资源，为用户轻松打造优美文档提供了支持。

(4) 文档漫游功能：很好地满足用户多平台、多设备的办公需求。在任何设备上打开过的文档，都会自动上传到云端，方便用户在不同的平台和设备中快速访问同一文档。同时，用户还可以追溯同一文档的不同历史版本。

另外，WPS 2019 的第四组件"轻办公"以私有、公共等群主模式协同工作，采用云端同步数据的方式，满足不同协同办公的需求，使团队合作办公更高效、更轻松。

3.1.1　启动与退出

1. 启动

Word 2010 和 WPS(文字)2019 的启动方法均为以下四种。

(1) 通过"开始"菜单启动：单击计算机桌面底部任务栏左端的"开始"按钮，选择"所有程序"→"Microsoft Office"/"WPS Office"→"Microsoft Word 2010"/"WPS Office"即可，如图 3-1 所示。

图 3-1　启动文字处理软件

(2) 利用现有文档启动：打开计算机中保存的现有 Word/WPS 文档，即可启动 Word 2010/WPS Office。

(3) 利用新建文档启动：右击桌面空白处，在弹出的快捷菜单中选择"新建"→"Word 2010"/"WPS Office"，单击打开新建的文档，即可启动 Word 2010/WPS(文字)2019。

(4) 通过桌面快捷方式启动：单击桌面快捷图标，启动 Word 2010/WPS(文字)2019。

2. 退出

Word 2010 和 WPS(文字)2019 的退出方式均为选择"文件"下拉菜单中"退出"命令，如图 3-2 所示，或单击位于文字处理软件窗口右上角的"关闭"按钮，也可使用组合键 Alt+F4。

图 3-2　退出文字处理软件

3.1.2　工作窗口

启动文字处理软件后，屏幕上就会显示它的工作窗口，无论是 Word 还是 WPS(文字)，其工作窗口的组成基本是一致的，分别由标题栏、快速访问工具栏、选项卡等组成，如图 3-3 和图 3-4 所示。

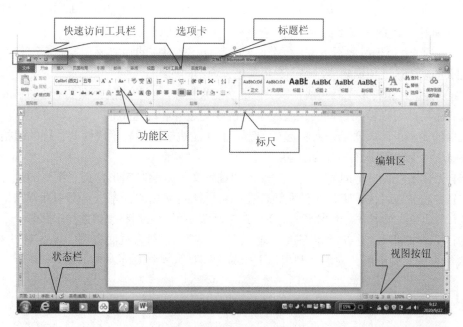

图 3-3　Word 2010 窗口

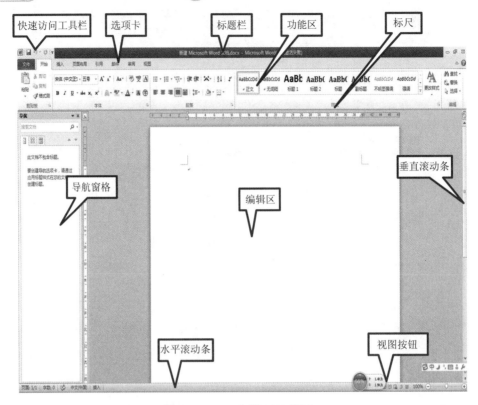

图 3-4　WPS(文字)2019 窗口

(1) 标题栏：显示当前正在编辑的文档名称。图 3-3 中，标题栏左边为快速访问工具栏，右边依次为窗口"最小化""最大化/还原"和"关闭"按钮。

(2) 快速访问工具栏：为了方便用户的快速操作，将最常用的命令以小图标的形式排列在此工具栏中，默认有"保存""撤销"和"恢复"按钮。

(3) 选项卡：位于标题栏下方，每个选项卡都有与之对应的功能区，选择某个选项卡就可打开相关的功能区。依据功能，每个选项卡划分为不同的组。

(4) 功能区：由许多工具组成，以类似的功能来划分，有些功能会在多个选项卡内出现。

(5) 标尺：用来精确定位的工具，可快速改变边界和缩进情况。水平标尺上有三个游标，上面的游标表示段落第一行的起始位置，下面左边的游标表示段落其他行的起始位置，右边的游标表示段落所有行的右边界。

(6) 工作区：窗口中间处，是用户输入和编辑文本、绘制图形、插入图片的地方。

(7) 导航窗格：位于工作区的左边，在此可以浏览文档的标题、页面和搜索结果。

(8) 滚动条：单击垂直或水平滚动条，或拖动滚动条，可调整文档的显示部分。

(9) 视图按钮：在水平滚动条的右端有五个按钮，分别为页面视图、Web 版式视图、草稿大纲视图和阅读版式视图。利用这五个按钮可切换文档显示的方式。

3.1.3　基本功能

Microsoft Word 从 Word 2007 升级到 Word 2010，其最显著的变化就是使用"文件"按

钮(见图 3-3)代替了 Word 2007 中的"Office"按钮，使用户更容易进行相关操作。另外，Word 2010 同样取消了传统的菜单操作方式，而代之以各种选项卡。Word 2010 窗口上方看起来像菜单的名称其实是功能区的名称，称作选项卡，当单击这些名称时并不会打开菜单，而是切换到与之相对应的选项卡界面。每个选项卡根据功能的不同又分为若干个组。主要选项卡的功能如下所述。

1."开始"选项卡

"开始"选项卡包括剪贴板、字体、段落、样式和编辑五个组，主要用于对文档进行文字编辑和格式设置，是用户最常用的选项卡。

2."插入"选项卡

"插入"选项卡包括页、表格、插图、链接、页眉和页脚、文本、符号等几个组，主要用于对文档插入各种元素。

3."页面布局"选项卡

"页面布局"选项卡包括主题、页面设置、稿纸、页面背景、段落、排列等几个组，主要用于设置文档页面样式。

4."引用"选项卡

"引用"选项卡包括目录、脚注、引文与书目、题注、索引和引文目录等几个组，主要用于实现在文档中插入目录等比较高级的功能。

5."审阅"选项卡

"审阅"选项卡包括校对、语言、中文简繁转换、批注、修订、更改、比较和保护等几个组，主要用于对文档进行校对和修订等操作，适用于多人协作处理长文档。

6."视图"选项卡

"视图"选项卡包括文档视图、显示/隐藏、显示比例、窗口和宏等几个组，主要用于设置操作窗口的视图类型。

7."加载项"选项卡

"加载项"选项卡只有"菜单命令"一个分组。通过"加载项"可以为 Word 软件安装附加属性，如自定义的工具栏或其他命令扩展。

除了以上通用的选项卡以及对应的功能，Word 2010 还增加了"邮件"选项卡。"邮件"选项卡包括创建、开始邮件合并、编写和插入域、预览结果和完成等几个组，专门用于在 Word 2010 文档中进行邮件合并方面的操作。

3.1.4　文字处理软件的其他设置及功能

1. 保存的相关设置

在编辑文件的过程中，常常会出现因非法操作等原因而强行关闭文字处理软件程序或者突然断电等情况，这会造成由于没有及时保存文档而丢失数据的问题。Word 2010 中的自动恢复保存文件功能可以帮助用户找回程序遇到问题并停止响应时尚未保存的信息。操作如下：

(1) 单击"文件"按钮，在下拉菜单中选择"选项"命令，打开"Word 选项"对话框，在左侧选择"保存"选项，在右侧设置有关保存方面的参数，如图 3-5 所示。

(2) 勾选"保存自动恢复信息时间间隔"和"如果我没保存就关闭，请保留上次自动保留的版本"复选框，在"保存自动恢复信息时间间隔"文本框中输入自动保存的时间间隔，单位为分钟，在"服务器草稿位置"文本框中设置恢复文件保存的位置。

图 3-5　设置文档保存方式

2. 保存与另存为的区别

保存是在当前文档的基础上修改完成后进行覆盖；另存为是另外新建文档存储，不覆盖当前文档。

3. 打开/关闭常用元素

在文档编辑过程中，有一些常常需要打开或关闭的元素，如功能区、标尺等。

为了使文档的内容多显示一些，可以将功能区隐藏起来，当需要使用的时候再展开。文字处理软件程序右上角的按钮 △ (Word 2010)或 ∧ (WPS(文字)2019)便是最小化或展开功能区的按钮，单击该按钮可以最小化功能区，此时按钮变成 ▽ (Word 2010)或 ∨ (WPS(文字)2019)状态，再单击它则可以展开。当功能区被隐藏时，单击菜单栏中的选项卡，如"开始""插入""页面布局"等，可以临时显示功能区，设置完后单击文档处又可隐藏功能区。

标尺用于将文档内容准确定位，属于程序界面上的视图类元素，如图 3-6 所示。

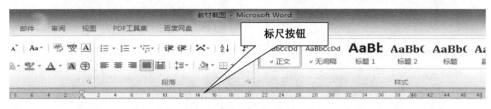

图 3-6　标尺

4. 选择界面风格

因为特殊需要而查阅或编辑文档时，要选择合适的界面风格。下面总结了几种处理方式，可以适当地选择某一种或几种一起使用。

1) 缩放页面

(1) 选择"视图"选项卡，在"显示比例"组中可以设置有关文档显示比例的参数。

(2) 选择"显示比例"选项，弹出"显示比例"对话框，如图 3-7 所示。在该对话框中可调整文档的显示比例。

图 3-7　"显示比例"对话框

如果觉得使用以上方法太过烦琐，可以利用状态栏右侧的"显示比例"滑块，拖动滑块，即可快速地缩放文档视图。按住键盘上的 Ctrl 键，滚动鼠标滑轮，也可以快速缩放文档视图。

2) 同时浏览文档的多个位置

打开一个文档后，要想在屏幕上同时显示不同位置的内容以进行比较，可使用同时浏览文档的多个位置这一功能。

单击"视图"选项卡，选择"窗口"组中的"拆分"选项，此时会出现一条跟随鼠标移动的灰色水平线，这条水平线的位置表示拆分窗口的位置，确定拆分位置后单击鼠标，文档就被分成了两个部分，如图 3-8 所示。若要取消拆分，则单击"视图"选项卡，选择"窗口"组中的"取消拆分"选项。

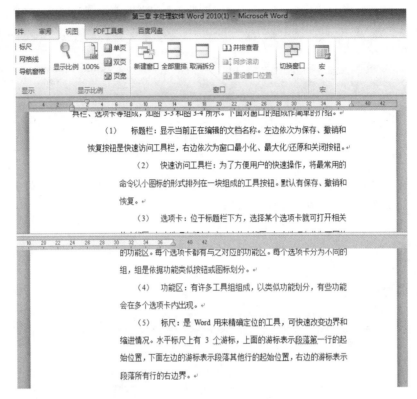

图 3-8 同一文档拆分后显示上下两个窗口

3) 并排查看文档

当打开了多个文档后，想比较其中两个文档的内容时，可使用并排查看功能。

(1) 单击"视图"选项卡，在"窗口"组中选择"并排查看"选项。

(2) 在弹出的并排比较窗口中列出了一些当前被打开的文档名称(除了当前文档)，选择需要与当前文档并排的文档(注意，这里不能多选)，则两个打开的文档将并排显示，如图 3-9 所示。

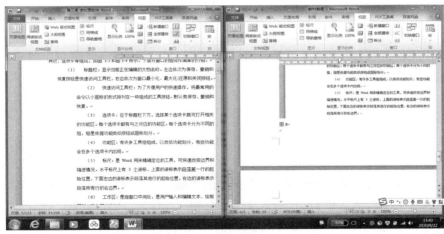

图 3-9 并排显示的两个文档

　　两个文档并排显示后，将光标置于任意一个文档中，滚动鼠标滚轮，两个文档的页面都会向下或者向上滚动，此时"并排查看"和"同步滚动"选项显示黄色。如果不想同时滚动两个文档，可在"窗口"组中选择"同步滚动"选项；若要取消并排显示，可选择"并排查看"选项。

3.2　文档的基本操作和文档编辑

3.2.1　文档的基本操作

1. 新建文档

　　新建文档的常用方法有菜单法和快捷键法两种。

　　(1) 菜单法：单击"文件"按钮，在下拉菜单中选择"新建"命令，在弹出的新建文档任务窗口中选择"空白文档"选项，再单击右侧的"创建"按钮，即可新建一个文档，如图 3-10 所示。

　　(2) 快捷键法：按快捷键 Ctrl + N，即可快速新建一个文档。

图 3-10　新建文档窗口

2. 打开文档

　　打开文档有直接打开文档、以只读方式打开文档、以副本方式打开文档、打开最近使用过的文档以及使用快捷键五种形式，具体操作如下。

　　(1) 直接打开文档：单击"文件"按钮，在下拉菜单中选择"打开"命令，弹出"打开"对话框，选择要打开的文件，再单击"打开"按钮，或直接双击要打开的文档。

(2) 以只读方式打开文档：单击"文件"按钮，在下拉菜单中选择"打开"命令，弹出"打开"对话框，选择要打开的文件，再单击"打开"下拉按钮，在下拉菜单中选择"以只读方式打开"命令即可。

(3) 以副本方式打开文档：单击"文件"按钮，在下拉菜单中选择"打开"命令，弹出"打开"对话框，选择要打开的文件，再单击"打开"下拉按钮，在下拉菜单中选择"以副本方式打开"命令即可，如图 3-11 所示。

(4) 打开最近使用过的文档：单击"文件"按钮，在下拉菜单中选择"最近所用文件"命令，在列表右侧列出的最近使用文档中选择即可。

(5) 使用快捷键 Ctrl + O，也可打开"打开"对话框，从而打开文档。

图 3-11　以不同方式打开文档

3. 保存文档

保存文档的方法有如下几种：

(1) 单击"文件"按钮，在下拉菜单中选择"保存"或"另存为"命令。

(2) 单击窗口左上角的"保存"按钮 。

(3) 使用快捷键 Ctrl + S。

4. 关闭文档

关闭文档的方法有如下几种：

(1) 单击"文件"按钮，在下拉菜单中选择"关闭"命令，或单击窗口右上角的"关闭"按钮。

(2) 双击快速访问工具栏左侧的文件图标 。

(3) 使用快捷键 Alt + F4。

如果当前文档在编辑后尚未进行保存，则关闭前将弹出询问对话框，询问"是否将更改保存到文档 1 中"，如图 3-12 所示。

图 3-12　询问对话框

3.2.2　文档的编辑

文档的编辑是指根据文档要表达的内容进行输入或修改文字、图形、符号、表格等各种改变文档内容的步骤和方法。使用键盘和鼠标可以完成文本增删，实现选中、复制、剪贴、移动、粘贴、删除等操作。

1. 在文档中选择编辑位置

文档中编辑定位的光标为"Ⅰ"形，可以使用鼠标或键盘的方向键进行操作。

2. 选中文本

一般采用以鼠标为主、键盘配合的方式来实现选中文本操作。若是连续地选择，则直接用鼠标进行操作；若是间隔地选择，则在使用鼠标的同时需要按下键盘上的 Ctrl 键。

3. 移动、复制、删除文本

(1) 移动文本：当目标位置较远时，选中要移动的内容，然后选择"剪切"命令或按下键盘上的 Ctrl + X 键，再将编辑光标定位到目标位置，选择"粘贴"命令或按下键盘上的 Ctrl + V 键；当目标位置较近时，直接使用鼠标将选中的内容拖至目标位置即可。

(2) 复制文本：选中要进行操作的内容，单击鼠标右键，在弹出的快捷菜单中选择"复制"命令或按下键盘上的 Ctrl + C 键。

(3) 删除文本：选中要删除的内容，按下键盘上的 Backspace 键或 Delete 键。需要注意的是，Backspace 键删除光标前的内容，删除时不需要选中内容；Delete 键删除光标后的内容，删除时需要将内容选中。

4. 设置字符格式

字符格式的设置对象主要是文字，可以是单个文字，也可以是整段文字或所有文字，主要取决于选中的内容。

字符格式的设置包括设置字号、字形(字体效果)、字体、颜色、底纹、边框等。具体实现方法如下：

(1) 单击"开始"选项卡，在"字体"组功能区直接进行设置。选中要设置的内容，逐步完成设置。这种方法实现的边框效果单一，若要获得更加丰富的效果，可在"页面布局"选项卡的"页面边框"功能区进行设置。

(2) 选中要设置的文字后，单击鼠标右键，在弹出的快捷菜单中选择"字体"命令，在弹出的"字体"对话框中进行设置。"字体"对话框内分为"字体"和"高级"两个选项卡，在"字体"选项卡下可进行中西文字体、字形、字号、字体颜色、下画线线型、下画线颜色、着重号、效果等设置，如图 3-13 所示。

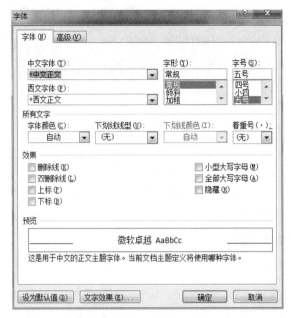

图 3-13 "字体"对话框

要想设置更丰富的文本效果格式，可单击"字体"对话框中的"文字效果"按钮，在弹出的"设置文本效果格式"对话框中设置文本填充、文本边框、轮廓样式、阴影、映像等，如图 3-14 所示。

在"字体"对话框中还可进行预览，在"高级"选项卡下可进行字符间距的设置。

图 3-14 "设置文本效果格式"对话框

5. 设置段落格式

段落格式的设置对象是段落，既可以是单独自然段，也可以是多个自然段或整篇，取决于选中的内容。

段落格式的设置包括设置编号、项目符号、对齐方式、大纲级别、底纹、边框、缩进、间距等。具体实现方法如下：

(1) 单击"开始"选项卡，在"段落"组功能区直接进行设置。选中要设置的内容，逐步完成设置。单击"项目符号"或"编号"按钮，选择默认的项目符号或编号，或者单击"项目符号"或"编号"右侧下拉箭头，选择更多样式；如果需要自定义项目符号或编号，可以选择"定义新项目符号"或"定义新编号格式"命令来进行设置。对齐方式可设置为文本居左、居中、居右、两端及分散等，如图 3-15 所示。

图 3-15　段落格式设置

(2) 选中要设置的段落后，单击鼠标右键，选择"段落"命令，在弹出的"段落"对话框中进行设置。如图 3-16 所示，"段落"对话框内包含"缩进和间距""换行和分页""中文版式"选项卡。在"缩进和间距"选项卡下可进行常规、缩进、间距等设置，并可进行预览。其中，缩进是指整段左右缩进；"特殊格式"下拉列表框中的"首行缩进"只对当前段最前部分文字进行缩进；"间距"选项区域内可设置段与段之间的间距及行与行之间的间距。

图 3-16　"段落"对话框

随着计算机功能的日益完善以及人们工作需求的日益增加，简单的文档编辑已经不能满足人们的需求。例如，我们经常需要制作简历、信息登记表等一系列表格形式的文档。因此，表格的制作与应用也显得尤为重要。

3.2.3 表格的制作与应用

表格以行和列的形式显示信息，比如 5 行 6 列的表格。表格具有结构严谨、效果直观、信息量大的特点，在文字处理软件中广泛使用。

1. 单元格

表格中行和列交叉形成的每一个格子称为单元格。以下介绍单元格的两类操作。

1) 合并单元格

所谓合并单元格，顾名思义，就是将多个单元格合并成一个单元格。合并单元格的具体操作方法：选定要合并的若干个单元格，单击鼠标右键，在弹出的快捷菜单中选择"合并单元格"命令，如图 3-17 所示，就可以看到之前的若干个单元格合并成了一个单元格。

图 3-17 "合并单元格"命令

2) 拆分单元格

拆分单元格就是将一个单元格拆分成多个单元格。拆分单元格的方法和合并单元格的方法类似，也是选定要拆分的单元格，单击鼠标右键，在弹出的快捷菜单中选择"拆分单元格"命令，然后在"拆分单元格"对话框中设置拆分的行数和列数，如图 3-18 所示。这样就可以将一个单元格拆分成设置好的行数和列数的若干个单元格了。

这里需要注意的是，合并单元格时，可一次选择多个单元格；拆分单元格时，只能对一个单元格进行拆分。

图 3-18 "拆分单元格"对话框

2. 表格的基本操作

1) 创建表格

创建表格的方法有如下三种。

(1) 菜单法：单击"插入"选项卡下的"表格"下拉按钮，按住鼠标左键，拖动光标选择下拉列表中的"插入表格"预览框，即可快速创建表格，如图 3-19 所示。

图 3-19 快速创建表格

(2) 对话框法：单击"插入"选项卡下的"表格"下拉按钮，在下拉列表中选择"插入表格"命令，打开"插入表格"对话框，在"行数"和"列数"数值框中设置行数和列数，如图 3-20 所示，也可以创建表格。

(3) 绘制表格：这是在不确定最终表格的行和列时使用的方法，单击"插入"选项卡下的"表格"下拉按钮，在下拉列表中选择"绘制表格"命令，光标变成铅笔的形状时即可手动绘制表格。

图 3-20　"插入表格"对话框

2) 编辑表格

表格的编辑主要指对表格的选定、插入、删除，以及表格边框和底纹的设置等操作。

(1) 表格的选定(针对当前单元格、列、行、多个单元格、整个单元格)。

通过鼠标或用 Shift +↑/↓/←/→(共四个方向键)，可以随意地选择一个单元格或多个单元格，甚至整个表格中的文字、段落。表格的具体选定方法详见表 3-1。

表 3-1　表格的选定方法

选择区域	操 作 方 法
选中当前单元格(行)	将光标移到单元格左边界与第一个字符之间，待其变成 形状后，单击鼠标左键可选中该单元格，双击则可选中该单元格所在的一整行
选中一整行	将光标移到该行左边界的外侧，待其变成 形状后单击鼠标左键
选中一整列	按住 Alt 键，同时单击该列中的任何位置，或者将光标移到该列顶端，待其变成 形状后单击鼠标左键
选中多个单元格	单击要选择的第一个单元格，将"I"形光标移至要选择的最后一个单元格，按下 Shift 键，同时单击鼠标左键
选中整个表格	按住 Alt 键的同时双击表格内的任何位置，或单击表格左上角的 ，都可以选中整个表格

(2) 表格的插入(针对单元格、行、列、表格)。

方法 1：将光标移至需要插入的位置，单击鼠标右键，在弹出的快捷菜单中选择"插入"命令，然后选择要插入的形式，如图 3-21 所示。

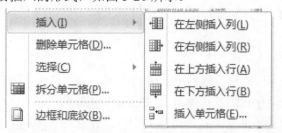

图 3-21　插入(单元格、行、列)

方法 2：如果是在原表格下方插入表格，则直接按 Enter 键即可插入表格。

(3) 表格的删除(针对单元格、行、列、表格)。

方法 1：选定要删除的单元格/列，单击鼠标右键，在弹出的快捷菜单中选择相应的删除命令。

方法 2：选中要删除的表格，按 Backspace 键删除表格。

(4) 表格边框和底纹的设置。

表格创建完成后，将光标移动到表格上，在选项卡位置会出现"表格工具设计""表格工具布局"两个选项卡。在"表格工具设计"选项卡内可对表格的边框和底纹进行设置；也可单击鼠标右键，在弹出的快捷菜单中选择"边框和底纹"命令，打开"边框和底纹"对话框，对表格的边框和底纹进行设置，如图 3-22 所示。

图 3-22 "边框和底纹"对话框

边框和底纹的具体设置内容如下：

(1) 在"边框"选项卡中主要设置框线样式、颜色、宽度，按顺序选择"设置"选项区域下的选项以及在"样式""颜色""宽度"列表框中的选项，完成边框局部(上、下、左、右、内、外、横、竖)的设置。某一条或多条无规则框线的设置是按顺序选择"样式""宽度""颜色"，待光标变成铅笔形状时，手动更改框线。

(2) 在"底纹"选项卡中可设置单元格或某行(某列)选中内容的底纹，其设置方法与段落和字符底纹的类似。

3) 设置表格属性

表格属性主要指表格、行、列、单元格的属性，包括尺寸、对齐方式、文字环绕等。

选中表格，单击鼠标右键，在弹出的快捷菜单中选择"表格属性"命令，弹出"表格属性"对话框，如图 3-23 所示。在此对话框中可设置表格行和列的高度和宽度、表格的对齐方式、单元格内内容的对齐方式(水平或垂直方向对齐)等。

图 3-23　"表格属性"对话框

例如，若要设置行(列)，可选择"行(列)"选项卡，单击"上一行(列)"或"下一行(列)"按钮，选择需要设置的行(列)，勾选"指定高(宽)度"复选框，设置数值，最后单击"确定"按钮，如图 3-24 所示。

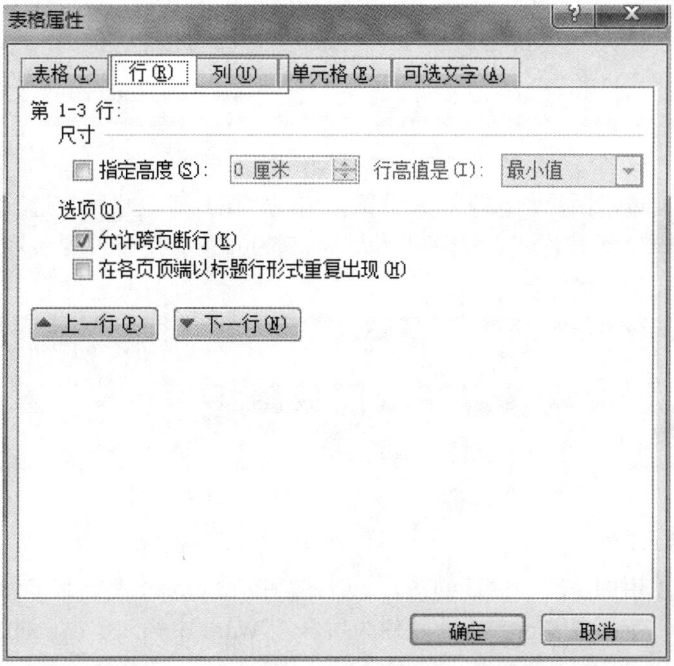

图 3-24　行的设置

3.2.4 图形的使用

在文字处理中,用户可以插入图片、剪贴画、形状、艺术字以及组织结构图等,以产生图文并茂、生动活泼的效果。本小节主要介绍如何进行插入、编辑、排版、美化等设置。

1. 插图的使用

1) 插入图片

插入的图片可选择使用计算机内存储的任何图片。

单击"插入"选项卡,选择"插图"组中的"图片"选项,弹出"插入图片"对话框(如图 3-25 所示),选择图片在计算机中存放的位置,然后选中要插入的图片,单击"插入"按钮,即可将图片插入到指定位置。

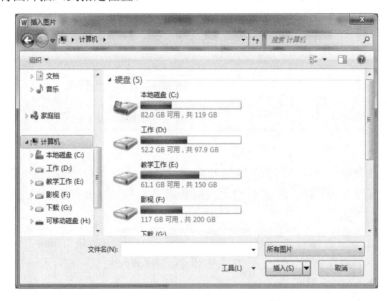

图 3-25 "插入图片"对话框

插入图片后,单击图片,在选项卡位置会出现"图片工具格式"选项卡,如图 3-26 所示,其包含"调整""图片样式""排列""大小"等功能区,用于设置图片大小、边框颜色、样式、环绕方式、层次等。

图 3-26 "图片工具格式"选项卡

2) 插入剪贴画

插入剪贴画使用的是软件内置的图片。剪贴画在 Microsoft Word、PowerPoint 等软件中有着广泛的应用,下面以 Word 2010 软件为例介绍 Word 中插入剪贴画的方法。

(1) 打开 Word 2010 文档窗口,单击"插入"选项卡,选择"插图"组中的"剪贴画"选项。

(2) 在打开的"剪贴画"任务窗格的"搜索文字"文本框中输入准备插入的剪贴画的关键字(如"计算机"),如图3-27 所示。如果当前计算机处于联网状态,还可以勾选"包括 Office.com 内容"复选框。

(3) 单击"结果类型"文本框右侧的下拉按钮,在类型列表中勾选"插图"复选框。

(4) 完成第(2)、(3)步设置后,在"剪贴画"任务窗格中单击"搜索"按钮。如果收藏集中含有指定关键字的剪贴画,则会显示剪贴画搜索结果。选择合适的剪贴画,或单击剪贴画右侧的下拉按钮,在打开的菜单中单击"插入"按钮,即可将该剪贴画插入到 Word 2010 文档中。

3) 插入形状

常用的文字处理软件都为用户提供了一套绘制图形的工具,并且提供了大量的可以调整形状的自选型图形。将这些图形和文本交叉混排在文档中,可以使文档更加生动有趣。

图 3-27　插入剪贴画

单击"插入"选项卡,选择"插图"组中的"形状"选项,然后在下拉列表中选择需要使用的形状,光标变成"+"后即可进行绘制。如图3-28 所示,可选形状有"线条""矩形""基本形状""箭头总汇""公式形状""流程图""星与旗帜""标注"等,其中除"线条"外,其他形状内可添加文字。

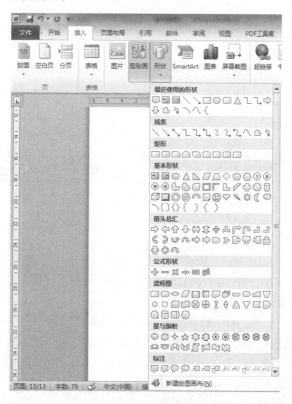

图 3-28　插入形状

绘制好形状后，在选项卡位置会出现"绘图工具格式"选项卡，如图 3-29 所示。在该选项卡对应的功能区中可进行当前形状的相关设置，如设置形状的颜色、线型、填充样式及要添加的文字等。

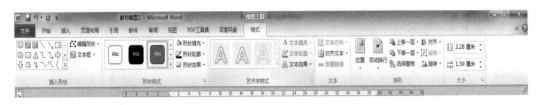

图 3-29　"绘图工具格式"选项卡

选中绘制好的形状，单击鼠标右键，在弹出的快捷菜单中选择"设置形状格式"选项，打开"设置形状格式"对话框，如图 3-30 所示，可进行相关设置。

图 3-30　"设置形状格式"对话框

2. 文本框、艺术字的使用

1) 文本框

在文本框中可以设置各种边框格式，选择填充色，添加阴影，也可以为放置在文本框内的文字设置文本格式和段落格式。

单击"插入"选项卡，选择"文本"组中的"文本框"选项，在下拉列表中选择模板(可在"内置"列表框中选择)，或通过"绘制文本框""绘制竖排文本框"命令绘制文本框，如图 3-31 所示。其中"内置"列表框中为常用模板，通过"绘制竖排文本框"命令可在文本框内添加内容(文字、图片等)的方向为竖向。光标变成"+"后拖动光标在指定位置绘制大小合适的文本框，就可完成文本框的绘制。

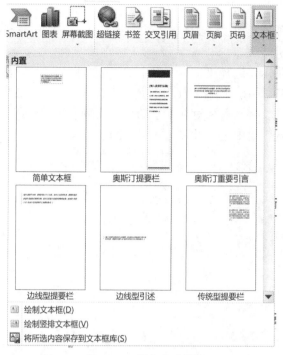

图 3-31　插入文本框

　　绘制好文本框后，在选项卡位置会出现"文本框工具格式"选项卡。选中绘制好的文本框，单击鼠标右键，在弹出的快捷菜单中选择"设置形状格式"选项，弹出"设置形状格式"对话框，可进行文本框填充、线条颜色、线型等相关设置，如图 3-32 所示。

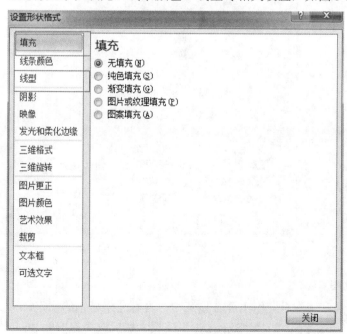

图 3-32　"设置形状格式"对话框

2) 艺术字

艺术字是一种特殊的图形，它以图形方式来展示文字，具有美术效果，能够美化版面，是文本框和文字的完美结合。

单击"插入"选项卡，选择"文本"组中的"艺术字"选项，然后在下拉列表中选择艺术字样式，如图 3-33 所示；选择要使用的艺术字样式后，窗口会出现虚线文本框，在文本框中输入需要编辑的文字。若要对艺术字的样式及颜色等进行调整，可单击"格式"选项卡，在"艺术字样式"组中进行设置，如图 3-34 所示。

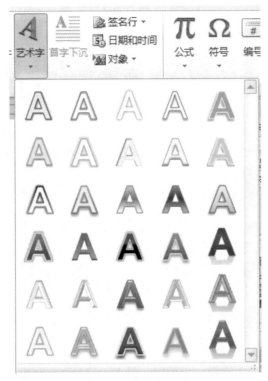

图 3-33 艺术字样式

图 3-34 "格式" 选项卡

3) 组织结构图

组织结构图经常用在企业组织分布显示中，具有分层显示的优点。

单击"插入"选项卡，选择"SmartArt"选项，然后选择需要的 SmartArt 图形的样式，单击"确定"按钮，即可插入组织结构图，如图 3-35 所示。

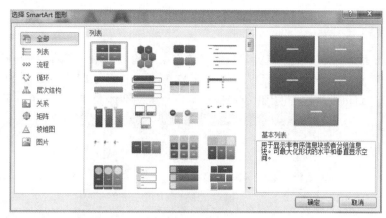

图 3-35 "选择 SmartArt 图形"对话框

选择了合适的样式后，在 SmartArt 图形中输入所需内容，并对其颜色、位置进行调整，示例如图 3-36 所示。

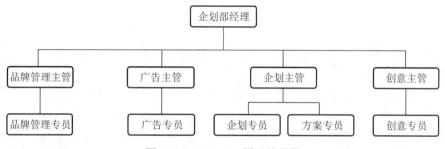

图 3-36 SmartArt 图形效果图

3.2.5 图文混排

图文混排在日常工作、学习、生活中的应用非常广泛。图文混排最直接的表现形式是版面。少的版面有两版，多的有十几版。对于图文混排的版面，其排版设计的难度虽然不大，但要尽量做到图文并茂，注意版面的整体规划、艺术效果及个性化创意，给读者以形式美感。版面的编排与设计应以主题明确突出、版面生动活泼为目的，合理布局、规划版面，既不能留有大片空白，又不能太显拥挤。

在完成 Word 图文混排的过程中，首先要做好版面的整体设计，然后对整个版面进行具体的排版。每个版面的具体布局设计主要包括：对应每个版面的条块特点选择一种合适的版面布局方法，对每个版面做进一步的详细设计。图文混排总体排版要达到版面内容均衡、图文并茂、颜色搭配合理的效果。下面介绍页面背景设置、首字下沉设置、分栏设置、符号和公式的使用等方法。

1. 页面背景设置

图文混排中加入页面背景的设置可以让效果更好，如增加水印文字、水印图片、页面背景颜色、背景图片、页面边框等内容。

1) 水印的设置

Word 水印指的是作为文档背景的文字或者图片，水印存在的目的主要是保护版权。例如，一些大型考试试卷上有"机密"两个字的水印；为了不让别人复制内容，有些文档会打上"严禁复制"字样等。

单击"页面布局"选项卡，选择"页面背景"组中的"水印"选项，在下拉列表中选择"自定义水印"，弹出"水印"对话框，如图 3-37 所示。图片水印的添加方法与插入图片的方法一样。文字水印中的文字可用现有模板也可自己定义字体、字号、颜色、版式等。

图 3-37 "水印"对话框

2) 页面背景的设置

Word 的页面背景主要用于创建更有趣味的 Word 文档背景，可以为背景应用渐变、纹理、图案、图片等填充效果。

单击"页面布局"选项卡，选择"页面背景"组中的"页面颜色"选项，在下拉列表中选择"填充效果"，弹出"填充效果"对话框，如图 3-38 所示。在"渐变"选项的"颜色"选项区域中设置背景颜色；在"纹理"和"图案"选项中进行纹理和图案设置；在"图片"选项中添加背景图片。

图 3-38 "填充效果"对话框

3) 页边距、纸张方向、文字方向等的设置

页边距主要指编辑内容到页面边沿的距离。页边距越小，相对可编辑的内容越多。可设

置页面上、下、左、右边距。

纸张方向主要有两种，即纵向(默认)与横向，常用纵向。在编辑表格时，若列数过多，则设置纸张方向为横向。

文字方向的设置：选中要设置的内容，单击鼠标右键，在弹出的快捷菜单中选择"文字方向"命令，弹出"文字方向"对话框，其中有多个选项可供选择，如图3-39所示。

图 3-39 "文字方向"对话框

2. 首字下沉、分栏的设置

1) 首字下沉

首字下沉是一种修饰文字的方法，在各类报纸、杂志、期刊中应用较多。它设置段落第一行的第一个文字，使其字体变大，并且向下与后面的段落对齐，段落的其他部分保持原样。这种设置方法可以吸引读者对该段落的注意。

将光标移动到目标段落，单击"插入"选项卡，在"文本"组中单击"首字下沉"下拉按钮，选择"首字下沉选项"，弹出"首字下沉"对话框，如图 3-40 所示。该对话框中的"位置"选项区域包括"无"(默认)、"下沉"、"悬挂"(字体对话框特殊格式也可设置)三项，"选项"选项区域包括"字体"(下沉或悬挂的首字)、"下沉行数"(悬挂)、"距正文"(与其他文字的间距)三项。

图 3-40 "首字下沉"对话框

注意：若段落首行不是缩进而用空格后移两个字符，则无法进行此操作，因为系统识别首字是空格。

2) 分栏

分栏在各种报纸和杂志中广泛应用。它将页面在水平方向上分为多栏，文字逐栏排列，填满一栏后转到下一栏，最终文档内容分列于不同的栏中。分栏使页面排版灵活，阅读方便。

选中要进行分栏操作的内容，单击"页面布局"选项卡，在"页面设置"组中单击"分栏"下拉按钮，选择"更多分栏"命令，弹出"分栏"对话框，如图3-41所示。

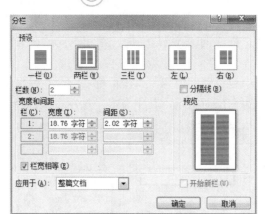

图 3-41 "分栏"对话框

"分栏"对话框中：

(1) "预设"选项区域用于设置分栏的栏数，可选项有"一栏"(默认即无分栏效果)、"二栏"及"三栏"(常用分栏栏数)、"左"和"右"(分两栏且左右不相等)。也可直接在"栏数"数值框中输入具体栏数。勾选"分隔线"复选框可将栏与栏之间用线条隔开。

(2) "宽度和间距"选项区域中的"栏"表示后面编辑的是第几栏的内容(为默认)，"宽度"用来设置当前栏所占页面宽度，"间距"是指栏与栏之间的间距(类似段间距)。注意：多栏宽度不等时，不勾选"栏宽相等"复选框。

(3) "应用于"选项用于设置分栏的应用范围(一般在分栏前已选好的不用设置此选项)。

注意：若设置完以上内容后显示结果为只有左边一边有内容，则将光标移动到分栏内容最末端后单击"页面布局"选项卡，在"页面设置"组中单击"分隔符"下拉按钮，选择"分节符"下面的"连续"选项。

3. 符号和公式的使用

文字输入可直接通过键盘或复制粘贴实现。有些符号和公式通过键盘无法输入，需要通过"插入"选项卡功能区的符号和公式功能实现。

(1) 插入符号：单击"插入"选项卡，选择"符号"组中的"符号"选项，在下拉列表中选择"其他符号"，在弹出的"符号"对话框中选择要插入的符号，单击"插入"按钮，如图 3-42 所示。

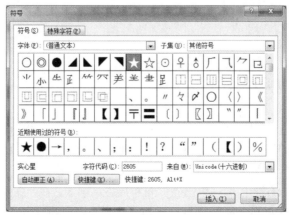

图 3-42 "符号"对话框

(2) 插入公式：单击"插入"选项卡，选择"符号"组中的"公式"选项，在下拉列表中选择"插入新公式"，则在事先指定的编辑位置会出现公式编辑区，如图 3-43 所示；同时在选项卡位置会出现"公式工具设计"选项卡，如图 3-44 所示，在对应的功能区进行选择操作。

在此处键入公式。

图 3-43　公式编辑区

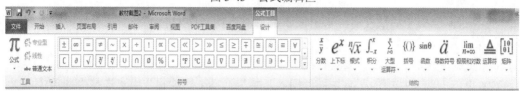

图 3-44　"公式工具设计"选项卡

3.2.6　邮件合并

Word 中的邮件合并操作可批量处理邮件。邮件合并包含两部分内容：一部分为可变内容，如信函的抬头部分；一部分为相同内容，如信函的正文部分。要进行邮件合并，就需要创建以下两个文件。

1. 数据源文件

数据源就是数据的来源，是邮件合并中可以变动的数据，数据源通常存在于以表格形式呈现的文件中(如 Excel、Access)。在制作数据源文件的时候表头信息应清晰，以便进行邮件合并操作。图 3-45 所示为一份学生各科成绩的数据源文件，表头内容有学生的序号、姓名、专业名称、班级名称、各科成绩、总分排名等信息，便于后续进行邮件合并操作。

序号	姓名	专业名称	班级名称	高等数学 I	大学计算机基础	大学英语 I	高等数学 II	C 语言程序设计	大学英语 II	大学物理	总分	总分排名
12015	姜凯	车辆工程	1801	99	92	88	89	92	88	89	637	1
12028	高峰	车辆工程	1801	96	64	88	91	64	88	91	582	2
12023	李子照	车辆工程	1801	81	93	73	81	93	73	81	575	4
12008	曹禺	车辆工程	1801	99	95	51	81	95	51	81	553	5
12027	何子豪	车辆工程	1801	71	76	86	92	76	86	92	579	3

图 3-45　数据源文件

2. 域文件

域的中文意思是范围，类似数据库中的字段，域可以控制文字处理软件中插入的信息，实现自动化功能。域是引导 Word 在文档中自动插入文字、图形、页码或其他信息的一组代码。每个域都有一个唯一的名字，它具有的功能与 Excel 中的函数非常相似。使用域可以实现许多复杂的功能，主要有：自动编页码和图表的题注、脚注、尾注的编号；按不同格式插入日期和时间；通过链接与引用在活动文档中插入其他文档的部分或整体；无须重新键入即可使文字保持最新状态；自动创建目录、关键词索引、图表目录；插入文档属性信息；自动合并与打印邮件；执行加、减及其他数学运算；创建数学公式；调整文字位置等。

使用 Word 排版时，若能熟练使用域，则可增强排版的灵活性，减少许多烦琐的重复操作，提高工作效率。域的操作有以下几项。

1) 更新域

当 Word 文档中的域没有显示出最新信息时，用户应采取以下措施进行更新，以获得新域结果。

(1) 更新单个域：单击需要更新的域或域结果，然后按下 F9 键。

(2) 更新一篇文档中的所有域：使用"开始"选项卡"编辑"组"选择"选项中的"全选"命令，选定整篇文档，然后按下 F9 键。

另外，用户也可以执行"文件"选项卡中的"选项"命令，并单击"打印"选项，然后选中"更新域"复选框，以达到 Word 在每次打印前都自动更新文档中所有域的目的。

2) 显示或隐藏域代码

(1) 显示或者隐藏指定的域代码：单击需要实现域代码的域或其结果，然后按下 Shift + F9 组合键。

(2) 显示或者隐藏文档中的所有域代码：按下 Alt + F9 组合键。

3) 锁定或解除域

(1) 要锁定某个域，以防止修改当前的域结果的方法是单击此域，然后按下 Ctrl + F11 组合键。

(2) 要解除锁定，以便对域进行更改的方法是单击此域，然后按下 Ctrl + Shift + F11 组合键。

4) 解除域的链接

首先选择有关域的内容，然后按下 Ctrl + Shift + F9 组合键即可解除域的链接，此时当前的域结果就会变为常规文本(失去域的所有功能)，以后无法对其进行更新。若用户需要重新更新信息，则必须在文档中插入同样的域才能达到目的。

3.2.7 Word 2010 的高级操作

当我们编辑长文档时，在图文混排的基础上还需要采用其他一些高级操作。常用的高级操作有插入分隔符，编制目录，插入页脚页眉，插入脚注、引文、题注等。

1. 分隔符的使用

整体文档未插入分隔符前，都属于同一节，每页内容满了以后自动跳到下一页。"分隔符"主要用于版面设计时将长文档分成多个章节，章节连接处相互独立，在某页未编辑满的情况下将后面内容强制放在下一页。

单击"页面布局"选项卡，在"页面设置"组中单击"分隔符"下拉按钮，在下拉菜单中有"分页符"和"分节符"两部分内容，如图 3-46 所示。其中："分页符"内的

"分页符""分栏符""自动换行符"不进行分节;"分节符"内的"下一页""连续""偶数页""奇数页"进行分节,并经常和页眉、页脚结合使用。

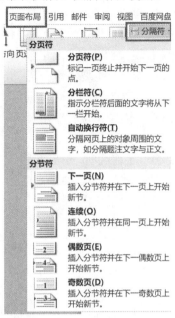

图 3-46　分隔符的使用

2. 页眉和页脚的插入

在长文档排版中经常会用到页眉、页脚,页眉、页脚分别位于页面顶端和底端,在其中可插入文字、页码或图形等内容。

单击"插入"选项卡,在"页眉和页脚"组中单击"页眉"或"页脚"下拉按钮,在下拉菜单中选择"编辑页眉"或"编辑页脚"命令,在选项卡位置会出现"页眉和页脚工具设计"选项卡,并且光标移动到了对应页眉或页脚的位置,插入需要的内容,如图 3-47 所示。

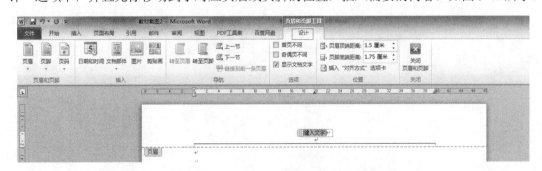

图 3-47　"页眉和页脚工具设计"选项卡

(1) 若要设置页眉为文字内容且奇偶页不同,则单击"页眉和页脚工具设计"选项卡,在"选项"组中勾选"奇偶页不同"复选框,在最前面的奇数页和偶数页输入页眉内容,后面的页面会自动按设置添加,无须每页输入。若每章节奇偶页不同,则选择"导航"组中的"下一节"选项,文档自动跳转至下一节,每节只需输入前两页。注意:每节不同时要先插入相应的"分隔符"进行分节,并且取消"链接到前一条页眉"。

(2) 单击"插入"选项卡，在"页眉和页脚"组中单击"页码"下拉按钮，然后在下拉菜单中先选择页码位置["页面顶端"(页眉)、"页面底端"(页脚)]，再选择"设置页码格式"，弹出"页码格式"对话框，如图3-48所示。"编号格式"下拉列表框中有阿拉伯数字、汉字数字、罗马数字、字母等类型。"页码编号"主要在有分隔符的情况下设置，若需要和上节分开重新编制页码，则单击"起始页码"单选按钮并在文本框中输入起始页码数。

图3-48 "页码格式"对话框

页眉、页脚编辑完成或需要编辑工作区时，单击"页眉和页脚工具设计"选项卡右侧的"关闭"按钮或双击工作区，将光标移动到指定位置再进行后续操作。

3. 引用的使用

长文档通常由题目、摘要、目录、引言、正文、结论、参考文献和附录构成，排版时需要插入脚注与尾注、引文、题注、目录等。

1) 脚注、尾注

脚注和尾注是对文本的补充说明。脚注一般位于页面的底部，可以作为文档某处内容的注释；尾注一般位于文档的末尾，列出引文的出处等。选中词语，单击"引用"选项卡，在"脚注"组中单击"插入脚注"或"插入尾注"按钮。

2) 引文

引文是指引用其他书籍、文章或文件等的语句。引文之后要用序号或括号注明引文的出处。选中引文内容，单击"引用"选项卡，在"引文与书目"组中单击"插入引文"下拉按钮，然后在下拉菜单中选择"添加新源"命令，弹出"创建源"对话框，如图3-49所示，填写对话框内容，然后单击"确定"按钮。

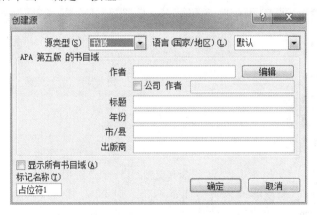

图3-49 "创建源"对话框

3) 题注

题注就是给图片、表格、图表、公式等项目添加的名称和编号。使用题注功能可以保证长文档中图片、表格或图表等项目能够按顺序自动编号。如果移动、插入或删除带题注的项目，Word 可以自动更新题注的编号。

选中图片、表格、图表、公式等添加题注对象，单击"引用"选项卡，在"题注"组中单击"插入题注"，弹出"题注"对话框，如图 3-50 所示。在"选项"下的"标签"下拉列表框中选择类型(表格、公式、图表等)，当没有所需要的类型时，单击"新建标签"按钮新建一个类型，最后在"题注"文本框中输入内容，单击"确定"按钮。

图 3-50　"题注"对话框

4) 目录

在长文档中通过目录可以快速了解文档的主要内容，也可以快速查找某一部分内容。要在 Word 文档中成功添加目录，应该首先设置在目录中出现内容的大纲级别(在段落设置)。一般章标题的大纲级别为一级，其他以此类推。一般常见的目录显示共三级。尽管也有其他的方法可以添加目录，但采用带级别的样式是最方便的一种。

将光标定位到需要插入目录的位置(一般为首页第一行)，单击"引用"选项卡，在"目录"组中单击"目录"下拉按钮，然后在下拉列表中选择"插入目录"命令，弹出"目录"对话框，单击"目录"选项卡，在"显示级别"文本框中可指定目录中包含的级别，这决定了目录的细化程度。这些级别是来自"标题 1"～"标题 9"样式的，它们分别对应级别1～9，如图 3-51 所示。

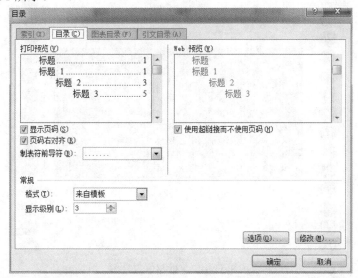

图 3-51　"目录"对话框

　　如果要设置更为精美的目录格式，则在"格式"下拉列表框中选择其他类型(通常用默认的"来自模板")，然后单击"确定"按钮，即可插入目录。目录是以"域"的方式插入到文档中的(会显示灰色底纹)。

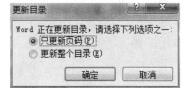

　　当文档中的内容或页码有变化时，可右击目录中的任意位置，选择"更新域"命令，打开"更新目录"对话框，如图 3-52 所示。如果只是改变页码，则选择"只更新页码"；如果有标题内容的修改或增减，则选择"更新整个目录"即可完成目录更新。

图 3-52　"更新目录"对话框

3.3　应 用 案 例

3.3.1　案例 1——电子文档的制作

1. 案例背景及分析

　　实习推荐信是各个学校为学生去相关单位实习准备的，目的是使实习更加规范化。实习推荐信以文字性材料居多，其版面以文字、段落设计为主，设置相对简单，但需要注意文档必须逻辑清楚、重点突出。

　　下面以推荐信为例，介绍如何对文字性材料进行排版，包括字体、字号、颜色、字符间距、文字效果、段落的对齐方式、缩进、行距、段间距等基本格式设置，重点介绍对文档的特殊格式进行设置。读者可以在设置基本格式的基础上，提高对文档进行特殊格式设置的能力。本案例要达到的效果如图 3-53 所示。

图 3-53　实习推荐信效果图

2. 相关知识与技能

1) 文档的创建、编辑、保存

新建一个空白文档，输入文字，插入特殊符号，设置文档的显示属性，保存文档。

2) 文体及段落的格式化

文体格式化包括对字符的中西文字体、字形、字号、颜色、字符间距及文字效果进行设置。段落格式化包括对段落的对齐方式、缩进方式、段间距、行间距进行设置。

3) 边框和底纹

Word 文档中的边框和底纹可以应用的对象有文字、段落、整篇文档、节和表格等，在使用边框时一般要选择线型、颜色、宽度等，在使用底纹时主要设置填充颜色和图案。边框和底纹可以突出显示和美化版面，并可使设置对象有别于其他内容。

3. 实现方法与步骤(Word 2010)

(1) 启动 Microsoft Word 2010，打开一个空白文档。

(2) 单击"文件"按钮，在下拉菜单中选择"另存为"命令，打开"另存为"对话框。

(3) 在"文件名"文本框中输入"推荐信"，保持"保存类型"的默认设置"Word 文档"，如图 3-54 所示。在保存位置下拉列表中选择"桌面"，单击"保存"按钮。

图 3-54 "另存为"对话框

(4) 将光标定位于"推荐信.docx"文档的起始位置，将推荐信的内容录入到文档中，如图 3-55 所示。

推荐信

尊敬的领导：
您好！
兹有我校 2016 级计算机科学与技术专业的蒋小洁同学去贵单位进行软件编程实习，实习期为 2020 年 6 月 10 至 2020 年 9 月 10 日。此次实习是我校使学生更好地获得实践经验，从而更快适应社会的有效途径，学校高度重视学生实习工作。为此，诚恳希望贵单位给予大力支持和协助，使学生切实圆满完成实习任务。学生在贵单位实习的过程中，烦请按照贵单位的规章制度要求，对学生严格管理，并在实习结束时对学生的实习情况给予鉴定。
西安科技大学高新学院
2020 年 5 月 30 日

图 3-55 录入文档内容

(5) 选定标题"推荐信",单击"开始"选项卡,如图3-56所示,然后在"字体"组中单击扩展按钮,打开"字体"对话框,如图3-57所示,单击"字体"选项卡,设置"中文字体"为"宋体","字号"为"一号","字体颜色"为"黑色"。

图3-56 "字体"组   图3-57 "字体"对话框

(6) 单击"字体"对话框中的"高级"选项卡,在"字符间距"选项区域设置"间距"为"加宽","磅值"为"3磅",如图3-58所示。

图3-58 设置字符间距

(7) 在"字体"对话框中单击"文字效果"按钮，在打开的"设置文本效果格式"对话框中选择"映像"(见图 3-59)，在"预设"下拉列表中选择"映像变体"→"紧密映像"，单击"关闭"按钮。

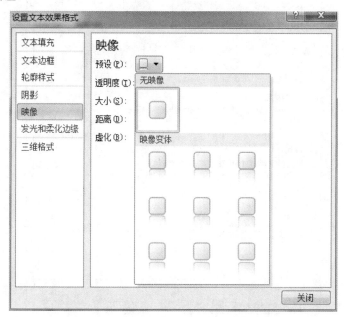

图 3-59　"设置文本效果格式"对话框

(8) 选中正文，采用上述方法，设置字体为"宋体"，字号为"小四"，效果如图 3-60 所示。

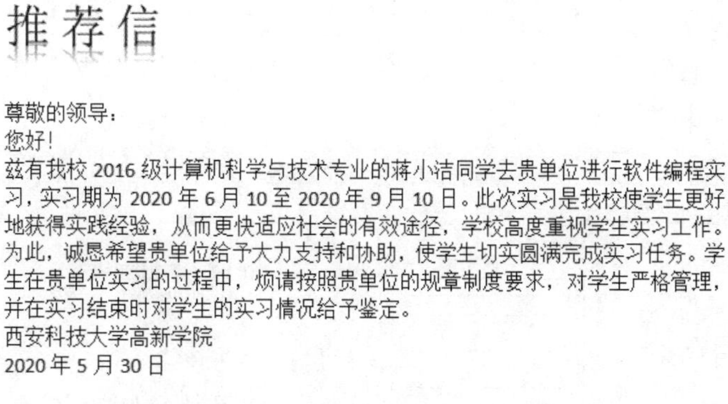

推 荐 信

尊敬的领导：

您好！

兹有我校 2016 级计算机科学与技术专业的蒋小洁同学去贵单位进行软件编程实习，实习期为 2020 年 6 月 10 至 2020 年 9 月 10 日。此次实习是我校使学生更好地获得实践经验，从而更快适应社会的有效途径，学校高度重视学生实习工作。为此，诚恳希望贵单位给予大力支持和协助，使学生切实圆满完成实习任务。学生在贵单位实习的过程中，烦请按照贵单位的规章制度要求，对学生严格管理，并在实习结束时对学生的实习情况给予鉴定。

西安科技大学高新学院

2020 年 5 月 30 日

图 3-60　设置文本格式后的效果图

(9) 选定标题"推荐信"，单击"开始"选项卡，选择"段落"组中"居中"选项，选中落款"西安科技大学高新学院"及"2020 年 5 月 30 日"，将其对齐方式设置为"右对齐"。

(10) 选定第一段文字，单击"开始"选项卡，然后单击"段落"组的扩展按钮，打开"段落"对话框，单击"缩进和间距"选项卡，如图 3-61 所示。在"常规"选项区域中设置"对齐方式"为"左对齐"；在"缩进"选项区域中设置"特殊格式"为"首行缩进"，"磅值"为"2 字符"；在"间距"选项区域中设置"段前"为"0.5 行"，"段后"为"0.5 行"，"行距"为"1.5 倍行距"，再单击"确定"按钮。

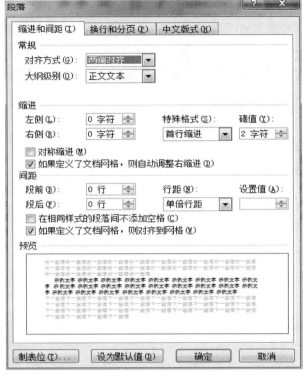

图 3-61 "段落"对话框

(11) 选中标题"推荐信",单击"开始"选项卡,在"段落"组单击"下框线"右侧的下拉按钮,在下拉列表中选择"边框和底纹"选项,打开"边框和底纹"对话框,如图 3-62 所示。单击"边框"选项卡,在"设置"选项区域中设置边框类型为"方框","样式"为曲线,"颜色"为"自动","宽度"为"0.5 磅";在"应用于"下拉列表框中选择"文字",再单击"确定"按钮。

图 3-62 设置文字边框

(12) 选中"兹有我校 2016 级计算机科学与技术专业……"段落的内容,单击"开始"选项卡,在"段落"组中选择"边框和底纹",打开"边框和底纹"对话框,如图 3-63 所示。单击"边框"选项卡,在"设置"选项区域中设置边框类型为"方框","样式"为双实线,"颜色"为"自动","宽度"为"0.5 磅";在"应用于"下拉列表框中选择"段落",再单击"确定"按钮。

图 3-63　设置段落边框

(13) 在"边框和底纹"对话框中单击"页面边框"选项卡,在"设置"选项区域中设置边框类型为"方框","样式"为艺术型,"宽度"为"31 磅",在"应用于"下拉列表框中选择"整篇文档",再单击"确定"按钮,如图 3-64 所示。

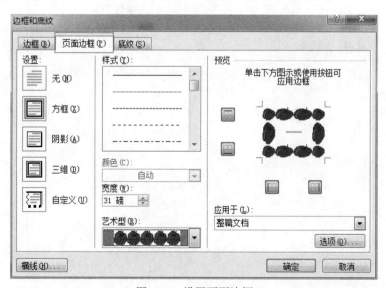

图 3-64　设置页面边框

(14) 选中标题"推荐信",单击"页面布局"选项卡,在"页面背景"组中选择"页面边框”选项，打开“边框和底纹”对话框，单击“底纹”选项卡，在“填充”下拉列表框中选择“主题颜色”为“白色，背景 1，深色 5%”，在“应用于”下拉列表框中选择“文字”；在“图案”的“样式”下拉列表框中选择“5%”，在“应用于”下拉列表框中选择“文字”。接着用同样的方法将正文底纹颜色设置为“深色 15%”，将样式设置为“10%”，效果如图 3-53 所示。

4. 小结

本案例注重培养学生的文字格式设置及文档排版能力，在以后的同类操作中还需注意以下相关技巧：

(1) 在段落格式化设置中，容易将倍数行距与磅数行距混淆。例如，当要设置 3 倍行距时，需要在“行距”下拉列表框中选择“多倍行距”，“设置值”设为 3；当要设置行距为 18 磅时，需要在“行距”下拉列表框中选择“固定值”，“设置值”设为 18 磅。

(2) 在设置边框和底纹时，容易将“边框”选项卡和“页面边框”选项卡混淆，其中“边框”选项卡用于对段落或者文字进行设置，而“页面边框”选项卡用于对整个文档或者节进行设置，其作用范围不同。

(3) 边框和底纹应用于段落或文字时，其效果不同。当应用于段落时，边框和底纹作用于段落所在的整块区域；当应用于文字时，边框和底纹只作用于所选文字的背景。

5. 课后练习

(1) 编辑制作“水调歌头”宣传板报，效果如图 3-65 所示。

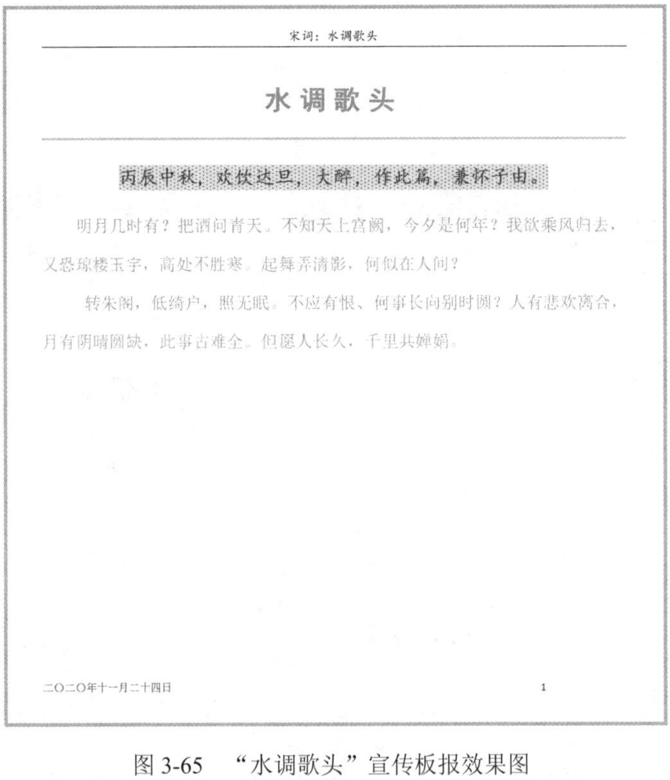
宋词：水调歌头

水调歌头

丙辰中秋，欢饮达旦，大醉，作此篇，兼怀子由。

明月几时有？把酒问青天。不知天上宫阙，今夕是何年？我欲乘风归去，又恐琼楼玉宇，高处不胜寒。起舞弄清影，何似在人间？

转朱阁，低绮户，照无眠。不应有恨、何事长向别时圆？人有悲欢离合，月有阴晴圆缺，此事古难全。但愿人长久，千里共婵娟。

二〇二〇年十一月二十四日　　1

图 3-65 “水调歌头”宣传板报效果图

(2) 标题“水调歌头”为“隶书”“加粗”“一号”，字符间距为“加宽”“3 磅”；其他内容为“宋体”“常规”“五号”，字体颜色为蓝色。

(3) 绘制直线，颜色为黄色，粗细为“1.5 磅”，并移动至合适位置。

(4) “丙辰中秋”等文字设置文字边框，填充颜色为黄色，底纹图案“样式”为“15%”。

(5) 正文为“首行缩进”“2 字符”，段落间距为“1.5 倍行距”。

(6) 给文字设置页面边框，颜色为绿色。

3.3.2 案例 2——个人简历表的制作

1. 案例背景及分析

个人简历是求职者给招聘单位提供的一份简要介绍，其中包含自己的基本信息：姓名、性别、年龄、民族、籍贯、政治面貌、学历、联系方式、自我评价、工作经历、学习经历、荣誉与成就、求职愿望、对这份工作的简要理解等。个人简历以简洁、重点突出为最佳。

下面以个人简历的制作为例介绍表格的制作，包括表格的创建、合并、拆分，边框和底纹的设置，表格属性、文字排版的设置等，要达到的效果如图 3-66 所示。

个人简历表					
姓名		性别			
年龄		籍贯			
政治面貌		民族			
身体状况		婚姻状况			
户口所在地					
住址					
联系方式及所求职位					
联系电话		电子信箱			
拟从事职位		专业技术职称			
工作经验					
工作经验					
主要工作职责及业绩描述					
工作经历					
其他技能					
英语水平		其他外语		普通话	
计算机水平		驾驶执照		其他技能	
自我评价					
待遇要求					
工资要求		工作地区			
附注					

图 3-66　个人简历表效果图

2. 相关知识与技能

1) 表格的创建

Word 的表格由水平的"行"和垂直的"列"组成。行和列交叉形成的每一个格子称为单元格。

2) 表格的编辑

表格的编辑分为以表格为对象的编辑和以单元格为对象的编辑,主要指对表格的选定、插入、删除,表格边框和底纹的设置以及单元格的合并、拆分等操作。

3) 表格属性的设置

表格属性主要指表格、行、列、单元格的属性。表格属性的设置包括尺寸、大小、对齐方式的设置等。

3. 实现方法与步骤

(1) 单击"插入"选项卡,在"表格"组中单击"表格"下拉按钮,在下拉菜单中选择"插入表格"命令,弹出"插入表格"对话框,在"列数"数值框中输入 5,在"行数"数值框中输入 22,如图 3-67 所示,单击"确定"按钮,得到如图 3-68 所示的结果。

图 3-67 "插入表格"对话框

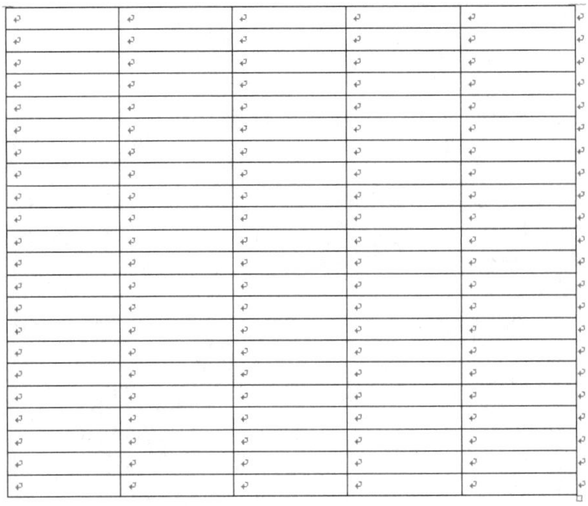

图 3-68 插入表格后的效果

(2) 选中第 1 行的第 1 列至第 5 列，单击鼠标右键，在弹出的快捷菜单中选择"合并单元格"命令，如图 3-69 所示。用同样的方法将表格中的第 8、11、15、21、22 行的第 1～5 列合并单元格，将表格中的第 6、7、12、13、14、18、19 行的第 2～5 列合并单元格，将表格中第 5 列的第 2～5 行合并单元格，得到如图 3-70 所示的结果。

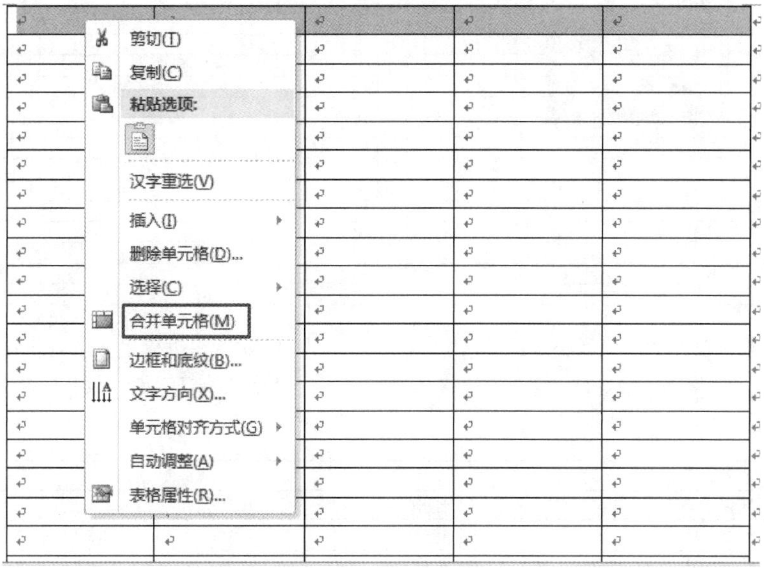

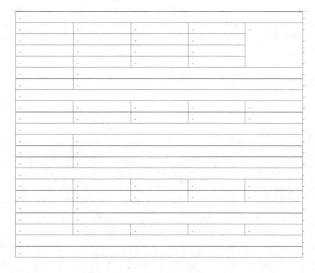

图 3-69 "合并单元格"命令

图 3-70 合并单元格后的效果图

(3) 选中第 9 行的 1～5 列，单击鼠标右键，在弹出的快捷菜单中选择"合并单元格"命令，将其合并成 1 个单元格；接着单击鼠标右键，选择"拆分单元格"命令，弹出"拆分单元格"对话框，在"列数"数值框中输入 4，在"行数"数值框中输入 1，如图 3-71 所示，单击"确定"按钮。用同样的方法将第 10、20 行表格拆分为 4 列 1 行，将第 16、17 行表格拆分为 6 列 1 行，得到如图 3-72 所示的结果。

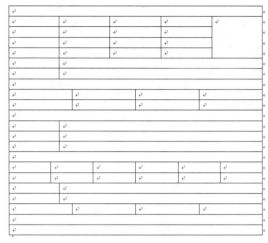

图 3-71　拆分单元格选项　　　　　　　图 3-72　拆分单元格后的效果图

(4) 根据效果图所示内容，在单元格中依次输入"个人简历表""姓名"等文字，得到如图 3-73 所示的结果。

个人简历表						
姓名		性别				
年龄		籍贯				
政治面貌		民族				
身体状况		婚姻状况				
户口所在地						
住址						
联系方式及所求职位						
联系电话		电子信箱				
拟从事职位		专业技术职称				
工作经验						
工作经验						
主要工作职责及业绩描述						
工作经历						
其他技能						
英语水平		其他外语		普通话		
计算机水平		驾驶执照		其他技能		
自我评价						
待遇要求						
工资要求		工作地区				
附注						

图 3-73　文字录入后的效果图

(5) 设置表格中文字的字体格式，其中"个人简历表"文字设置为"宋体""小二""加粗"，其余文字设置为"宋体""五号""加粗"；设置所有文字对齐方式均为"水平居中"。操作如下：

① 选中"个人简历表"，单击鼠标右键，在快捷菜单中选择"字体"命令，打开"字体"对话框，选择"中文字体"为"宋体"，"字形"为"加粗"，"字号"为"小二"，单击"确定"按钮。

② 选中其余文字，用同样的方法将其设置为"宋体""五号""加粗"。

③ 选中全部文字，单击鼠标右键，在弹出的快捷菜单中选择"单元格对齐方式"→"水平居中"，如图 3-74 所示。设置完成后的效果图如图 3-75 所示。

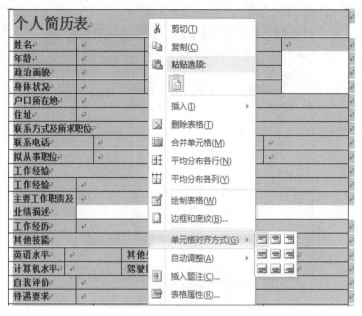

图 3-74　设置文字对齐方式

个人简历表					
姓名		性别			
年龄		籍贯			
政治面貌		民族			
身体状况		婚姻状况			
户口所在地					
住址					
联系方式及所求职位					
联系电话			电子信箱		
拟从事职位			专业技术职称		
工作经验					
工作经验					
主要工作职责及业绩描述					
工作经历					
其他技能					
英语水平		其他外语		普通话	
计算机水平		驾驶执照		其他技能	
自我评价					
待遇要求					
工资要求			工作地区		
附注					

图 3-75　设置字符格式后的效果图

(6) 设置表格行高，其中第 1 行行高为"1.2 厘米"，第 2 至 21 行行高为"1 厘米"，第 22 行行高为"2 厘米"。操作如下：

① 选中表格中的第 1 行，单击鼠标右键，在快捷菜单中选择"表格属性"命令，打开"表格属性"对话框。

② 单击"行"选项卡，勾选"指定高度"复选框，在数值框中输入"1.2 厘米"，在"行高值是"下拉列表框中选择"最小值"，如图 3-76 所示，单击"确定"按钮。

图 3-76 "表格属性"对话框中设置行高

③ 用同样的方法，对其余行的行高进行设置，效果如图 3-77 所示。

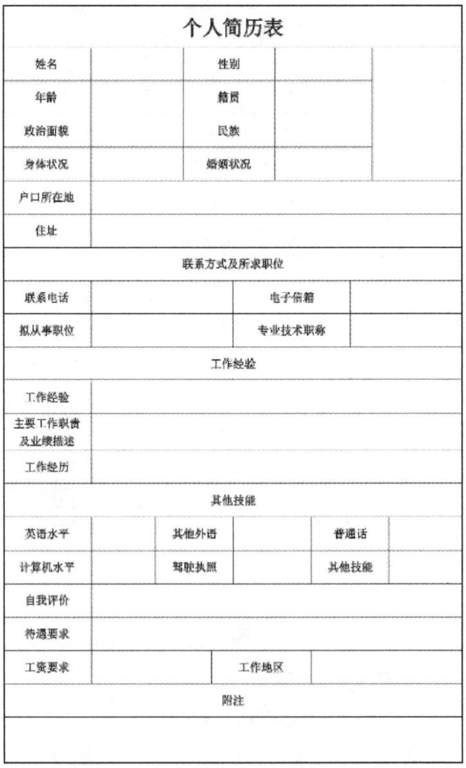

图 3-77 设置行高后的效果图

(7) 将表格的外侧框线设置为"双细线",宽度为"0.75 磅";将内部框线设置为"单细线",宽度为"0.5 磅";边框颜色均为黑色;将表格中第 1 行单元格的底纹设置为"12.5%"。操作如下:

① 将光标移动到第 1 行左边,当光标变为 ⤢ 形状时,单击鼠标左键,选择第 1 行,然后单击鼠标右键,在弹出的快捷菜单中选择"边框和底纹"命令,打开"边框和底纹"对话框,如图 3-78 所示。单击"底纹"选项卡,在"图案"选项区域选择"样式"为"12.5%",单击"确定"按钮,效果如图 3-79 所示。

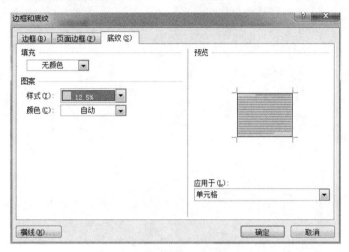

图 3-78　设置表格底纹

图 3-79　设置底纹后的效果图

② 单击"边框"选项卡，在"设置"选项区域中选择"自定义"选项，在"线型"列表框中选择单细线，在"宽度"下拉列表框中选择"0.5磅"，这时通过预览窗口可以看到表格所有的边框线型均为单细线；然后在"设置"选项区域中选择"方框"选项，在"线型"列表框中选择双细线，宽度下拉列表框中选择"0.75磅"，这时通过预览窗口可以看到表格最外面的边框线型均为双细线，如图 3-80 所示，最后单击"确定"按钮。最终效果图如图 3-81 所示。

图 3-80　设置表格边框

个人简历表			
姓名		性别	
年龄		籍贯	
政治面貌		民族	
身体状况		婚姻状况	
户口所在地			
住址			
联系方式及所求职位			
联系电话		电子信箱	
拟从事职位		专业技术职称	
工作经验			
工作经验			
主要工作职责及业绩描述			
工作经历			
其他技能			
英语水平	其他外语		普通话
计算机水平	驾驶执照		其他技能
自我评价			
待遇要求			
工资要求		工作地区	
附注			

图 3-81　设置边框后的效果图

4. 小结

本案例注重培养学生的表格制作能力，包括创建表格和编辑表格，重点在于单元格的合并和拆分操作以及表格属性的设置，在以后的同类操作中还需注意以下相关技巧：

(1) 创建表格时，除了选择"插入表格"命令的方法，还可以选择"绘制表格"命令，手动绘制表格。

(2) 编辑的对象分为表格和单元格两种，灵活使用单元格的合并和拆分才能设置出结构复杂的表格。

(3) 编辑表格的边框和底纹时需要注意，若外框线和内框线线型、颜色不同，则要依次进行多次边框设置，以满足边框设置要求。

5. 课后练习

制作一个课程表，效果如图 3-82 所示。要求如下：

(1) 插入 7 列 5 行的表格，输入课程中的内容；

(2) 将第 6、7 列合并，在第 3 行下方插入 1 行，并合并单元格，在第 1 列左侧插入 2 列；

(3) 将第 1 列的单元格进行拆分、合并操作，达到如图 3-82 所示的效果；

(4) 将第 1 行行高设置为 1.4 厘米，其余行高设置为 1.2 厘米；

(5) 绘制表头；

(6) 给表格添加边框和底纹；

(7) 给课程表增加标题和日期。

课程表						二〇二〇年三月十日
课程 星期 节次	星期一	星期二	星期三	星期四	星期五	星期六、日
上午 1节	英语	制图	计算机	高数	制图	
上午 2节	英语	制图	计算机	高数	制图	
上午 3节	高数	英语			体育	
上午 4节	高数	英语			体育	
休息						
下午 5节	制图	高数	高数	计算机		
下午 6节	制图	高数	高数	计算机		
下午 7节		#		计算机		
下午 8节		#		计算机		

图 3-82　课程表效果图

3.3.3　案例 3——贺卡的制作

1. 案例背景及分析

贺卡是人们在遇到节日或喜庆的事件时互相表示问候的一种卡片，人们赠送贺卡的日子包括生日、圣诞、元旦、春节、母亲节、父亲节、情人节等。贺卡上一般有一些祝福的话语，搭配一些图案和形状。

下面以圣诞节贺卡为例，介绍如何插入图片、形状、文本框、艺术字等对象，并对其布局、轮廓、填充进行调整，以达到美观的效果，圣诞节贺卡效果如图 3-83 所示。

图 3-83　圣诞节贺卡效果图

2. 相关知识与技能

1) 图片的设置

我们可以对图片进行插入、编辑、旋转方式设置等操作。

2) 图形的绘制

Word 中提供了一些现成的图形库，我们可以在里面进行绘制，还可对其边框以及填充颜色、形状效果、布局等进行设置。

3) 文本框的绘制

文本框就是可以输入文字的矩形方框，文本框的特点是可以自由移动，这解决了 Word 文档输入受光标限制的问题。我们可以插入文本框，并对文本框的边框、填充颜色、布局等进行设置。

4) 艺术字的插入

艺术字是一种特殊的图形，它以图形方式来展示文字，能够美化版面。我们可以插入艺术字，并对字体、字号、颜色、文字效果等进行设置。

3. 实现方法与步骤

1) 页面布局的设置

新建"实例 3 贺卡.docx"文档，将光标定位在首行，按回车键留出一定的空白区域，单击"页面布局"选项卡，在"页面设置"组中选择"纸张方向"→"横向"，如图 3-84 所示。

图 3-84　设置页面布局

2) 图片的插入

(1) 单击"插入"选项卡，在"插图"组中选择"图片"选项，在打开的窗口中选择名为"背景"的图片，单击"插入"按钮，如图 3-85 所示。选中图片，单击鼠标右键，在弹出的快捷菜单中选择"设置图片格式"命令，弹出"设置图片格式"对话框，如图 3-86 所示。在此对话框中单击"版式"标签，设置图片的文字环绕方式为"衬于文字下方"。

图 3-85　插入"背景"图片

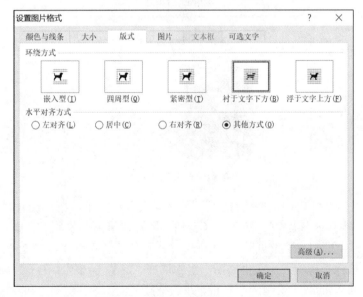

图 3-86　"设置图片格式"对话框

(2) 将光标放在背景图上，单击"插入"选项卡，在"插图"组中选择"形状"选项，然后在下拉列表中选择"矩形"，如图 3-87 所示，当光标变为"+"时，按住鼠标左键拖动光标绘制图形；选中绘制的矩形，单击"绘图工具格式"选项卡，在"形状样式"组中选择"彩色轮廓-橙色，强调颜色 6"，如图 3-88 所示。采用同样的方法绘制圆形。

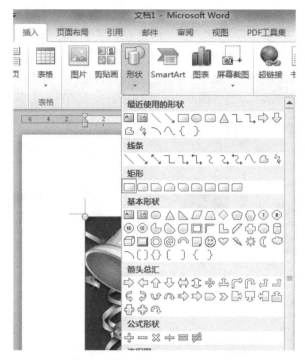

图 3-87　绘制形状

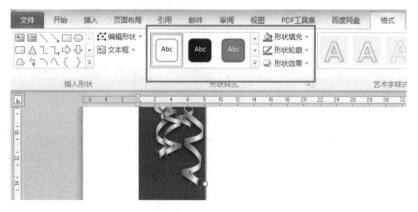

图 3-88　设置形状样式

(3) 在矩形左下角和圆形中分别插入"圣诞老人"和"圣诞树"图片,并将其文字环绕方式设置为"浮于文字上方";选中"圣诞树"图片,单击"图片工具格式"选项卡,选择"颜色"选项,在下拉列表(见图 3-89)中选择"重新着色"→"黑白 75"。

(4) 单击"插入"选项卡,在"插图"组中选择"形状"选项,在下拉列表中选择"星与旗帜"→"前凸弯带形",绘制一个彩带,并调整其宽度,将填充颜色和轮廓均设置为"深红色"。

(5) 单击"插入"选项卡,在"插图"组中选择"形状"选项,在下拉列表中选择"线条"→"直线",在矩形框中插入 3 条直线,单击"绘图工具格式"选项卡,然后在"形状轮廓"下拉列表中选择"白色,背景 1,深色 25%",效果如图 3-90 所示。

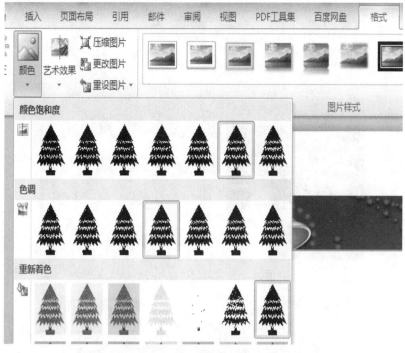

图 3-89 设置图片颜色

图 3-90 设置彩带后的效果图

3) 艺术字的插入

(1) 将光标定位在彩带上方，单击"插入"选项卡，在"文本"组中选择"艺术字"选项，在下拉列表中选择第 5 行第 1 列的"填充−白色，暖色粗糙棱台"样式，如图 3-91所示，在插入的艺术字样式中输入"Merry Christmas"字样，并将其移动到合适位置。

(2) 选中"Merry Christmas"艺术字，单击"绘图工具格式"选项卡，在"艺术字样式"组中选择"文字效果"选项，在下拉列表中选择"转换"→"弯曲"→"波形 1"，如图 3-92所示。

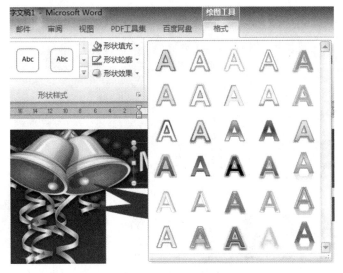

图 3-91 艺术字的样式设置

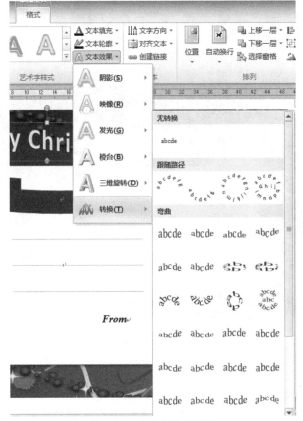

图 3-92 艺术字效果设置

4) 文本框的绘制

可通过插入文本框的方法在矩形框中输入文字。在 Word 中插入文本框的方法有以下两种。

(1) 将光标定位在矩形框中，单击"插入"选项卡，在"文本"组中选择"文本框"
→"绘制文本框"命令，插入文本框，如图 3-93 所示。

图 3-93　插入文本框 1

(2) 将光标定位在矩形框中，单击"插入"选项卡，在"插图"组中选择"形状"选项，
在下拉列表中选择"基本形状"→"文本框"或"垂直文本框"进行绘制，如图 3-94 所示。

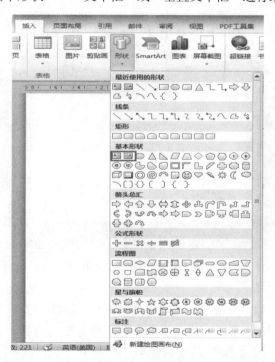

图 3-94　插入文本框 2

绘制文本框后，因文本框默认有黑色的边框和白色的填充颜色，影响版面美观，故需要将其边框和填充颜色去掉。选中文本框，单击"绘图工具格式"选项卡，在"形状样式"组中选择"形状填充"→"无填充颜色"(见图3-95)，然后选择"形状轮廓"→"无轮廓"。

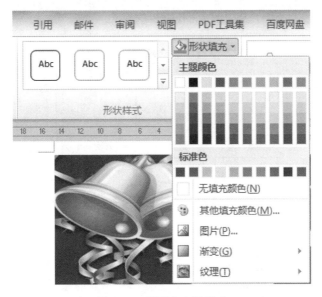

图 3-95　设置文本框样式

设置好文本框样式后在文本框中输入文字"To"，设置文字格式，字体为"Times New Roman"，字号为"四号"，加粗，倾斜；利用同样的方法在贺卡右下角绘制文本框，并输入文字"From"；最后调整文本框至合适位置。效果如图3-96所示。

图 3-96　设置文本框样式后的效果图

5) 图片和形状的组合

贺卡制作完成后，经常需要进行移动等其他操作，若绘制的形状均为单一的个体，则在移动的时候会使贺卡的整体布局发生变化。为了避免这一情况，我们将贺卡所涉及的固定区域(如图片、形状、文本框等)进行组合。

按住键盘上的 Ctrl 键，依次选择要组合的图片和形状，然后单击鼠标右键，在弹出的快捷菜单中选择"组合"命令，如图 3-97 所示。

图 3-97　图形组合

4. 小结

本案例注重培养学生的制图能力，包括绘制图形、编辑图形、设置图形布局、组合图形四个部分，在以后的同类操作中还需注意以下相关技巧：

(1) 插入文本框时，除了采用单击"插入"选项卡，选择"文本框"→"绘制文本框"命令的方法，还可以单击"插入"选项卡，选择"形状"选项，在"基本形状"组中选择 "文本框"。

(2) 若在插入图片时，图片无法完整地显示出来，则可以选中图片，单击"开始"选项卡，在"段落"组查看行距是否为"固定值"，若是，则将其修改为"单倍行距"即可；或单击图片工具"格式"选项卡，在"排列"组中选择"下移一层"或"上移一层"选项进行设置。

5. 课后练习

为了表示对大一新生的欢迎，让他们更快地熟悉新环境，尽快融入学校的氛围中，各学院每年都会举办一场迎新晚会，请制作一个本专业的迎新晚会邀请函，要求邀请函图文并茂，内容言简意赅。

3.3.4　案例 4——宣传海报的制作

1. 案例背景及分析

宣传海报在日常工作、学习、生活中的应用非常广泛。海报最直接的表现形式是版面。海报的版面设计难度虽然不大，但要尽量做到图文并茂，注意版面的整体规划、艺术效果及个性化创意，给读者以形式美感。

下面以宣传海报为例,介绍如何对报纸、杂志的版面、素材进行规划与分类,如何应用文本框、分栏、艺术字、表格、自选图形、图文混排等对海报进行排版。整个海报包含两个版面:版面一主要包括报头、主办信息,并插入艺术横线、文本框等进行装饰,版面二主要有艺术字、剪贴画、课程表等内容。本案例宣传海报的效果如图 3-98 所示。

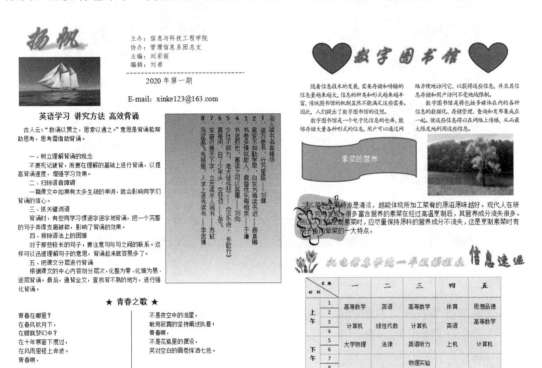

图 3-98　宣传海报效果图

2. 相关知识与技能

1) 页面设置

页面设置指版面的纸张大小、页边距、页面布局等的设置。

2) 文本框

在文本框中可以设置各种边框格式,选择填充色,添加阴影,也可以为放置在文本框内的文字设置文体格式和段落格式。

3) 分栏

分栏在各种报纸和杂志中广泛应用。它使页面在水平方向上分为多个栏,其中文字是逐栏排列的,填满一栏后才转到下一栏,不同的内容可分列于不同的栏中,这种方法使页面排版灵活,阅读方便。

4) 艺术横线

艺术横线是图形化的横线,用于隔离板块,美化整体版面。使用艺术横线可实现图文混排,做到生动活泼。

5) 首字下沉

首字下沉指设置段落第一行的第一字，使其字体变大，并且向下一定的距离，与后面的段落对齐，段落的其他部分保持原样，这样可以吸引读者对该段落的注意。

3. 实现方法与步骤

1) 报头的制作

海报中最重要的部分是报头，报头是海报的总题目，如果设计得好，则能对整个海报的排版起到点睛作用。报头要写清楚报头名称、主编、日期、期数等，还可以插入一些图片。在设计过程中要突出报头的艺术性，色彩搭配要美观协调。本海报中的报头主要以艺术字、自选图形和图片构成。

(1) 插入艺术字"扬帆"，设置版式为"四周型"样式，字体为"华文行楷"，字号为"48"，加粗，倾斜，左上对角透视，填充颜色为蓝色，线条颜色为"无线条"，并调整其大小及位置。

操作步骤：将光标定位在图片下方，单击"插入"选项卡，在"文本"组中选择"艺术字"选项，在下拉列表(见图 3-99)中选择第 4 行第 1 列"强调文字颜色 2"。

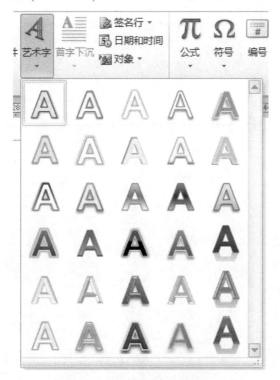

图 3-99　设置艺术字样式

在艺术字文本框中输入"扬帆"，单击"开始"选项卡，选择"字体"为"华文行楷"，"字号"为"48"，"字形"为加粗、倾斜；选择艺术字"扬帆"，单击"绘图工具格式"选项卡，在"艺术字样式"组中选择"文本填充"为"蓝色"，"文本轮廓"为"无轮廓"，在"文本效果"下拉列表中选择"阴影"→"左上对角透视"，效果如图 3-100 所示。

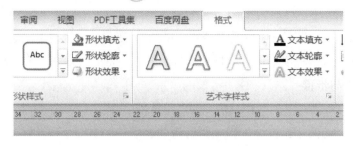

图 3-100　设置艺术字效果

(2) 打开"海报原文.docx",将光标定位在"扬帆"下方,插入"素材"中的"帆船"图片,选中图片,单击鼠标右键,在弹出的快捷菜单中选择"设置图片格式"命令,打开"设置图片格式"对话框,在此对话框中单击"版式"标签,选择"环绕方式"为"四周型",如图 3-101 所示。

图 3-101　文字环绕方式设置

(3) 在报头右边插入文本框,将素材中的第 1 段文字"文字 1"剪切到文本框中,选中文本框,单击"绘图工具格式"选项卡,然后单击"形状样式"组的扩展按钮,打开"设置形状格式"对话框(见图 3-102),选择"填充"→"无填充",选择"线条颜色"→"无线条"。在文字"编辑"与"E-mail"之间插入自选图形直线,设置直线格式。在"字体"组中设置"中文字体"为"仿宋","西文字体"为"Times New Roman","字号"为"小四"；在"段落"组中设置行间距为"1.5 倍行距"，调整文本框到合适位置。

图 3-102　"设置形状格式"对话框

(4) 将光标移至文字"编辑：刘希"下方，单击"插入"选项卡，在"插图"组中选择"形状"→"线条"→"直线"(见图 3-103(a))，当光标变成"+"时，绘制直线，选中绘制的直线，单击鼠标右键，在弹出的快捷菜单中选择"设置形状格式"命令，弹出"设置形状格式"对话框(见图 3-103(b))，选择"线条颜色"为"深蓝色"，选择"线型"选项，设置线条"宽度"为"1.25 磅"，"短划线类型"为"虚线"。

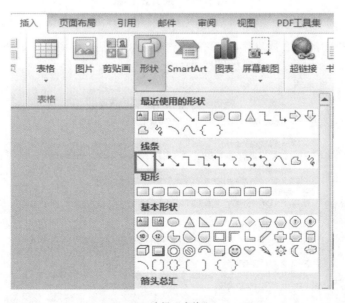

(a) 选择"直线"

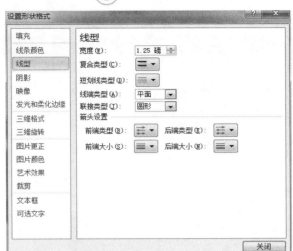

(b) 设置线条

图 3-103　艺术横线绘制

(5) 在"字体"组选择"中文字体"为"仿宋","西文字体"为"Times New Roman";"字号"为"小四",最后调整文本框至合适位置,效果如图 3-104 所示。

图 3-104　报头效果图

2) 海报内容的排版

(1) 复制素材中的第 2 段文字(文字 2)的内容,将其粘贴至海报中,将标题字号设置为"四号",加粗,居中对齐,效果如图 3-105 所示。

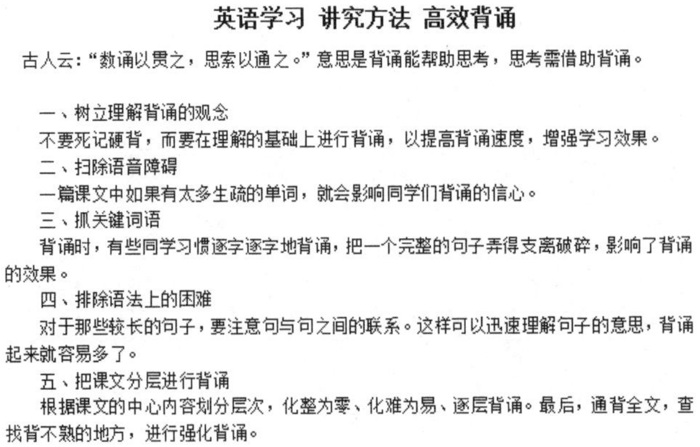

英语学习　讲究方法　高效背诵

古人云:"数诵以贯之,思索以通之。"意思是背诵能帮助思考,思考需借助背诵。

一、树立理解背诵的观念
不要死记硬背,而要在理解的基础上进行背诵,以提高背诵速度,增强学习效果。
二、扫除语音障碍
一篇课文中如果有太多生疏的单词,就会影响同学们背诵的信心。
三、抓关键词语
背诵时,有些同学习惯逐字逐字地背诵,把一个完整的句子弄得支离破碎,影响了背诵的效果。
四、排除语法上的困难
对于那些较长的句子,要注意句与句之间的联系。这样可以迅速理解句子的意思,背诵起来就容易多了。
五、把课文分层进行背诵
根据课文的中心内容划分层次,化整为零、化难为易、逐层背诵。最后,通背全文,查找背不熟的地方,进行强化背诵。

图 3-105　文字 2 格式设置效果图

(2) 单击"插入"选项卡，在"文本"组中选择"文本框"选项，在下拉列表中选择"绘制竖排文本框"命令，如图 3-106 所示。复制素材中的第 3 段文字(文字 3)，将其粘贴至竖排文本框中，效果如图 3-107 所示。

图 3-106　绘制竖排文本框

图 3-107　竖排文本框效果图

(3) 设置文本框的填充颜色和边框。选中文本框，单击"绘图工具格式"选项卡，然后单击"形状样式"组的扩展按钮，打开"设置形状格式"对话框(见图3-108)，选择"填充"→"渐变填充"，设置"艺术效果"为"雨后初晴"，选择"线型"选项，在"短划线类型"下拉列表框中选择"方点"，将"宽度"设为"0.75磅"。

图3-108　"设置形状格式"对话框

这时文字3的文本框位于文字2的上方，页面不够美观，为了使其达到效果图所示的效果，需要将文本框的布局类型进行调整。单击"绘图工具格式"选项卡，在"排列"组中选择"自动换行"选项，在下拉列表中选择"四周型环绕"，再调整文本框的位置和大小，效果如图3-109所示。

英语学习 讲究方法 高效背诵

古人云："数诵以贯之，思索以通之。"意思是背诵能帮助思考，思考需借助背诵。

一、树立理解背诵的观念

不要死记硬背，而要在理解的基础上进行背诵，以提高背诵速度，增强学习效果。

二、扫除语音障碍

一篇课文中如果有太多生疏的单词，就会影响同学们背诵的信心。

三、抓关键词语

背诵时，有些同学习惯逐字逐字地背诵，把一个完整的句子弄得支离破碎，影响了背诵的效果。

四、排除语法上的困难

对于那些较长的句子，要注意句与句之间的联系。这样可以迅速理解句子的意思，背诵起来就容易多了。

五、把课文分层进行背诵

根据课文的中心内容划分层次，化整为零、化难为易、逐层背诵。最后，通背全文，查找背不熟的地方，进行强化背诵。

图3-109　设置环绕方式后的效果图

(4) 将素材中的第 4 段文字(文字 4)粘贴至海报中，设置标题字体为"宋体"，字号为"四号"，加粗，正文为"小四""宋体"，在标题"青春之歌"前后方分别插入"★"符号，并将文字 4 分为两栏，中间有分隔线。

插入"★"符号的操作方法：将光标移至"青春之歌"前，单击"插入"选项卡，选择"符号"选项，在弹出的"符号"对话框中选择"★"符号，单击"插入"按钮，如图 3-110 所示。采用同样的操作插入另一个"★"符号。

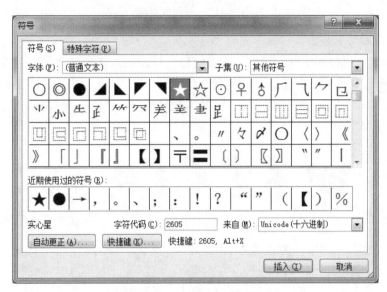

图 3-110　"符号"对话框

分栏操作方法：选中文字 4，单击"页面布局"选项卡，在"页面设置"组中选择"分栏"→"更多分栏"选项，打开"分栏"对话框，如图 3-111 所示，设置"栏数"为"2"，勾选"分隔线"复选框，单击"确定"按钮。分栏效果如图 3-112 所示。

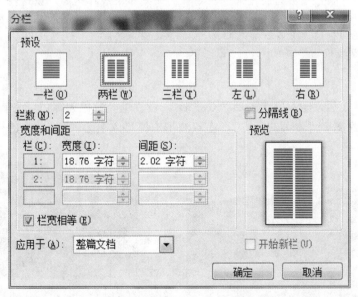

图 3-111　"分栏"对话框

★青春之歌★

青春在哪里？	不是夜空中的流星，
在春风秋月下，	敢用寂寞的坚持阐述执着；
在朦胧梦幻中？	青春啊，
在十年寒窗下度过，	不是花瓶里的摆设，
在风雨里程上奔波。	笑对空白的画卷挥洒七色。
青春啊，	

图 3-112　分栏效果图

3) 版面内容的制作

(1) 在文字 1 前按回车键，留出一定的空白区域，插入艺术字"数字图书室"，用前面介绍过的设置文本框布局类型方法设置版式为"四周型"，样式为第 4 行第 1 列，字体为"华文行楷"，字号为"36"，加粗、倾斜，填充颜色为红色，并调整其大小及位置。插入自选图形"爱心"，效果如图 3-113 所示。

图 3-113　艺术字样式效果图

(2) 设置文字 1 的字体为"楷体 GB2312"，字号为"小四"，首行缩进 2 字符，分两栏，无分隔线，效果如图 3-114 所示。

　　随着信息技术的发展，需要存储和传输的信息量越来越大，信息的种类和形式越来越丰富，传统图书馆的机制显然不能满足这些需要。因此，人们提出了数字图书馆的设想。

　　数字图书馆是一个电子化信息的仓库，能够存储大量各种形式的信息，用户可以通过网络方便地访问它，以获得这些信息，并且其信息存储和用户访问不受地域限制。

　　数字图书馆将包括多媒体在内的各种信息的数据化、存储管理、查询和发布集成在一起，使这些信息得以在网络上传播，从而最大限度地利用这些信息。

图 3-114　文字 1 设置效果图

(3) 在文字 1 后，插入自选图形"双波形"，设置填充颜色为绿色，边框颜色为深绿色，并在形状内输入文字"素菜的营养"，在双波形右侧插入名为"树.jpg"的图片，效果如图 3-115 所示。

图 3-115　形状及图片效果图

(4) 设置文字 2 的字体为"宋体"，字号为"小四"，首字下沉，下沉行数为 2 行，并插入"树叶"剪贴画。

首字下沉的操作方法：单击"插入"选项卡，在"文本"组中选择"首字下沉"选项，打开"首字下沉"对话框，如图 3-116 所示，在"位置"选项区域选择"下沉"，设置"字体"为"宋体"，"下沉行数"为"2"，其余采用默认设置。

剪贴画的插入：单击"插入"选项卡，选择"剪贴画"选项，输入"树叶"，设置其版式为"衬于文字下方"，效果如图 3-117 所示。

图 3-116　"首字下沉"对话框　　　　　　　　图 3-117　插入剪贴画效果图

(5) 表格也经常用于海报，对表格的操作主要包括表格的插入、编辑和美化。表格美化的对象主要包括表格中的文字、表格背景、表格边框等。

① 课表表头的制作：将光标定位于文字下方，插入图片"小花"，设置其环绕方式为"四周型"，并调整图片至合适位置。

插入艺术字"软件工程专业大一新生课程表"，设置版式为"四周型"，字体为"华文新魏"，字号为"二号"，加粗、倾斜，填充颜色为"深绿"。将"课程表"颜色修改为"深蓝色"，设置文字效果为"转换""下弯弧"。设置课表表头后的效果图如图 3-118 所示。

图 3-118　课表表头设置后的效果图

② 课表表格的制作：将光标定位于表头下方，插入课程表，绘制斜线表头，进行单元格合并和拆分操作，并设置相应的行高和列宽，得到的效果图如图 3-119 所示。

星期 时间		一	二	三	四	五
上午	1	高等数学	英语	高等数学	体育	思想品德
	2					
	3	计算机	线性代数	计算机	英语	高等数学
	4					
下午	5	大学物理	法律	英语听力	上机	计算机
	6					
	7			物理实验		
	8					

图 3-119　课表效果图

4. 小结

本案例的组织及排版主要用到文字、艺术字、图片、文本框、自选图形、表格等混合排版，还进行了分栏、首字下沉等操作。整个海报虽然看起来排版复杂，但所涉及的知识点并不难，只要将相关知识运用好，就可以顺利地完成排版工作。

5. 课后练习

制作一份"五四青年节"宣传海报，要求在海报中进行分栏、首字下沉等操作，并插入图片、剪贴画、形状、文本框，同时对其进行相应设置，使其美观大方。

3.3.5 案例 5——成绩通知单的制作

1. 案例背景及分析

成绩通知单用于检验大学生每个阶段的学习成果。学校每学期会给学生家长邮寄成绩单，以便于家长了解学生在校的学习状态。但大学学生人数众多，专业和课程门数也较多，若要一个一个地进行输入，工作量大且容易发生错误。利用 Word 软件的邮件合并功能可以快速生成学生成绩单，提高工作效率。

2. 相关知识与技能

1) 数据源

根据数据要求，设计并利用 Word、Excel 等表格形式的文件制作数据源。

2) 文字处理域

掌握域的概念和使用范围，学习简单域(时间、日期、目录、邮件合并等)的制作、插入、更新等操作。

3) 邮件合并操作

掌握利用邮件合并制作成绩通知单、录用通知书等各类需批量处理的文档的方法。

3. 实现方法与步骤

1) 选择数据源

(1) 在 Word 文档中创建表格形式的数据源文档，如图 3-120 所示。

序号	姓名	专业名称	班级名称	高等数学 I	大学计算机基础	大学英语 I	高等数学 II	C 语言程序设计	大学英语 II	大学物理	总分	总分排名
12015	姜凯	车辆工程	1801	99	92	88	89	92	88	89	637	1
12028	高峰	车辆工程	1801	96	64	88	91	64	88	91	582	2
12023	李子照	车辆工程	1801	81	93	73	81	93	73	81	575	4
12008	曹禺	车辆工程	1801	99	95	51	81	95	51	81	553	5
12027	何子豪	车辆工程	1801	71	76	86	92	76	86	92	579	3

图 3-120　数据源文档

注意：数据源中各个表头的信息一定要和模板文档的信息一致。

(2) 新建一个 Word 文档，在 Word 文档中输入模板文档信息(注意：需要变动的部分信息不输入)，如图 3-121 所示。

学 生 成 绩 通 知 单

尊敬的家长：

您好！

＿＿＿＿＿同学在我校＿＿＿＿＿专业＿＿＿＿＿班级已度过了一年的学习时光，如期完成了相关课程的学习，现将该同学在我校完成的基础课程学习情况向您汇报。

2021‑2022 学年成绩单

高等数学 1	大学计算机	大学英语 1	高等数学 2
C 语言程序设计	大学英语 2	大学物理	排名

西安科技大学高新学院

教务处

二〇二二年五月十一日

图 3-121　成绩通知单模板文档

2) 合并邮件

(1) 单击"邮件"选项卡，然后单击"选择收件人"下拉按钮，在下拉列表中选择"使用现有列表"命令，如图 3-122 所示。

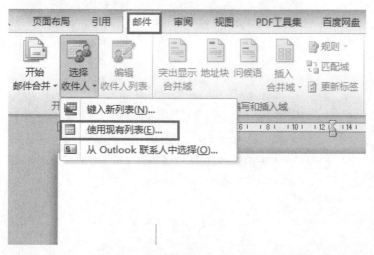

图 3-122　"选择收件人"列表

(2) 在弹出的"选取数据源"对话框中选择刚创建的数据源文件，单击"打开"按钮，如图 3-123 所示。

图 3-123　选择数据源文件

3) 合并域

将光标放在需要输入数据的位置，如"姓名"处，单击"邮件"选项卡，然后单击"插入合并域"下拉按钮，在下拉列表中依次选择相应的数据填写到模板文档中，如图 3-124 所示。

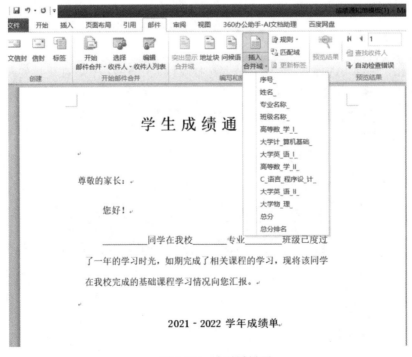

图 3-124　合并域设置

4) 合并输出

插入域操作完成后，单击"预览结果"按钮，预览合并域情况，然后单击"完成并合并"下拉按钮，在下拉列表中选择"编辑单个文档"命令，如图 3-125 所示，在弹出的对话框中选择"全部"。

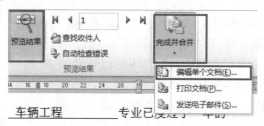

图 3-125　合并输出

邮件合并操作完成后我们会发现所有同学的成绩都生成了一个独立的成绩通知单。

4. 小结

案例的设计应用到了邮件合并的操作方法和技巧，需要我们掌握数据源与文字处理域的基本概念、制作方法以及邮件合并的具体操作。需要注意的是，邮件合并生成的"成绩通知单"等文档已不包含域的内容，因此已生成的"成绩通知单"的内容不再随着数据源的变化而变化。

运用邮件合并，可以快速准确地批量制作成绩通知单、录取通知书、贺卡、准考证等工作量大、重复率高的文件，极大地提高了我们的工作效率，因此邮件合并在日常工作学习中得到了广泛使用。

5. 课后练习

利用 Word 的邮件合并功能，制作本校的录取通知书，要求数据源信息的人数不得少于 5 人，有学生姓名、录取专业等信息，效果如图 3-126 所示。

录取通知书

　　　李四　　　同　学

你已经被我校　计算机科学与技术　专业录取，请持本通知书

于 2020 年 8 月 28 日到 9 月 1 日来我校注册报到。

西安科技大学高新学院

二〇二〇年八月二十二日

图 3-126　录取通知书效果图

3.3.6 案例6——毕业论文的综合排版

1. 案例背景及分析

撰写毕业论文(设计)是每个大学生毕业前要做的一项重要工作。毕业论文通常由题目、摘要、目录、引言、正文、结论、附录和参考文献构成，一般要求字数不少于10 000字，在注重内容的同时，对论文格式的规范性要求也很高。下面以长文档排版的实际流程为例，通过对论文的排版设计，对相关技巧及注意事项进行介绍。

学生在进行论文排版时，首先要有样式的概念，其次在做好论文样式的基础上，要掌握排版的一般技巧及知识，如题注及交叉引用、页码设置、页眉页脚设置、目录创建等。一般来说，页码设置中目录和索引部分应为罗马数字(如Ⅰ、Ⅱ、Ⅲ、Ⅳ、Ⅴ等)，正文部分采用阿拉伯数字，且起始页码从“1”开始。摘要、目录、正文每一章节首页均无页眉，而正文的奇数页与偶数页的页眉也是不同的，如图3-127和图3-128所示。目录是通过文字处理软件中的“插入目录”自动生成的，如图3-129所示。

第1章 绪论

变压器差动保护的范围是构成变压器差动保护的电流互感器之间的电气设备，以及连接这些设备的导线。由于差动保护对保护区外故障不会动作，因此差动保护不需要与保护区外相邻元件保护在动作值和动作时限上相互配合，所以在区内故障时，可以瞬时动作。

1.3 本课题的主要研究工作

图3-127 奇数页的页眉

西安科技大学高新学院本科毕业设计

电力差动保护是一种重要的保护方式，主要用于保护发电机、变压器、电动机以及高压馈线等电力设备。其基本原理是基于“电路中流入节点电流的总和等于零”的原理，通过比较被保护设备两端的电流差异来判断设备是否存在故障，并在必要时进行保护动作。

1.2 差动保护的研究现状

图3-128 偶数页的页眉

目录

第1章 绪论……1
1.1 本课题的研究目的和意义……1
1.2 差动保护的研究现状……2
1.3 本课题的主要研究工作……3
第2章 电流差动保护的原理和特点……4
2.1 电流差动保护的原理……4
2.2 差动保护特点……5
2.3 本章小结……5
第3章 国内外现有电流差动保护判据的研究……6

图3-129 论文的目录

2. 相关知识与技能

1) 内置样式

样式是应用于文档中的文本、表格和列表的一套格式特征，它是指一组已经命名的字符和段落格式。使用样式定义文档中的各级标题，如标题一、标题二、标题三等，就可以智能化地制作出文档的标题目录，从而减少许多重复的操作，在短时间内排出高质量的文档。

多级列表的设置(按多级符号进行各个级别的自动编号设置)是样式中最难的，也是最关键的，此处一错，后面全错。

2) 多级列表

多级列表指的是在段落前添加序号，如 1、1.1、1.1.1，它可以使文章自动分级并进行编号，不需要用户手动输入，也可以统一长文档的组织结构，在长文档排版中经常使用。

3) 题注及交叉引用

文档中要加题注的实例有给图形、表格、公式等加题注。题注的位置有专门规定，一般来说，图片及图形的题注标注在其下方，表格的题注标注在其上方。在论文中，一般要新建"图""表"两个标签。

交叉引用可以将文档中的插图、表格、公式等内容与相关正文的说明内容建立对应关系，既方便阅读，也可为编辑操作提供自动更新的便利。

4) 脚注与尾注

脚注与尾注都是对正文的补充，用于对正文中的词语提供解释或者相关的说明资料。脚注可以出现在文字下方，也可以出现在页面底端。当解释的内容较多时，一般使用尾注，将其放在文档的结尾。

5) 分节

节是独立的排版单元，如果忽略节，那么整个文档就是一节，这样的文档有一样的页面设置，相同的页眉、页脚内容，不便于文档的排版。分节时，要注意各种不同类型的分节之间的区别。

6) 生成目录

论文的目录是通过 Word 自动生成的。可以通过选中要索引的内容，同时按 Ctrl 键对生成的目录进行索引。

7) 页眉与页脚

页眉与页脚位于每一页的顶部和底部，一般在页眉中插入文档标题或者公司名称以及 LOGO 图标，在页脚处插入当前页的页码。默认格式的文档其所有页自始至终是同一个页眉和页脚。根据需要，可以在不同的节设置不同的页眉和页脚，也可以在奇数页和偶数页设置不同的页眉和页脚，还可以在第一页上使用不同的页眉和页脚。

3. 实现方法和步骤

1) 导航窗格的显示

导航窗格为 Word 2010 新增加的功能之一，是一种可容纳许多重要标题的导航控件、节省界面空间、利于用户轻松编辑长文档的显示模式。通过导航窗格，我们可快速查看各级标题的层次，易于理清当前文档的整体结构。打开导航窗格的方法是单击"视图"选项卡，在"显示"组中勾选"导航窗格"复选框，在视图窗口左侧会增加一列"导航"窗格，如图 3-130 所示。

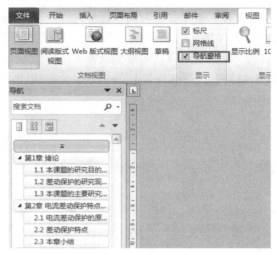

图 3-130 "导航"窗格

2) 多级列表的设置及应用

将论文中红色显示的文字设置为一级列表，样式为第 X 章，黑体，三号，居中对齐，标题一。将论文中蓝色显示的文字设置为二级列表，样式为 1.1，宋体，小三，加粗，左对齐，缩进 0.75 厘米，标题二。将论文中绿色显示的文字设置为三级列表，样式为 1.1.1，宋体，四号，加粗，左对齐，缩进 1.5 厘米，标题三。

(1) 打开"毕业论文原文.docx"，单击"开始"选项卡，选择"多级列表"选项，在下拉列表中选择"定义新的多级列表"，如图 3-131 所示。

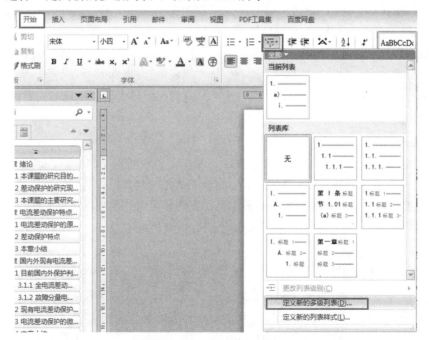

图 3-131 定义新的多级列表

(2) 在打开的"定义新多级列表"对话框中单击左下角的"更多"按钮，右侧会增加扩充选项，此时"更多"按钮变为"更少"按钮，如图 3-132 所示。

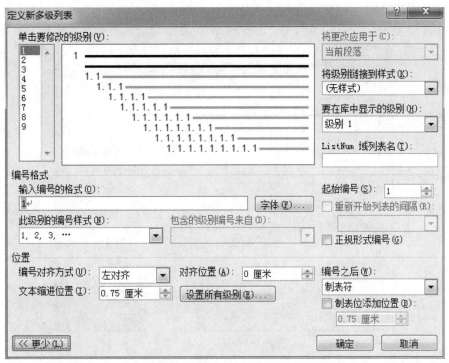

图 3-132　"定义新多级列表"对话框

(3) 选中"绪论"，选择"单击要修改的级别"列表中的"1"，在"输入编号的格式"文本框中的"1"前后分别输入"第"和"章"，单击"字体"按钮，将字体设置为"黑体"，选择"字号"为"三号"；将"编号对齐方式"设置为"居中"，在"将级别链接到样式"下拉列表框中选择"标题 1"，在"要在库中显示的级别"下拉列表框中选择"级别 1"，如图 3-133 所示。

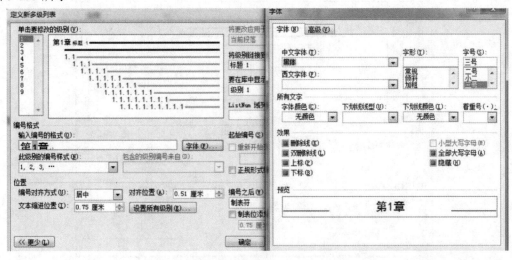

图 3-133　设置一级列表

(4) 选择"单击要修改的级别"列表中的"2",这时编号格式为"1.1",与我们的要求一致,不再对其格式进行修改,只需要更改字体、字号以及对其方式即可。单击"字体"按钮,将字体设置为"宋体",选择"字号"为"小三",加粗;将"编号对齐方式"设置为"左对齐",选择"对齐位置"为"0.75 厘米",在"将级别链接到样式"下拉列表框中选择"标题 2",在"要在库中显示的级别"下拉列表框中选择"级别 2",如图 3-134 所示。

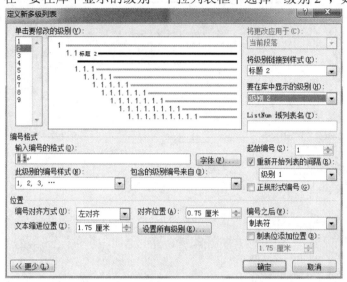

图 3-134　设置二级列表

(5) 选择"单击要修改的级别"列表中的"3",这时编号格式为"1.1.1",操作方法同二级列表一致,将字体设置为"宋体",选择"字号"为"四号",加粗;将"编号对齐方式"设置为"左对齐",选择"对齐位置"为"1.5 厘米",在"将级别链接到样式"下拉列表框中选择"标题 3",在"要在库中显示的级别"下拉列表框中选择"级别 3",如图 3-135所示。最后单击"确定"按钮。

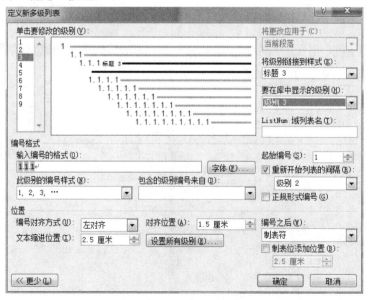

图 3-135　设置三级列表

3) 样式的应用

多级列表样式设置好后，分别单击各个标题，在样式库中选择相对应的标题，将其应用到全部论文中，效果如图 3-136 所示。

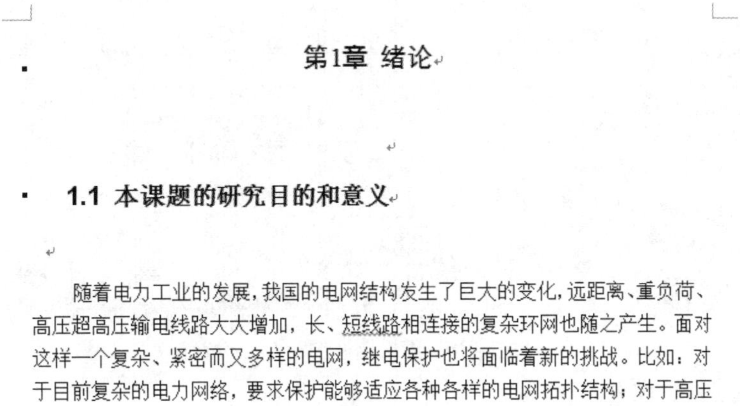

第1章 绪论

1.1 本课题的研究目的和意义

随着电力工业的发展,我国的电网结构发生了巨大的变化,远距离、重负荷、高压超高压输电线路大大增加, 长、短线路相连接的复杂环网也随之产生。面对这样一个复杂、紧密而又多样的电网,继电保护也将面临着新的挑战。比如:对于目前复杂的电力网络,要求保护能够适应各种各样的电网拓扑结构;对于高压

图 3-136　样式应用效果

4) 题注及交叉引用的添加

在 Word 里添加题注主要用来给图片、表格、图表、公式等项目添加名称和编号。使用题注功能可以保证长文档中的图片、表格或图表等项目能够按顺序自动编号。当移动、插入或删除带题注的项目时，Word 可以自动更新题注的编号。另外，若某一项目带有题注，则可以对其进行交叉引用。

(1) 设置表格题注。

将光标移到文档的开头，然后将其向下移动找到表格，并将光标移到表格左上角的四方形箭头处，单击鼠标左键，选中表格，单击"引用"选项卡，在"题注"组中选择"插入题注"选项，弹出"题注"对话框。若"标签"下拉列表框中没有标签"表"，则单击"新建标签"按钮，在弹出的"新建标签"对话框的"标签"文本框中输入"表"，单击"确定"按钮，建立标签"表"，如图 3-137 所示。回到"题注"对话框，在"位置"下拉列表框中选择"所选项目下方"。

图 3-137　表格题注设置

单击"编号"按钮，在弹出的"题注编号"对话框中勾选"包含章节号"复选框，单击"确定"按钮，回到"题注"对话框，最后单击"确定"按钮，如图 3-138 所示，完成该表格的题注设置。采用同样的方法可设置其他表格的题注。

图 3-138　表格题注的章节号设置

(2) 图片题注的设置。

单击选中图片，单击"引用"选项卡，在"题注"组中选择"插入题注"选项，弹出"题注"对话框。若"标签"下拉列表框中没有标签"图"，则单击"新建标签"按钮，在弹出的对话框的"标签"文本框中输入"图"，单击"确定"按钮，建立标签"图"；回到"题注"对话框，在"位置"下拉列表框中选择"所选项目下方"。单击"编号"按钮，在弹出的"题注编号"对话框中勾选"包含章节号"复选框，单击"确定"按钮，回到"题注"对话框，最后单击"确定"按钮，如图 3-139 所示，完成该图片的题注设置。采用同样的方法可设置其他图片的题注。

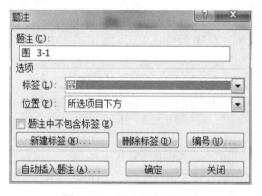

图 3-139　图片题注的设置

(3) 设置交叉引用。

交叉引用是对 Microsoft Word 文档中其他位置的内容的引用。例如，可为标题、脚注、书签、题注、编号段落等创建交叉引用。创建交叉引用之后，可以改变交叉引用的引用内容。

将光标移至要进行交叉引用的位置(下面以摘要中的"高压线路电流差动保护"为例)，在"保护"后面输入"详见节"，并将光标移动至"见"和"节"之间，单击"引用"选项卡，在"题注"组中选择"交叉引用"选项，弹出"交叉引用"对话框，如图 3-140 所示。在"交叉引用"对话框中的"引用类型"下拉列表框中选择"编号项"，在"引用内容"下拉列表框中选择"段落编号"，在"引用哪一个编号项"列表框中选择"2.1 电流差动保护的原理"，单击"插入"按钮。

这时在"见"和"节"之间会出现"2.1"的字样，按住 Ctrl 键，单击此处，会自动跳转到 2.1 节。创建交叉引用后的效果如图 3-141 所示。

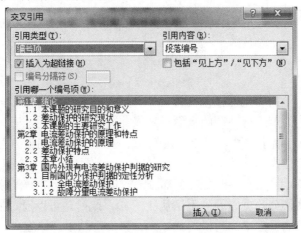

图 3-140　"交叉引用"对话框

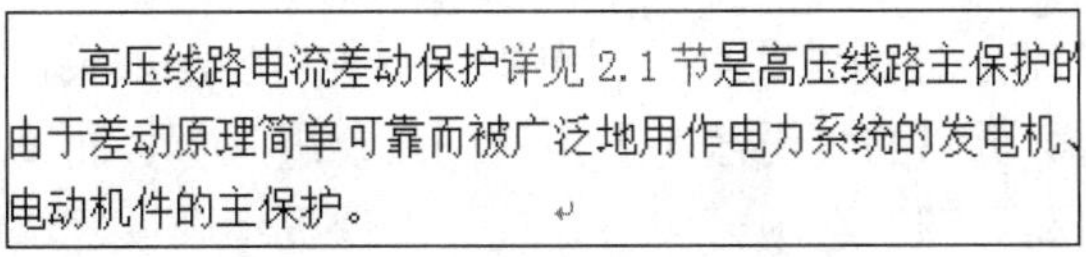

高压线路电流差动保护详见 2.1 节是高压线路主保护的由于差动原理简单可靠而被广泛地用作电力系统的发电机、电动机件的主保护。

图 3-141　交叉引用效果图

5) 脚注及尾注的插入

在正文中第一次出现"许继"的地方插入脚注，添加文字"许继集团是一家电力装备的制造和系统解决方案的提供商，成立于 1993 年，总部位于河南省许昌市。"。

在 Word 里单击"开始"选项卡，选择"编辑"组的"查找"命令，找到正文中的"许继"，将光标定位于此处，单击"引用"选项卡，选择"脚注和尾注"选项，弹出"脚注和尾注"对话框，在"位置"选项区域下选择"脚注"为"页面底端"，其余格式选择默认，如图 3-142 所示。

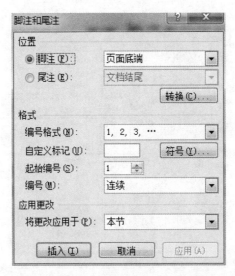

图 3-142　"脚注和尾注"对话框

单击"插入"按钮，在页面底端会出现"1"，在后面输入相应的文字，效果如图 3-143 所示。

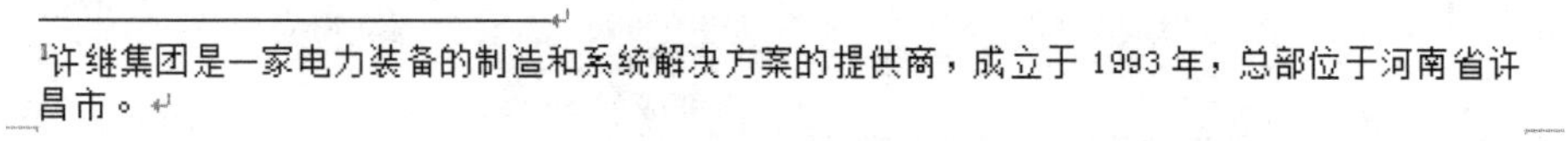

许继集团是一家电力装备的制造和系统解决方案的提供商，成立于 1993 年，总部位于河南省许昌市。

图 3-143　脚注效果图

6) 分节符的插入

分节符是为表示节的结尾而插入的标记。分节符不仅可以将文档内容划分为不同的页面，还可以针对不同的节进行不同的页面设置操作。

(1) 文档编排中，由于首页、目录等的页眉、页脚、页码的设置与正文部分不相同，因此将首页、目录等作为单独的节。

(2) 文档包括首页、目录和正文三个部分。一般情况下，若统一设置页码，所有页面按顺序编号，则正文部分的页码编号无法从 1 开始。此时，可以通过插入分节符将文档分成若干节，设置每节的页面格式为横向或纵向，正文可从 1 开始编号。

(3) 如果文档共有 3 章，每一章的页眉不同，那么每一章都应该是一节(每一章的前后都应该插入分节符)，每一节应分别设置页眉、页脚。更进一步，如果需要设置第一章的奇数页码的页眉在右上角，偶数页码的页眉在左上角，则需要进入"页面设置"对话框，单击"版式"选项卡，在"页眉和页脚"选项区域下勾选"奇偶页不同"复选框，并在最下端的"应用于"下拉列表框中选择"本节"选项。

将光标移到目录与第 1 章的交接处(目录的末尾行与第 1 章的第一行之间)，单击"页面布局"选项卡，选择"页面设置"组中的"分隔符"，在下拉列表中选择"下一页"选项，如图 3-144 所示，就可以将目录与第 1 章分成不同的节，且第 1 章一定从第 1 页开始。采用同样的方法可以将全文分成很多个节。

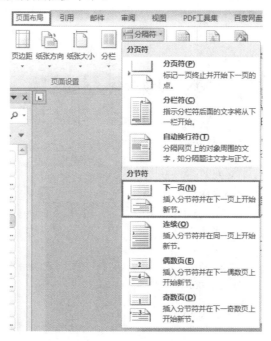

图 3-144　插入分节符

7)　目录的生成

将光标移至正文的开头，输入"目录"，先插入分节符，然后单击"引用"选项卡，选择"目录"选项，在下拉列表中选择"插入目录"，如图 3-145 所示。这时会弹出"目录"对话框，在对话框中设置是否显示页码、页码是否右对齐、目录制表符前导符格式、显示级别和格式等，目录默认显示级别为 3 级，页码右对齐，如图 3-146 所示，设置好后单击"确定"按钮，可以自动生成论文的目录。

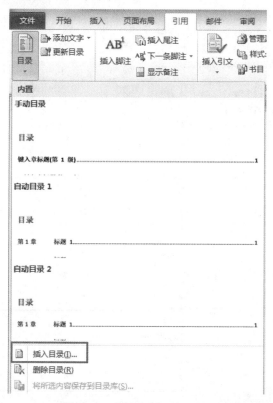

图 3-145　"目录"下拉列表

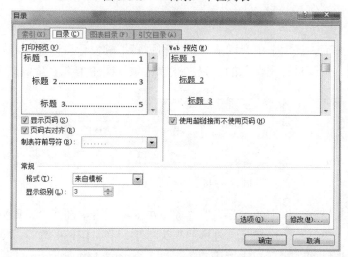

图 3-146　"目录"对话框

8) 页码的设置

对于论文的页码，按照通常规定，正文前的摘要、关键字及其译文的页码一般用罗马数字，正文的页码用阿拉伯数字。

(1) 设置目录及摘要部分页码。

将光标移至摘要部分，单击"插入"选项卡，选择"页眉和页脚"组中的"页码"选项，在下拉列表中选择"设置页码格式"，设置完成后，继续选择"页面底端"→"普通数字2"，如图3-147所示。

图3-147 "页码"下拉列表

设置页脚样式后，选项卡中会增加"页眉和页脚工具设计"选项卡，如图3-148所示，此时可以对页眉、页脚进行更深入的设置。在"选项"组中勾选"奇偶页不同"复选框。

图3-148 "页眉页脚工具设计"选项卡

单击"页眉和页脚"组中的"页码"选项，在下拉列表中选择"设置页码格式"选项，打开"页码格式"对话框，选择"编号格式"为"Ⅰ，Ⅱ，Ⅲ，…"，在"页码编号"下单击"续前节"单选按钮，最后单击"确定"按钮，如图3-149所示。

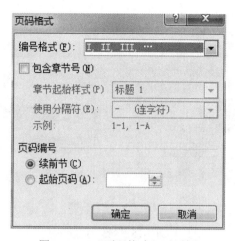

图 3-149　"页码格式"对话框

(2) 正文页码的设置。

正文页码的设置同目录和摘要页码的设置基本一致，将光标移至第 1 章页脚位置，单击"页眉和页脚"组中的"页码"选项，在下拉列表中选择"页面底端"→"普通数字 2"选项。需要注意的是，这时在"选项"组中勾选"首页不同"复选框，然后选择"页码"→"设置页码格式"，在弹出的"页码格式"对话框中选择"编号格式"为"1，2，3，…"，将"页码编号"选项区域的"起始页码"设置为"1"，单击"确定"按钮，如图 3-150 所示。

图 3-150　正文页码格式设置

这时我们观察正文会发现，只有第 1 章的页码设置好了，后面的页码均没有设置，这是因为在"设计"选项卡中勾选了"首页不同"选项，相当于仅设置了首页页码，余下的页码只需要依次在第 2 页(偶数页)和第 3 页(奇数页)页脚处依次单击"插入页码"选项，即可完成全篇文档的页码设置。

(3) 目录的更新。

因原创建的目录页码是从"4"开始的，故在设置好页码后，我们要对目录页码进行更新。单击"引用"选项卡，在"目录"组中选择"更新目录"选项，在弹出的"更新目录"对话框中单击"只更新页码"单选按钮，最后单击"确定"按钮，如图 3-151 所示。更新后的目录页码从 1 开始，如图 3-152 所示。

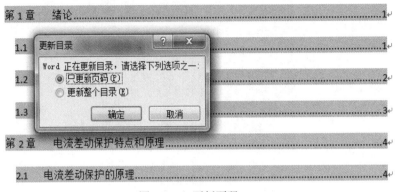

图 3-151　更新页码

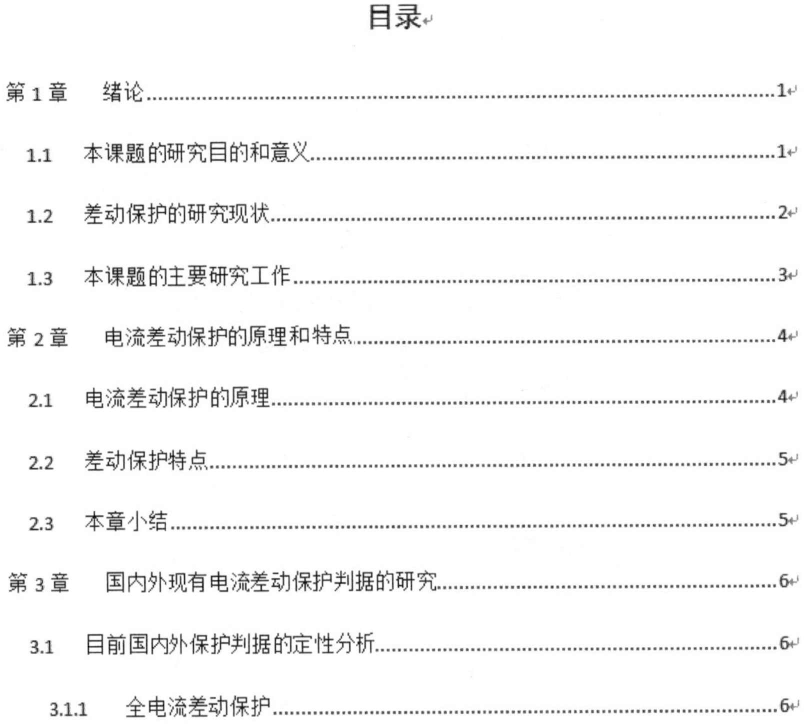

<h2 style="text-align:center">目录</h2>

图 3-152　页码更新效果图

9) 页眉的设置

根据案例要求，摘要、目录和正文每一章首页都没有页眉，奇数页和偶数页的页眉也有所区别。为了达到所需效果，我们要对文档进行一些设置。

(1) 设置摘要、目录、章节首页页眉。

摘要、目录、章节首页均没有页眉，可以用"首页不同"这个选项进行设置。采用设置分节符的方法将光标依次置于摘要与目录、目录与正文之间，单击"页面布局"选项卡，选择"分节符"→"下一节"，将光标移动至摘要上方页面处，在"设计"选项卡中勾选"首页不同"复选框，这时页面会显示"首页页眉"，如图 3-153 所示。

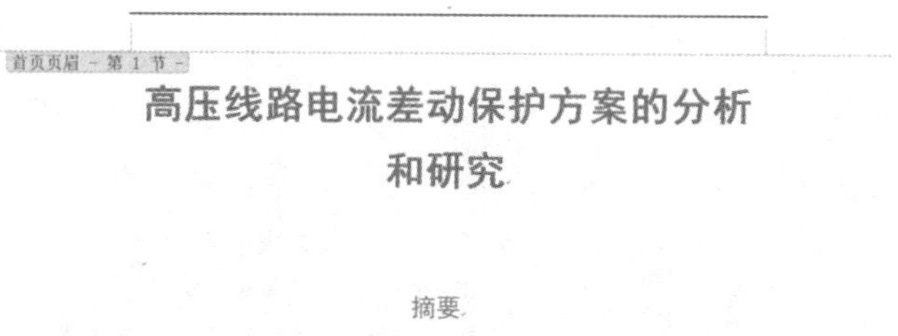

高压线路电流差动保护方案的分析
和研究

摘要

图 3-153　首页页眉设置

我们可以用同样的方法将英文摘要、目录、每一章首页进行分节符设置。

(2) 奇偶页页眉的设置。

由案例要求得知，奇偶页虽然都有页眉，但页眉内容不同。下面我们先设置偶数页页眉，偶数页页眉内容为"西安科技大学高新学院本科毕业设计"，将光标定位在第 2 页(偶数页)页眉处，单击"页眉和页脚工具设计"选项卡，选择"页眉"→"编辑页眉"，如图 3-154 所示，然后输入"西安科技大学高新学院本科毕业设计"。

图 3-154　编辑偶数页页眉

奇数页页眉可按照同样的方法设置，但需要注意，奇数页页眉的内容为论文每一章的标题，与偶数页页眉的内容是有所区别的，所以在输入第 2 章奇数页页眉"第 2 章　电流差动保护的原理和特点"时要将"页眉和页脚工具设计"选项卡的"导航"组中"链接到前一条页眉"的设置去掉，如图 3-155 所示。这样第 1 章的奇数页页眉就不会随着第 2 章页眉的输入内容发生变化了，其余章节的奇数页页眉可按照同样的方法进行设置。

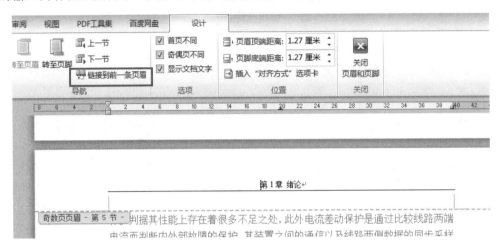

图 3-155　编辑奇数页页眉

4. 小结

Word 的长文档排版是 Word 文字处理软件学习中的重点和难点。一方面，它几乎包揽了教材或论文排版的所有操作，因而是学习的重点内容；另一方面，学习时很难一次性学会这些内容，需要反复多次练习方可掌握，因而又是学习的难点内容。还有在排版中最容易出错的是样式中的自动编号，在设置中如果缺少某个环节，则很容易导致应用时出错或作题注时找不到相关的章节号。另外，在插入页眉及页脚时奇偶页不同也是不容易掌握的，且插入页眉页脚时有可能出现因与上一节相同而设置成前后相同的现象。

5. 课后练习

对"长文档排版课后练习.docx"进行排版，其排版要求如下：

(1) 纵向打印，页边距的要求：上(T)为 2.5 cm，下(B)为 2.5 cm，左(L)为 2 cm，右(R)为 2 cm，装订线(T)为 0.5 cm，装订线位置(T)为左。

(2) 文字图形一律从左至右横写横排。

(3) 文本内容采用多倍行距，设置为"1.25"，其余采用系统默认设置。

(4) 封面、封底采用统一格式。

(5) 字体和字号设置如下：

文章题目：楷体 GB2312，一号，居中。

摘要：题头为黑体，三号，居中；隔行用宋体、小四号书写内容部分。

关键词：题头为宋体，小四号，左侧顶格；在同一行用宋体、小四书写关键词，各词之间用分号隔开。

英文题目、摘要、关键词参照中文题目、摘要、关键词的样式书写。

目录：题头为黑体，小三，居中；内容为宋体，小四，左右对齐，中间隔以小圆点。

正文：宋体，小四。

一级题序及标题：黑体，三号。

二级题序及标题：黑体，小三。

三级题序及标题：黑体，四号。

四级题序及标题：黑体，小四。

表序及表题：宋体，小五。

图序及图题：宋体，小五。

注释(文科类论文会用到注释)：序号用①、②、③等数码表示，采用上标符号；文字内容为宋体，小五，标注于该页面的下端。

参考文献题头为黑体，小四，居中；隔行用宋体、五号书写内容，内容左对齐。

(6) 中文摘要和关键词、英文摘要和关键词以及目录单独成页，不编页码。正文中的不同章节内容要分页编排。

本 章 小 结

本章对 Word 2010 和 WPS(文字)2019 这两个文字处理软件进行了介绍，包括文字处理软件概述、文档的基本操作与编辑、图形的使用、表格的制作与应用、图文混排、邮件合并等。对其中主要项目都介绍了其主要功能和实现方法，这是创建应用文档的基础。长文档处理是学习与操作的难点。另外还有一些特殊版式文档的处理需要多加练习，以逐步提高文字处理能力。

自 测 题

一、填空题

1. 按快捷键_____可新建文档，按快捷键_____可关闭文档。

2. 按快捷键_____可复制文本，按快捷键_____可粘贴文本。

3. 按快捷键_____可撤销上一步操作，按快捷键_____可恢复或重复操作。

4. 在编辑文档时，为避免文档意外丢失，可用快捷键_____存盘。

5. 文字处理软件中的段落对齐方式有_____、_____、_____、_____、_____等，其中_____是系统默认的对齐方式。

二、选择题

1. 在 Word 2010 中，(　　)视图方式可以显示出页眉和页脚。

A. 普通　　　　　　B. 页面　　　　　　C. 大纲　　　　　　D. 阅读版式

2. 在 Word 2010 中，要把全文都选中，可用的快捷键为(　　)。

A. Ctrl + S　　　　B. Ctrl + A　　　　C. Ctrl + V　　　　D. Ctrl + C

3. 下列关于文档窗口的说法中正确的是(　　)。

A. 只能打开一个文档窗口

B. 可以同时打开多个文档窗口，被打开的窗口都是活动窗口

C. 可以同时打开多个文档窗口，但其中只有一个是活动窗口

D. 可以同时打开多个文档窗口，但在屏幕上只能见到一个文档的窗口

4. 在 Word 2010 中，若输入文字后原来的文字被覆盖了，则说明该 Word 文档目前处于( )状态。

    A. 编辑   B. 改写   C. 插入   D. 修改

5. Word 2010 中的左右页边距是指( )。

    A. 正文和显示屏左右之间的距离   B. 屏幕上显示的左右两边的距离

    C. 正文到纸的左右两边之间的距离   D. 正文和 Word 左右边框之间的距离

6. Word 2010 有记录最近使用过的文档功能。如果用户出于保护隐私的要求需要将文档使用记录删除，则可以在打开的"文件"菜单中选择"选项"命令中的( )进行操作。

    A. 常规   B. 保存   C. 显示   D. 高级

7. 在 Word 2010 中查找和替换正文时，若操作错误，则( )。

    A. 无可撤回   B. 必须手工恢复

    C. 可用"撤销"来恢复   D. 不确定

8. 如果文档很长，那么用户可以用 Word 2010 提供的( )技术，同时在两个窗口中滚动查看同一文档的不同部分。

    A. 拆分窗口   B. 滚动条   C. 排列窗口   D. 帮助

9. Word 2010 软件处理的主要对象是( )。

    A. 表格   B. 文档   C. 图片   D. 数据

10. Word 2010 的扩展名为( )。

    A. .doc   B. .docx   C. .doct   D. .xls

三、简答题

1. 简述创建新文档的具体方法。

2. 简述在文档中插入表格的具体方法。

四、上机操作题

编辑一篇名为"产品说明"的文档，在文档中输入文本，并对文本的字符格式和段落格式进行设置，在文档中插入图片、表格和艺术字，对文档进行页面设置，然后保存、预览和打印文档。

拓展阅读

    随着我国对办公软件发展的大力支持，国家出台了一系列鼓励创新的政策，为办公软件的发展提供了良好的政策环境。近年来相继出现了金山 WPS Office、红旗 Office、永中集成 Office 等一系列国产办公软件。其中，金山软件股份有限公司自主研发的 WPS Office 从 1989 年的 WPS1.0 版本问世至今，以其独特的优势在国产办公软件中站稳了脚跟，目前已成为国产办公软件的龙头产品。

    与 Microsoft Office 相比，WPS Office 具有内存占用低、运行速度快等优点，同时拥有强大的插件平台支持以及提供免费的海量在线存储空间和文档模板等，并且可以兼容 Windows、Linux、Android、iOS 等多种操作系统与平台。2011 年，金山率先发布了 WPS 移动端，并以每月更新的速度不断优化，相比之下，微软公司在两年后才发布了 iOS 版

Office，安卓版本的发布更是推迟到了 2015 年 6 月，这也促使 WPS 移动端的用户数量有了显著提升。截至 2017 年，WPS Office 的 PC 端与移动端用户双过亿，遥遥领先于其他国产办公软件。

WPS Office 的优点可概括为以下几点：

(1) 兼容性强。WPS Office 可在 Windows 和 Linux 操作系统上运行，包含 WPS 文字、WPS 表格、WPS 演示三大功能模块，可以正常读取和保存 Microsoft Office 格式文件。在使用习惯和界面功能上，WPS Office 与 Microsoft Office 深度兼容。此外，WPS Office 对于 HTML、TXT 和 RTF 等常见的文件格式也互相兼容。

(2) 体积小。WPS Office 的安装文件大小为 60 MB，仅为 Microsoft Office 的 1/12，它在不断优化的同时，体积依然保持小于同类软件，几分钟即可完成下载安装。

(3) "云"办公。WPS Office 提供多种文件传输方式，支持金山快盘、Dropbox 等多种主流网盘，具有文档漫游功能，文档会自动上传到云端，方便用户在不同的平台和设备中快速访问，用户还可以追溯同一文档的不同历史版本，实现随时随地"云"办公。

第4章 电子表格处理软件 Excel 2010

在工作、生活高度数字化的今天，人们需要整理、统计和分析各种数据，而现实生活中的各种数据一般都是以表格的形式呈现的，通常把分析、统计数据的软件称为电子表格软件。Excel 2010 是一套功能强大、操作简易的电子表格软件，可完成数据的输入、统计、分析等多项工作，可生成精美直观的表格、图表，有助于有效地建立与管理各种数据资料。

学习目标

➢ 掌握电子表格的创建与编辑方法。
➢ 掌握电子表格中工作簿、工作表和单元格的概念与操作方法。
➢ 掌握工作表中数据的处理与应用方法。
➢ 掌握电子表格的页面设置等操作方法。

学习难点

➢ 数据计算公式和函数的应用。
➢ 数据的管理、统计及分析。

4.1 Excel 2010 概述

Excel 2010 是 Microsoft 公司推出的 Office 2010 系列办公软件中的一款非常优秀、应用非常广泛的电子表格和数据分析软件，其功能强大，操作界面合理且易用，可以用来完成不同的表格处理和数据分析工作。

4.1.1 启动与退出

在 Excel 2010 中，启动和退出是两种最基本的操作。Excel 2010 必须在启动后才能使用，使用完毕应退出，以释放占用的系统资源。

常用以下三种方法来启动 Excel 2010。

(1) 通过"开始"菜单启动。单击计算机桌面任务栏左端的"开始"按钮，选择"所有程序"→"Microsoft Office"→"Microsoft Excel 2010"，即可启动该应用程序，如图 4-1 所示。

(2) 通过快捷方式启动。双击 Excel 2010 应用程序快捷图标即可启动 Excel 2010。

(3) 通过工作簿文件启动。双击"我的电脑"，查找工作簿文件，找到该文件后，双击该工作簿文件即可启动 Excel 并打开该工作簿文件。

退出 Excel 2010 有以下三种方法：

(1) 选择"文件"菜单中的"退出"命令。

(2) 单击 Excel 窗口右上角的"关闭"按钮。

(3) 单击 Excel 窗口左上角的控制菜单图标，从下拉菜单中选择"关闭"命令。

图 4-1　通过"开始"菜单启动 Excel 2010

4.1.2　工作界面

在 Excel 2010 中，Ribbon(功能区)的功能更强，用户可以设置的东西更多，使用更加方便。启动 Excel 2010 以后，就可见到如图 4-2 所示的工作界面。

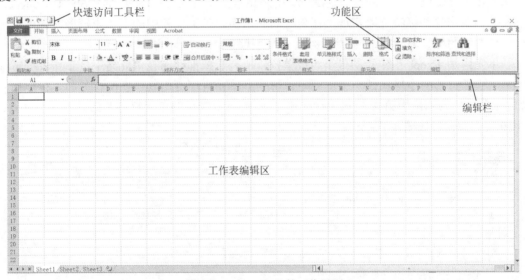

图 4-2　Excel 2010 的工作界面

(1) 快速访问工具栏：该工具栏位于工作界面的左上角，包含一组用户使用频率较高的工具，如"保存""撤销"和"恢复"。用户可单击"快速访问工具栏"右侧的下拉按钮，在展开的列表中选择要在其中显示或隐藏的工具按钮。

(2) 功能区：位于标题栏的下方，是一个由若干个选项卡组成的区域。Excel 2010 将用于处理数据的所有命令置于这若干个不同的选项卡中。单击不同的选项卡，可切换功能区中显示的工具命令。而这若干个不同的选项卡又被分类放置在不同的组中。组的右下角通常都会有一个对话框启动器按钮，用于打开与该组命令相关的对话框，以便用户进行更进一步的设置。

(3) 编辑栏：主要用于输入和修改活动单元格中的数据。当选中工作表的某个单元格或在某个单元格中输入数据时，编辑栏会同步显示该单元格中输入的内容。

(4) 工作表编辑区：用于显示或编辑工作表中的所有数据。

在使用 Excel 的过程中，只需按组合键 Shift+F1，然后单击工具栏按钮或屏幕区，就会弹出一个帮助窗口，该窗口显示有关的帮助信息。

4.1.3　基本概念

在 Excel 中，用户接触最多的就是工作簿、工作表和单元格。工作簿就像是我们日常生活中的账本，而工作表就是账本中的每一页账表，单元格就是账表的一格，因此工作表中包含了数以百万计的单元格。

在 Excel 中生成的文件叫作工作簿，Excel 2010 的文件扩展名是“.xlsx”。也就是说，一个 Excel 文件就是一个工作簿。

工作表是显示在工作簿窗口中由行和列构成的表格。它主要由单元格、行号、列标和工作表标签等组成。行号显示在工作表窗口的左侧，依次用数字 1，2，…表示；列标显示在工作表窗口的上方，依次用字母 A，B，…表示。默认情况下，一个工作簿包含 3 个工作表，用户可以根据需要添加或删除工作表。

工作表标签位于工作簿窗口的底部，用来显示工作表的名称(初始显示 Sheet1、Sheet2、Sheet3)，单击这些标签可以实现工作表之间的切换。当工作簿中的工作表较多时，可单击标签栏左侧的标签滚动按钮使标签滚动，从而找到所需的工作表标签。

单元格是 Excel 工作簿的最小组成单位，所有数据都存储在单元格中。工作表编辑区中每一个长方形的小格就是一个单元格，每一个单元格都可用其所在的行号和列标标识，如 A1 单元格表示位于第 A 列第 1 行的单元格，被黑框套住的单元格称为活动单元格。Excel 2010 工作簿窗口如图 4-3 所示。

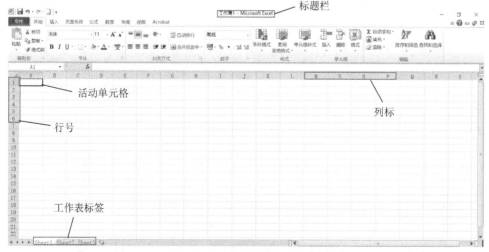

图 4-3　Excel 2010 工作簿窗口

4.2　Excel 2010 的基本操作

Excel 中的工作表都在工作簿中，工作簿由一个或多个工作表组成，每个工作表又由若干个单元格组成。

4.2.1　工作簿的基本操作

工作簿是用于计算和存储数据的文件，一个工作簿就是一个 Excel 文件，其扩展名为 ".xlsx"。一个工作簿可以包含多个工作表，这样可使一个文件中包含多个类型的相关信息，用户可以将若干相关工作表组成一个工作簿，这样在操作时不必打开多个文件，即可直接在同一文件的不同工作表中方便地切换。

由于 Excel 中的工作簿是以文件形式存在的，而工作表又存在于工作簿中，因此新建、保存、打开和关闭文件实际上就是新建、保存、打开和关闭工作簿。

1. 新建工作簿

启动 Excel 2010 时可以自动创建一个空白工作簿。除了启动 Excel 可以新建工作簿，在编辑过程中还可以直接创建空白的工作簿，也可以根据模板来创建带有样式的新工作簿。如果要创建一个基于模板的工作簿，则可选择"会议议程"等模板，然后单击"创建"按钮，如图 4-4 所示。利用模板可以快速建立具有专业水准的工作簿，且可节省设计工作簿样式的时间。

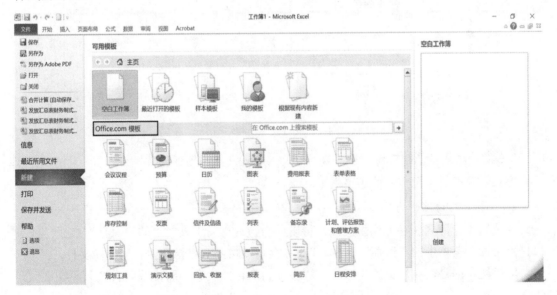

图 4-4　"新建工作簿"窗口

2. 保存工作簿

保存工作簿就是将工作簿中的工作表存储在磁盘上。Excel 工作簿的扩展名为 ".xlsx"，而文件的主名应根据助记原则来定，命名时要注意名字不要太长，最长不要超过 256 个字符，一般控制在 31 个字符之内。

1) 保存新建的工作簿

要保存新建的工作簿，可以单击快速访问工具栏上的"保存"按钮，也可以选择"文件"菜单中的"保存"或"另存为"命令，弹出一个"另存为"对话框，如图 4-5 所示。在保存位置列表框中选择工作簿的保存位置，在"文件名"文本框中输入保存的工作簿名，然后单击"保存"按钮。

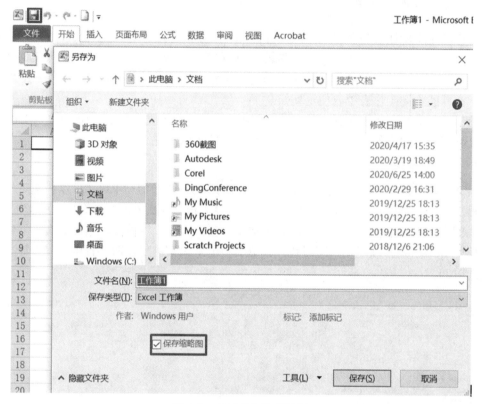

图 4-5　"另存为"对话框

勾选图 4-5 中的"保存缩略图"选项可以使 Excel 工作簿像图片文件一样在"缩略图"查看方式下直接显示工作表的预览效果。

2) 按原工作簿名保存

要按原工作簿名保存工作簿文件，可以单击快速访问工具栏上的"保存"按钮，或者选择"文件"菜单中的"保存"命令，Excel 会自动按原工作簿名保存工作簿文件。

应该注意的是，在编辑工作表的过程中，为防止发生意外而使数据丢失，应经常保存工作簿。

3) 更名保存

若要将当前工作簿更名后保存到另一个工作簿文件中，则应选择"文件"菜单中的"另存为"命令。更名保存的过程与保存新建工作簿的过程相同。

4) 关闭并保存

单击窗口右边的"关闭"按钮，将弹出提示框，询问用户是否保存对"工作簿 2"的更改，根据需要单击相应按钮，如图 4-6 所示。

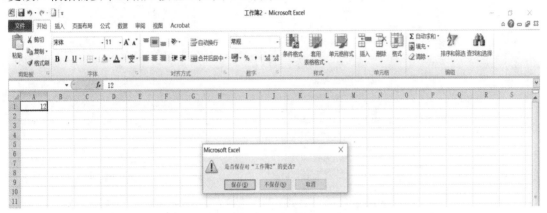

图 4-6　"是否保存对'工作簿 2'的更改"提示框

3. 打开现有的工作簿

打开现有的工作簿，即打开一个已经存在的 Excel 文件。可以通过以下方式打开保存在硬盘上的工作簿。

(1) 在资源管理器或"我的电脑"中找到需要打开的工作簿，双击该工作簿文件图标即可打开该工作簿。

(2) 打开 Excel 应用软件，选择"文件"菜单中的"打开"命令，如图 4-7(a)所示，找到需要打开的文件，单击该文件，然后在"打开"窗口中单击"打开"按钮，如图 4-7(b)所示。

(3) 如果要打开经常使用的工作簿，可以选择"文件"菜单中的"打开"命令，从"最近所用文档"中打开工作簿。

(a) "文件"菜单

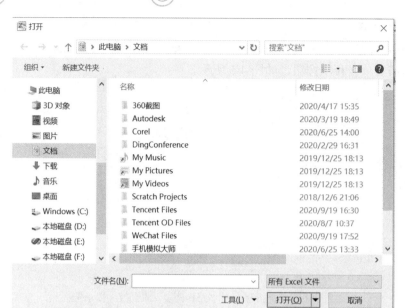

(b) "打开"窗口

图 4-7　打开工作簿

4. 关闭工作簿

当完成对工作簿的编辑和保存之后，可以在不退出 Excel 的情况下关闭工作簿，也可以退出 Excel 并关闭工作簿。

4.2.2　工作表的基本操作

工作簿中的工作表在使用过程中可根据具体需要任意增加、删除、复制、移动，也可以任意更名，这些操作都称为工作表的编辑。

1. 选取工作表

工作簿通常由多个工作表组成。若要对单个或多个工作表进行操作，则必须先选取工作表。通常可通过单击标签栏中的工作表来选取工作表。

单击要操作的工作表标签，该工作表内容出现在工作簿窗口，标签栏中的相应标签变为白色。

若要选取多个连续的工作表，则可先单击第一个工作表标签，然后按住 Shift 键再单击最后一个工作表标签。若要选取多个不连续的工作表，则可按住 Ctrl 键再逐个单击工作表标签进行选取。选取的多个工作表可组成一个工作表组，在标题栏中会出现"工作组"字样。选定工作组的优势是：在其中一个工作表的任意单元格中输入数据或设置格式，在工作组其他工作表的相同单元格中将出现相同数据或相同格式。取消工作组可通过单击工作组外任意一个工作表标签来完成。

2. 删除工作表

选定要删除的工作表标签，单击鼠标右键，在弹出的快捷菜单中选择"删除"命令，如图 4-8(a)所示；或单击"开始"选项卡，选择"单元格"组中的"删除"选项，在弹出的菜单中选择"删除工作表"命令，如图 4-8(b)所示，之后会出现一个弹框，提醒工作表将永久删除，是否继续，如图 4-8(c)所示，此时单击"删除"按钮就可以了。删除工作表后，相应的标签也从标签栏中消失。删除工作表之后就不能再找回了，也无法使用 Excel 中的"撤销"操作来找回。

(a)　"删除"命令

(b)　删除工作表菜单

(c)　删除工作表警告对话框

图 4-8　删除工作表

另外，当刚插入一个新的工作表，还未进行任何操作时，若将其马上删除，则不会有图 4-8(c)所示弹框出现，而会直接删除，并且这个工作表没有任何内容，可以放心删除，不用担心内容或数据丢失。

3. 插入工作表

1) 通过"插入工作表"按钮插入

单击工作表标签栏右侧的"插入工作表"按钮，如图 4-9 所示，即可添加一个新的工作表。该工作表名称为当前已有工作表的顺序后延，在通常的拥有三个工作表的工作簿内，新建的工作表名称默认为"Sheet4"。

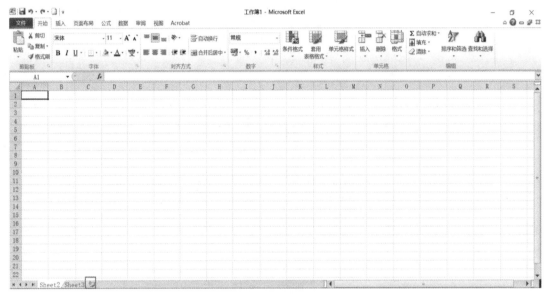

图 4-9 "插入工作表"按钮

2) 通过"插入"按钮插入

单击"开始"选项卡，在"单元格"组中单击"插入"下拉按钮，在弹出的菜单中选择"插入工作表"命令，即可在当前工作表前插入一个新的工作表，如图 4-10 所示。

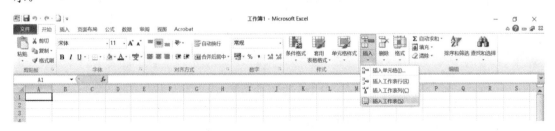

图 4-10 "插入"下拉菜单

3) 通过右键快捷菜单插入

右击某一个工作表标签，在弹出的菜单中选择"插入"命令，如图 4-11(a)所示，即可打开"插入"对话框。在该对话框中单击"常用"选项卡，然后选择"工作表"选项，最后单击"确定"按钮,即可插入一个工作表,如图 4-11(b)所示。

(a) "插入"命令

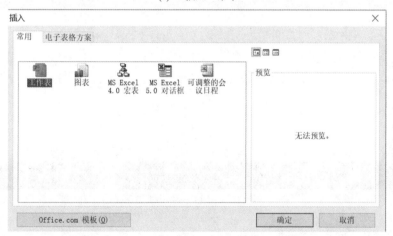

(b)"插入"对话框

图 4-11　"插入"命令及"插入"对话框

4. 重命名工作表

插入的工作表和新建工作簿时产生的默认工作表以 Sheet 结合序号命名,它不能准确表达一个工作表的实际意义,一般都需要对工作表进行重命名操作。具体操作方法是双击要重命名的工作表标签,或在快捷菜单(见图 4-11(a))中选择"重命名"命令,此时,工作表名呈反白显示,然后输入新的工作表名,按回车键确定。

5. 复制或移动工作表

Excel 允许用户在同一个工作簿内或不同工作簿之间移动或复制工作表,常用的操作方法有以下两种。

1) 使用鼠标复制或移动工作表

使用鼠标便于在工作簿内复制或移动工作表。若要执行复制操作，则单击源工作表标签，按住 Ctrl 键，当光标变成一个带加号的小文件符号时，拖动源工作表标签到目标工作表即可。若要执行移动操作，则无须按 Ctrl 键，直接拖动源工作表即可，此时光标变成一个不带加号的小文件符号。

2) 使用菜单命令复制或移动工作表

打开要移动或复制的源工作簿和目标工作簿，单击要进行移动或复制操作的工作表标签，然后单击"开始"选项卡，在"单元格"组中单击"格式"下拉按钮，在下拉列表中选择"移动或复制工作表"选项，如图 4-12(a)所示，打开"移动或复制工作表"对话框。或者右击源工作表，在快捷菜单中选择"移动或复制"菜单，如图 4-12(b)所示，打开"移动或复制工作表"对话框。在"移动或复制工作表"对话框中，在"将选定工作表移至工作簿"下拉列表框中选择目标工作簿；在"下列选定工作表之前"列表框中选择要将工作表复制或移动到目标工作簿的位置；若要复制工作表，则需勾选"建立副本"复选框。最后单击"确定"按钮，即可实现不同工作簿间工作表的移动或复制。

(a) "格式"下拉列表

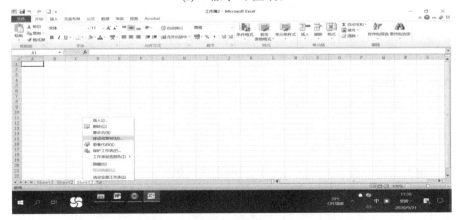

(b) 快捷菜单

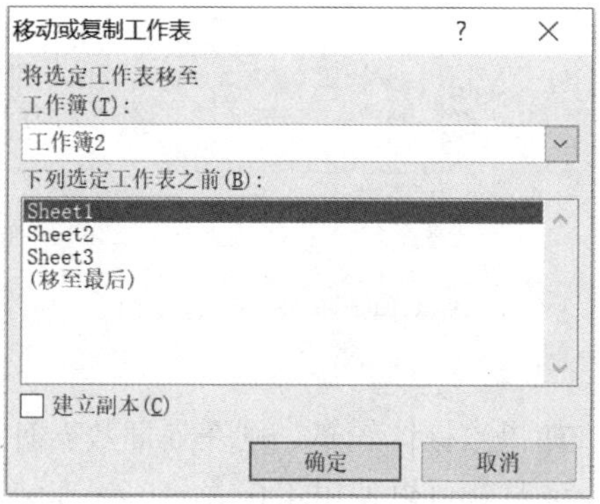

(c)　"移动或复制工作表"对话框

图 4-12　移动或复制工作表

6. 工作表窗口的拆分与冻结

工作表窗口的拆分是指将工作表窗口分为多个窗口，每个窗口均可显示工作表。工作表的冻结是指将工作表窗口的上部或左部固定，且不随滚动条而移动。

1) 工作表窗口的拆分

当工作表很大时，屏幕无法显示工作表中的所有数据，若要比较工作表中相距较远的数据，则可将窗口分为多个部分，这样在不同的窗口可通过移动滚动条来显示工作表的不同部分，这可通过拆分工作表窗口的操作来实现。

(1) 用命令拆分工作表窗口。

打开一个较大的表格，单击需要拆分的单元格，然后单击"视图"选项卡，选择"窗口"组中的"拆分"选项，如图 4-13 所示，此时窗口中出现两条与窗口等宽的分割线。拆分线为水平或垂直粗杠，将光标指针置于分割线上，当其呈上下双向箭头形状时，拖动光标，可调整拆分后的窗口。比较完毕后，可再次选择"拆分"选项，取消窗口拆分。

图 4-13　"拆分"选项

(2) 拖动光标拆分工作表窗口。

将光标指针置于垂直滚动条上方的小方块按钮(见图 4-14)上，当光标插针变成上下双向箭头形状时，向下拖动光标，此时窗口中出现一条灰色分割线。将光标指针置于分割线上，当其呈上下双向箭头形状时，拖动光标，可调整拆分后的窗口。比较完毕后，可再次选择"拆分"选项，取消窗口拆分。

图4-14 拆分工作表窗口

2) 工作表窗口的冻结

在制作 Excel 表格时，如果数据比较多，则在处理数据时往往难以分清各列数据对应的标题，影响数据的核对，这时就可以使用工作表窗口的冻结功能将列标识或行标识冻结起来，将固定数据冻结在窗口的上部和左部，从而保持工作表的某一部分在其他部分滚动时随时可以被看见。具体操作方法如下：

打开要冻结的工作表，选中要冻结的位置，如图4-15所示，选择工作表中的 E6 单元格，单击"视图"选项卡，在"窗口"组中单击"冻结窗格"下拉按钮，在下拉列表中选择"冻结拆分窗格"选项，如图4-15所示。

图4-15 "冻结拆分窗格"选项

返回到工作表中，向下滑动光标查看数据时，冻结的部分 A1:D5 始终保持可见状态，通过滑动光标可以看其余的行和列，如图4-16所示。

图4-16 水平、垂直窗口冻结示意图

冻结首行和冻结首列的操作同上。

4.2.3　单元格的基本操作

单元格是工作表最基本的组成单位，可以存放数值、文本或公式等。对不同的单元格是通过其地址进行识别的，地址是由列标和行号构成的，单元格的地址也称单元格名称。通过对单元格的操作可以完成对工作表中数据的编辑。单元格的基本操作包括选择单元格、引用单元格、插入和删除单元格及合并单元格等操作。

1. 选择单元格

在工作表中用粗边框框住的一个单元格称为当前活动单元格，可以通过单击某单元格使其成为当前活动单元格，也可以用键盘上四个光标箭头移动当前活动单元格。在当前活动单元格中可以直接进行编辑，如输入文字或数字。

1) 选定单元格区域

选定单元格区域就是选定多个单元格，具体操作如下：

(1) 将光标指针指向欲选定的单元格区域左上角。

(2) 拖动光标到该区域的右下角。

(3) 松开鼠标左键，这时选定的区域呈反白显示，左上角的活动单元格呈白色。

2) 选定特殊区域

下面是一些选定特殊区域的快捷方式：

(1) 若想选定一整行，则单击工作表左侧相应的行号。

(2) 若想选定一整列，则单击工作表上方相应的列标。

(3) 若想选定整个工作表，则单击工作表左上角的全选框。

(4) 若想选定不连续的区域，则在选中一个区域之后，按住 Ctrl 键，再用 1)中的方法选定其他区域。

(5) 若想选定连续的区域，则在选中一个区域之后，按住 Shift 键，再用 1)中的方法选定其他区域。

2. 引用单元格

引用单元格是指通过输入单元格地址来获取其内部数据。引用单元格应用广泛，编辑公式和函数、制作图表、转化表格等常用操作都涉及单元格的引用。用户可以直接输入单元格的地址来引用一个单元格。若想引用一组单元格组成的单元格区域，则必须借助引用运算符来实现。举例如下：

(1) E6：引用 E6 单元格。

(2) A1:E6：引用 A1 到 E6 的连续区域单元格。

(3) A1:E6, H10:K16：分别指引用 A1 到 E6 的连续区域单元格、H10 到 K16 的连续区域单元格两个不连续区域。

3. 插入和删除单元格

选择要操作的单元格或一组单元格，再单击鼠标右键，从弹出的菜单中选择相应的命令。例如，可选择"删除"命令，打开"删除"对话框，如图4-17所示。或者单击"开始"选项卡，在"单元格"组中单击"插入"或"删除"下拉按钮，从弹出的菜单中选择相应的命令来执行。又如，单击"插入"按钮，在弹出的菜单中选择"插入单元格"，打开"插入"对话框，如图4-18所示。

(a) "删除"命令   (b) "删除"对话框

图 4-17   "删除"命令和"删除"对话框

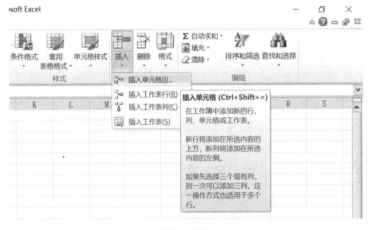

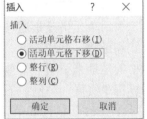

(a) "插入"按钮   (b) "插入"对话框

图 4-18   "插入"按钮和"插入"对话框

4. 合并单元格

选中想要合并的单元格，单击鼠标右键，在弹出的快捷菜单中选择"设置单元格格式"命令，如图4-19(a)所示，打开"设置单元格格式"对话框，勾选"合并单元格"复选框，再单击"确定"按钮即可,如图 4-19(b)所示。或选中想要合并的单元格,单击"格式"下拉按钮,在下拉菜单中选择"设置单元格格式"命令,如图 4-19(c)所示,在弹出的"设置单元格格式"对话框中选择"对齐"选项卡,然后勾选"合并单元格"复选框,再单击"确定"按钮即可。也可以单击"开始"选项卡,在"对齐方式"组中单击"合并后居中"下拉按钮,在下拉菜单中选择要合并的方式,如图 4-19(d)所示。

(a)"设置单元格格式"命令

(b)"设置单元格格式"对话框

(c)"格式"按钮

(d)"合并后居中"按钮

图 4-19 合并单元格

4.3 应 用 案 例

4.3.1 案例 1——通讯录的制作

1. 案例背景及分析

在现代化办公中，数据分析及管理已经成为一项重要的工作内容。利用 Excel 制作通讯录，将单位职员的联络方式及相关信息进行汇总，可以极大地方便同事之间的联系。本案例将讨论用 Excel 制作通讯录过程中涉及的输入数据、设置单元格格式等各种方法和技巧。

一份通讯录一般包括编号、姓名、部门、办公电话、手机号码、E-mail 等字段，涉及数字、文本等多种数据格式。本案例详细介绍了不同格式数据的输入方法，以及使用自动填充、数据有效性序列等功能提高数据输入效率的方法，并进一步讨论单元格格式的基本设置以及使用条件格式满足一些特殊要求的方法。

下面以制作某公司通讯录为例，介绍 Excel 的基本操作、数据录入及格式化的相关知识。通讯录的效果图如图 4-20 所示。

	通讯录			
编号	姓名	部门	联系电话	E-mail
0001	李娜	信息与科技工程学院	029-88330806	1022866013@qq.com
0002	王紫盈	院办	029-88330809	aswq12@163.com
0003	师园园	信息与科技工程学院	029-88330803	mingming@163.com
0004	王豪	建工学院	029-88330804	lgh123456@sina.com
0005	雷晓明	后勤处	029-88330810	1293875@qq.com
0006	姜怡	信息与科技工程学院	029-88330806	1021234@qq.com
0007	薛子杨	人文学院	029-88330805	qwert@163.com
0008	刘勇康	建工学院	029-88330802	wangwang@163.com
0009	吉岩艳	建工学院	029-88330804	2341538@qq.com
0010	史梦欣	人文学院	029-88330807	ianian@163.com
0011	张乐浩	院办	029-88330809	290874763@qq.com
0012	高腾	人文学院	029-88330805	754922441@qq.com
0013	黄彬彬	后勤处	029-88330811	fangde@163.com
0014	王斌德	建工学院	029-88330802	1356875@qq.com
0015	王龙德	信息与科技工程学院	029-88330803	wesfgett@163.com
0016	韩磊	院办	029-88330809	rtnbnun@163.com

图 4-20　通讯录的效果图

2. 相关知识与技能

1) 信息的输入

(1) 输入文本。

Excel 文本包括汉字、英文、数字或其他通过键盘能键入的符号，输入文本时默认为左对齐。对有些数字如电话号码、邮政编码等常将其当作字符处理，此时只需在输入数字前加上一个单引号“'”，Excel 将它当作文本看待，采用左对齐方式；或者将单元格设置为文本格式，输入的数字号码就可当作文本处理了。

如果输入的文本长度超出单元格宽度，而右边单元格无内容，则会扩展到右边列；否则，将截断显示。

(2) 输入数值。

数值型数据是最常见且最重要的数据类型。Excel 中可输入的数值包括数字 0～9、+、−、( )、/、E、e、$、%、小数点"."和千分位符号","等，输入数值时默认为右对齐。

在输入分数时，为避免与日期相混淆，要求在数字前加一个 0 与空格，如输入"0 1/5"。输入负数时，可将负数置于括号( )中。

在 Excel 中，输入的数值与显示的数值未必相同，如果输入数字长度超出单元格宽度(采用"常规"格式的数字长度为 11 位)，则 Excel 自动以科学记数法表示。

(3) 输入日期和时间。

对于日期型数据，用斜杠"/"或减号"−"分隔日期的年、月、日部分。例如，可以键入"2020/9/5"或"5−Sep−2020"表示 2020 年 9 月 5 日，可以键入"3/4"表示 3 月 4 日。

对于时间型数据，系统自动以 24 小时制表示。如果要以 12 小时制表示，则在输入的时间后加一个空格，再输入 AM(表示上午)或 PM(表示下午)。

Excel 将日期和时间视为数字处理。在键入了 Excel 可以识别的日期或时间数据后，单元格的格式会从"常规"数字格式改为内置的日期或时间格式。默认状态下，日期和时间项在单元格中右对齐。如果 Excel 不能识别输入的日期或时间格式，则输入的内容将被视作文本，并在单元格中左对齐。

如果要在同一单元格中同时键入日期和时间，那么日期与时间之间要用空格分隔。

输入当前日期应按组合键 Ctrl + ;，输入当前时间应按组合键 Ctrl + Shift + :。

2) 数据的自动输入

如果输入有规律的数据，可以考虑使用 Excel 的数据自动输入功能，它可以方便快捷地输入等差、等比甚至自定义的数据系列。

(1) 自动填充。

自动填充是根据初始值决定以后的填充项，自动填充数据的方法有以下两种：

① 拖动光标。先选定初始值所在的单元格，再将光标指向该单元格的右下角，当光标指针变为黑十字后，拖动光标到填充的最后一个单元格，即可完成自动填充。

② 利用菜单操作。先选定初始值所在的单元格，再单击"开始"选项卡，在"编辑"组中单击"填充"下拉按钮，在下拉菜单中选择"向下""向右""向上"或"向左"即可。

自动填充有以下几种情况：

① 初始值为纯文字或纯数字，填充相当于复制。

② 初始值为文字、数字混合体，填充时文字不变，最右边的数字递增。例如，初始值为 X1，自动填充为 X2，X3，…。

③ 若初始值为 Excel 预设的自动填充序列中的一员，则按预设的序列自动填充。例如，初始值为星期三，自动填充为星期四、星期五，依次类推。

(2) 序列填充。

有时表格中同一行或同一列中相邻的若干单元格中的数据是有一定规律的，如等差级数、等比级数、连续的日期、编号等，一般称为序列数据。对序列数据可以利用序列填充的方法快速输入。

序列填充的方法有以下两种：

① 拖动光标。首先在起始的两个相邻单元格中分别输入第一个数据与第二个数据；然后选定这两个单元格，将光标指针指向选定的两个单元格的右下角，当光标指针变为黑十字后，拖动光标，此时系统将根据前两个数据自动在后续的各相邻单元格中填入相应的数据。

② 利用菜单操作。首先在填充区域的第一个单元格中输入初值，并选定该单元格，将光标指针指向该单元格的右下角，当光标指针变为黑十字后，按鼠标右键拖动光标，直到填充区域的最后一个单元格，放开鼠标右键，自动弹出快捷菜单，如图 4-21(a)所示，选择"序列"命令，弹出"序列"对话框，如图 4-21(b)所示。

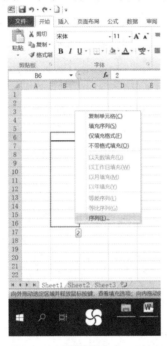

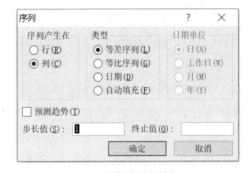

(a) "序列"命令   (b) "序列"对话框

图 4-21   "序列"选项和"序列"对话框

在图 4-21(b)所示"序列"对话框中，单击"序列产生在"选项区域下的单选按钮可选择按行或按列方向填充；单击"类型"选项区域下的单选按钮可选择序列类型，如选择"日期"，则必须选择"日期单位"；在"步长值"数值框中输入等差、等比序列的增减、相乘的数值；在"终止值"数值框中输入一个序列的终止值不能超过的数值。

注意：除非在序列产生前已选定了序列产生的区域，否则必须输入终止值。

3) 有效数据的输入

用户可以预先设置允许输入单元格的数据类型、范围，并可设置数据输入提示信息和输入错误提示信息。只要合理设置数据的有效性规则，就可以避免输入错误。

定义数据有效性的具体操作如下：

(1) 选定要定义有效数据的单元格。

(2) 选择"数据"选项卡，单击"数据工具"组中的"数据有效性"下拉按钮，在下拉菜单中选择"数据有效性"命令，弹出"数据有效性"对话框，单击"设置"选项卡，如图 4-22(a)和(b)所示。

(a) "数据有效性"按钮

(b) "数据有效性"对话框

图 4-22　"数据有效性"按钮及"数据有效性"对话框

(3) 在"允许"下拉列表框中选择允许输入的数据类型，如"整数""时间"等。

(4) 在"数据"下拉列表框中选择所需操作符，如"介于""不等于"等，然后在数值栏中根据需要输入上下限数值。

注意：如果在有效数据单元格中允许出现空值，则应勾选"忽略空值"复选框。

有些数据是有范围限制的，比如以百分制记分的考试成绩必须是 0～100 的某个数据，输入此范围之外的数据就是无效数据。如果采用人工审核的方法，那么要从大量的数据中找到无效数据是一件麻烦事，我们可以利用 Excel 2010 的数据有效性快速找出表格中的无效数据。具体操作如下：

选中需要审核的区域，单击"数据"选项卡，在"数据工具"组中单击"数据有效性"下拉按钮，在弹出的下拉菜单中选择"数据有效性"命令，弹出"数据有效性"对话框，单击"设置"选项卡，在"允许"下拉列表框中选择"小数"，在"数据"下拉列表框中选择"介于"，将"最小值"设为 0，"最大值"设为 100，单击"确定"按钮。

在选定某单元格时，数据输入提示信息会出现在该单元格旁边。其设置方法是在"数据有效性"对话框中选择"输入信息"选项卡，然后在其中输入有关提示信息。

4) 单元格格式的设置

单击"开始"选项卡，在"单元格"组中单击"格式"下拉按钮，在下拉菜单中选择"设置单元格格式"命令，弹出"设置单元格格式"对话框，如图 4-23 所示。在该对话框中，共有 6 个标签(选项卡)，分别用于设置选定单元格数据的显示格式、对齐方式、字体、边框、图案、数据保护。

图 4-23 "设置单元格格式"对话框

在数据格式化过程中，首先应选定要格式化的区域，然后使用格式化命令。

① 设置数字格式：Excel 2010 提供的数字格式类型包括常规、数值、货币、会计专用、日期、时间、百分比、分数、科学记数、文本、特殊等，用户还可以根据需要自定义数据格式。

② 设置对齐方式：默认情况下，Excel 规定单元格中的文字数据是左对齐的，而数字数据是右对齐的，有时为了产生更好的效果，可以重新设置对齐方式。

③ 设置字体：在"设置单元格格式"对话框中单击"字体"选项卡，其中各项功能与 Word 2003 的"字体"对话框相似。

④ 设置边框：默认情况下，Excel 的表格线是统一的淡虚线。这样的边线不能突出重点数据，可以给它加上其他类型的边框线。

在"设置单元格格式"对话框中单击"边框"选项卡，此时可以在"边框"列表框中选择需要显示的边框线，然后在"线条"选项区域中选择样式和颜色，最后单击"确定"按钮。

边框线也可以利用"开始"选项卡中的"边框"下拉菜单命令来设置，该下拉菜单中含有 13 种不同的边框线，如图 4-24 所示。

⑤ 设置图案：图案是指区域的颜色和阴影。设置合适的图案可以使工作表显得更为鲜明。在"设置单元格格式"对话框中单击"填充"选项卡，然后单击"填充效果"按

图 4-24 "边框"下拉菜单

钮，弹出"填充效果"对话框，如图 4-25 所示。可以在"颜色"选项区域选择一种自己喜欢的图案颜色，也可以在"底纹样式"选项区域选择一种自己喜欢的图案样式。

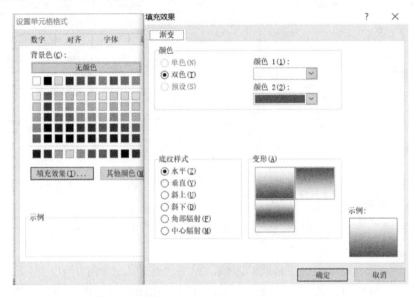

图 4-25　"填充效果"对话框

5) 列宽、行高的设置

当用户建立工作表时，所有单元格具有相同的宽度和高度。如果要调整单元格的列宽和行高，可将光标指向要调整列宽(或行高)的列标(或行号)分隔线上，这时光标指针变成一个双向箭头的形状，拖动分隔线到适当的位置后放开鼠标即可。也可以通过单击"开始"选项卡，在"单元格"组中单击"格式"下拉按钮，通过下拉菜单中的命令设置行高和列宽，如图 4-26 所示。

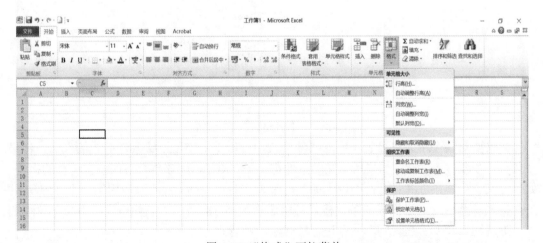

图 4-26　"格式"下拉菜单

注意：通过"隐藏"子命令可将选定的列或行隐藏，通过"取消隐藏"子命令可将隐藏的列或行重新显示，如图 4-27 所示。

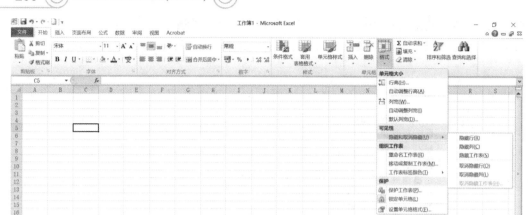

图 4-27　"隐藏和取消隐藏"命令

6) 条件格式的使用

"条件格式"选项用于根据选定区域内各单元格中的数值是否在指定的范围内动态地为单元格自动设置格式。

具体操作如下：选定要设置格式的区域，单击"开始"选项卡，在"样式"组中单击"条件格式"下拉按钮，通过下拉菜单中的命令可以选择条件运算符和条件值，并设置格式，如图 4-28 所示。

图 4-28　"条件格式"下拉菜单

如果要对某个单元格设置不同的条件格式，可以重复使用设置条件格式的方法，但最多只有 3 个条件表达式。如果所定义的条件都不是 TRUE，则该单元格保持它现存的格式。如果定义了多项条件并且有一个以上的条件都为 TRUE，则 Excel 只应用第一个 TRUE 的条件格式。此外，对已设置的条件格式可以选择图 4-28 所示"条件格式"下拉菜单中的"清除规则"和"管理规则"命令进行格式清除和管理。

7) 批注的插入

在一些报表中，我们常常需要用到批注来汇报信息，批注有助于更好地理解数据。批注一般是对单元格内容的备注说明。通过"审阅"选项卡下的"批注"组中的"新建批注"

选项可插入批注，如图 4-29 所示。

图 4-29　"新建批注"选项

3. 实现方法与步骤

1) 新建"通讯录"工作簿

(1) 单击"开始"按钮，选择"程序"→"Microsoft Office"→"Microsoft Office Excel 2010"，打开 Excel 2010 应用程序。

(2) 将打开的 Excel 工作簿保存为"通讯录.xlsx"，选择"文件"→"保存"，在弹出的"另存为"对话框中选择保存的路径，并输入文件的名称，最后单击"保存"按钮。

2) 设置通讯录表格结构

(1) 在 A1 单元格中输入"通讯录"，在 A2、B2、C2、D2、E2 单元格中分别输入"编号""姓名""部门""联系电话""E-mail"，双击"Sheet1"标签，将 Sheet1 重命名为"通讯录"。

(2) 选中 A1～E1 单元格，单击"开始"选项卡，选择"对齐方式"组中的"合并后居中"选项，合并 A1～E1 单元格。右击第 1 行行号 1，在弹出的下拉菜单中选择"行高"命令，在弹出的"行高"对话框中将行高设置为"20"，或者把光标指针放在该单元格所在行行号的下边框上，当光标指针变成上下双向箭头形状时，按住鼠标左键拖动光标对单元格高度进行调整，在光标旁边会显示当前调整的高度值。选中 A2～E2 单元格，单击"单元格"组中的"格式"下拉按钮，在下拉菜单中选择"设置单元格格式"命令，在弹出的"设置单元格格式"对话框中单击"填充"选项卡，在"图案样式"下拉列表框中选择单元格背景为"25%灰色"。

3) 输入数据

(1) 利用自定义数据格式输入 4 位员工编号。

单击列标 A，选中 A 列所有单元格，单击"开始"选项卡，在"单元格"组中选择"格式"→"设置单元格格式"命令，在弹出的"设置单元格格式"对话框中单击"数字"选项卡，在"分类"下拉列表框中选择"自定义"，在"类型"框中输入"0000"，如图 4-30 所示，表示 A 列所有单元格数据为 4 位数，不足 4 位的，在左侧用 0 补足。完成设置后，若在 A3 单元格中输入"1"，则在 A3 单元格中显示内容为"0001"，其余编号可以用填充柄填充法或者序列填充法完成输入。

填充柄填充法的步骤：单击显示内容为"0001"的 A3 单元格，这时 A3 单元格被选中(我们称被选中的单元格为活动单元格，其右下角的小方块称为填充柄)，将光标置于填充柄处，按住 Ctrl 键，同时向下拖动填充柄，则自动在 A4～A17 单元格填充编号 0002～0015。

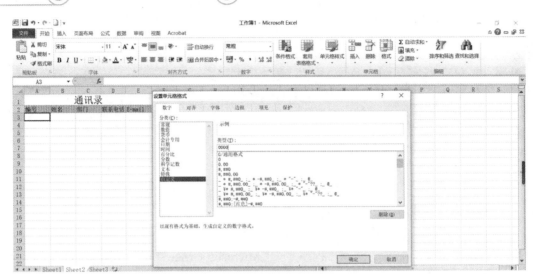

图 4-30　在单元格中输入数据

序列填充法的步骤：单击显示内容为"0001"的 A3 单元格，按住鼠标右键向下拖动填充柄，在弹出的菜单中选择"序列"命令，如图 4-31(a)所示，弹出"序列"对话框。在"序列"对话框的"序列产生在"选项区域中选择"列"，在"类型"选项区域中选择"等差序列"，如图 4-31(b)所示，设置"步长值"为"1"，"终止值"为"16"，单击"确定"按钮，则自动在 A4～A17 单元格填充编号 0002～0015。

(a) "序列"命令

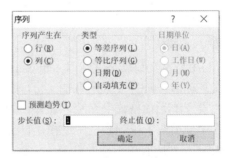

(b) "序列"对话框

图 4-31　"序列"快捷菜单和"序列"对话框

(2) 利用数据有效性序列输入部门信息。公司的主要职能部门有集团办公室、财务部、生产部、销售部、研发部，如何简化这些部门的信息输入呢？常用的无规律重复信息的输入方法就是复制，但是来回移动鼠标比较麻烦，为此，在输入这类重复出现的字段信息时，可以选择"数据有效性"命令，通过有效序列法来简化输入过程。

有效序列法的步骤如下：

单击部门字段 C 列列标 C，选中 C 列所有单元格，单击"数据"选项卡，然后单击"数据有效性"下拉按钮，在下拉菜单中选择"数据有效性"命令，弹出"数据有效性"对话框，单击"设置"选项卡，在"允许"下拉列表框中选择"序列"，在"来源"文本框中输入"院办,信息与科技工程学院,人文学院,建工学院,后勤处"。

注意：文本之间用英文状态下的逗号","隔开，单击"确定"按钮，完成序列设置，如图 4-32(a)所示。这时选中 C3 单元格，会发现该单元格多了一个下拉按钮，单击该下拉按钮，可以选择部门直接输入，如图 4-32(b)所示。

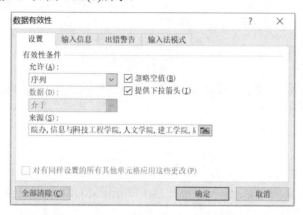

(a)　"数据有效性"对话框

(b)　选择部门直接输入

图 4-32　"数据有效性"对话框及其应用

(3) 输入以"0"开头的电话号码。在 Excel 中，数字格式的数值是不能以 0 开头的，就像日常生活中习惯将"01"看成"1"，但是文本格式的数值是可以以 0 开头的，所以输入以"0"开头的数字时，必须将单元格的格式转化成文本格式。其方法有两种：一是在数字前加上英文状态下的单引号" ' ",如图 4-33 所示;二是选中单元格,单击"格式"下拉按钮,在下拉菜单中选择"设置单元格格式"命令,在"设置单元格格式"对话框中选择"数字"→"文本",将单元格设置成文本格式。

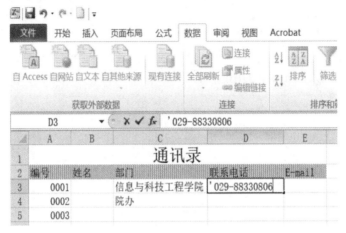

图 4-33 数字型文本的输入方式

(4) 输入电子邮箱。当我们输入规范的电子邮箱时,Office 2010 可自动生成超链接,如图 4-34 所示,直接单击该单元格可以打开 Outlook 向该邮箱发送邮件。

图 4-34 E-mail 地址输入

4) 设置格式

(1) 将 A~E 列的列宽设置成"自动调整列宽"。选中 A~E 列的列标,单击"开始"选项卡,在"单元格"组中单击"格式"下拉按钮,在下拉菜单中选择"自动调整列宽"命令,如图 4-35 所示。

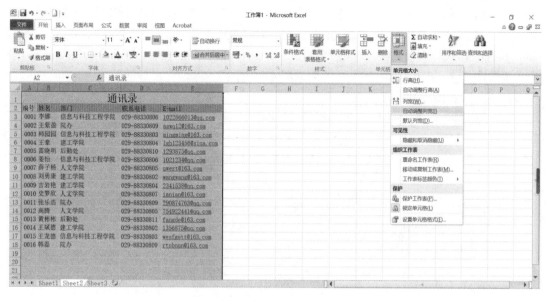

图 4-35 "自动调整列宽"命令

(2) 将所有单元格设置为居中对齐。单击 A 列列标左边和 1 行行号上方交叉处没有标记的方块，选择整张工作表的所有单元格，然后选择"对齐方式"组中的"居中"，所有单元格内容水平居中。

(3) 将表格外边框设置为深蓝色粗实线，内边框设置为蓝色细实线。单击"格式"下拉按钮，在下拉菜单中选择"设置单元格格式"命令，在"设置单元格格式"对话框中单击"边框"选项卡，先选择"样式"为粗实线，"颜色"为深蓝色，然后在"预置"选项区域中选择"外边框"选项，设置"样式"为细实线，"颜色"为蓝色，最后选择"内部"选项，如图 4-36 所示。

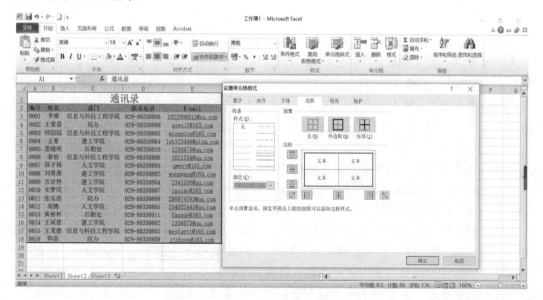

图 4-36 边框的设置

(4) 单击通讯录所在的单元格，然后单击鼠标右键，在弹出的快捷菜单中选择"设置单元格格式"命令，弹出"设置单元格格式"对话框，单击"边框"选项卡，如图 4-36 所示，设置"样式"为粗实线，"颜色"为红色，选择边框区左边自上而下第三项，设置第 1 行和第 2 行交界线为红色粗直线，效果如图 4-37 所示。

图 4-37　设置边框

(5) 将数据区域奇数行单元格底纹填充成浅绿色，偶数行单元格底纹填充成浅紫色。先选中需要填充颜色的单元格，然后单击"开始"选项卡，在"字体"组中单击"填充颜色"下拉按钮，在颜色列表中选择需要的颜色即可。

如果想一次完成所有奇数行、偶数行的颜色填充，可以先选中 A3:E18 区域，单击"开始"选项卡，在"样式"组中单击"条件格式"下拉按钮，选择下拉菜单中的"新建规则"命令，在弹出的"新建格式规则"对话框中，选择"使用公式确定要设置格式的单元格"，在"为符合此公式的值设置格式"文本框中输入需要使用的公式并设置单元格格式。

Excel 中的函数必须带括号，函数括号内的数是函数参数，参数之间用逗号分开。函数 row( )用于返回当前单元格的行号，括号内无参数；mod( )函数用于求两数相除的余数，括号内第一个参数是被除数，第二个参数是除数，用逗号隔开。在公式"=mod(row( )，2)=0"中，函数 row( )先返回选中单元格的行号，作为函数 mod( )的被除数，mod(row( )，2)的结果为当前单元格的行号与 2 相除的余数。选择第 3 行到第 18 行，单击"开始"选项卡，在"样式"组中单击"条件格式"下拉按钮，在下拉菜单中选择"突出显示单元格规则"→"其他规则"，如图 4-38(a)所示。在弹出的"新建格式规则"对话框中，"选择规则类型"

选项选择"使用公式确定要设置格式的单元格",在"编辑规则说明"下的"为符合此公式的值设置格式"文本框中输入条件"=mod(row( ),2)=0",单击"格式"按钮,如图 4-38(b)所示,在"设置单元格格式"对话框中单击"填充"选项卡,设置"背景色"为淡绿色;采用同样的方法,输入公式"=mod(row( ),2)=1",单击"格式"按钮,在"设置单元格格式"对话框中设置"背景色"为浅紫色。设置后的效果图如图 4-38(c)所示。

(a) "其他规则"选项

(b) "新建格式规则"对话框　　　　　　　　(c) 设置后的样式

图 4-38　"条件格式"的应用

除上述方法以外,还可以使用"套用表格格式"。单击"开始"选项卡,在"样式"组中单击"套用表格格式"下拉按钮,如图 4-39(a)所示,在下拉列表中选择需要的样式,弹出"套用表格格式"对话框,如图 4-39(b)所示,单击"确定"按钮。设置后的效果图如图 4-39(c)所示。

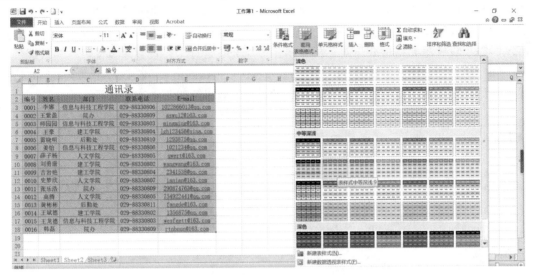

(a) "套用表格格式"选项

(b) "套用表格格式"对话框

A	B	C	D	E
			通讯录	
编号	姓名	部门	联系电话	E-mail
0001	李娜	信息与科技工程学院	029-88330806	1022866013@qq.com
0002	王紫盈	院办	029-88330809	aswq12@163.com
0003	师园园	信息与科技工程学院	029-88330803	mingming@163.com
0004	王豪	建工学院	029-88330804	lgh123456@sina.com
0005	雷晓明	后勤处	029-88330810	1293875@qq.com
0006	姜怡	信息与科技工程学院	029-88330806	1021234@qq.com
0007	薛子杨	人文学院	029-88330805	qwert@163.com
0008	刘勇康	建工学院	029-88330802	wangwang@163.com
0009	吉岩艳	建工学院	029-88330804	2341538@qq.com
0010	史梦欣	人文学院	029-88330807	ianian@163.com
0011	张乐浩	院办	029-88330809	290874763@qq.com
0012	高腾	人文学院	029-88330805	754922441@qq.com
0013	黄彬彬	后勤处	029-88330811	fangde@163.com
0014	王斌德	建工学院	029-88330802	1356875@qq.com
0015	王龙德	信息与科技工程学院	029-88330803	wesfgett@163.com
0016	韩磊	院办	029-88330809	rtnbnun@163.com

(c) 设置后的样式

图 4-39 "套用表格格式"的应用

5) 插入批注

给 B4 单元格内容"王紫盈"添加批注"院办主任"。右击 B4 单元格,在弹出的下拉菜单中选择"插入批注"命令,在"批注"文本框中输入"院办主任",单击任意单元格完成批注的输入,如图 4-40 所示。完成后,单元格右上角会出现一个红色小三角形,若将光标移动到该单元格上，则显示批注；若移走光标，则隐藏批注。如果要编辑批注或者删除批注，则右击该单元格，在快捷菜单中选择相关命令即可完成。

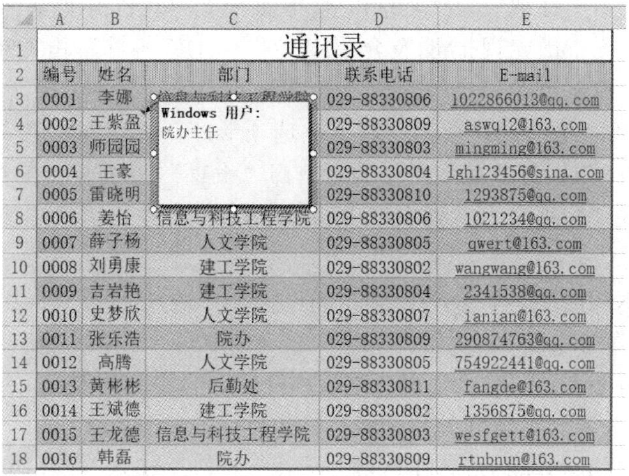

图 4-40　插入批注

6) 另存为网页

将"通讯录.xls"另存为网页 HTML 文件到"我的文档"中，文件名为"我的通讯录"。操作步骤如下：

选择"文件"→"另存为"命令，在"另存为"对话框中选择路径并更改文件名为"我的通讯录"，选择"保存类型"为"单个文件网页"，单击"确定"按钮。

4. 小结

数据输入以及单元格设置是 Excel 的应用基础，通过本案例的学习，除了应掌握创建、保存 Excel 文档的基础操作以及不同格式数据的输入方法，还应进一步掌握通过填充、数据有效性序列等命令简化数据输入。在设置单元格格式时，除了常规的单元格边框、底纹设置及套用单元格格式，还需要灵活掌握条件格式的应用，以便根据需要显示单元格格式。

5. 课后练习

输入报名表(见图 4-41)，并对其进行以下操作：

为了统计数据，对报名表中的民族、科目、户口所在地、学习信息来源等数据进行规范化，要采用下拉列表的方式输入。为了限制学生的年龄，需要限制年龄数据的输入范围，给出超龄提示。由于"户口所在地"和"学习信息来源"的含义不是很明确，因此有必要设置输入提示信息。整个报名表中只有"姓名"部分需要输入汉字，因此需要设置中英文的自动切换。所有这些功能都可采用 Excel 提供的有效性功能来实现。对身份证号还需要设置文本数据类型，对报名日期还要设置日期类型。

操作步骤如下：

(1) 将各项数据输入表格，并设置格式。

(2) 选定"性别"所处的 C3:C17 区域，单击"数据"选项卡，在"数据工具"组中选择"数据有效性"命令，打开"数据有效性"对话框，单击"设置"选项卡，在"允许"

下拉列表框中选择"序列",在"来源"输入框中输入由英文逗号隔开的"男,女",单击"确定"按钮完成设置。以同样的方法设置"民族"的下拉列表内容为"汉族,回族,满族,蒙古族,维吾尔族","户口所在地"为"北京市区,北京郊区,河北省,山西省,山东省","学习信息来源"为"北京晚报,中国电视报,朋友介绍,其他"。"主修科目"和"辅修科目"相同,选定 F3:F17 区域后,设置下拉列表内容为"美容,美发,化妆"。

(3) 选定"年龄"这一列,单击"数据"选项卡,在"数据工具"组中选择"数据有效性"命令,打开"数据有效性"对话框,单击"设置"选项卡,在"允许"下拉列表框中选择"整数",在"数据"下拉列表框中选择"介于",设置"最小值"为 15,"最大值"为 40。不要退出对话框。

(4) 单击"输入信息"选项卡,在"输入信息"输入框中输入"学生年龄为 15~40 岁",再单击"出错警告"选项卡,在"错误信息"输入框中输入"年龄超出范围",单击"确定"按钮退出。"户口所在地"的输入信息为"按身份证上的住址输入户口所在地"。"学习信息来源"的输入信息为"您是从何处得知我校的招生信息的?"。

(5) 选定"姓名"所处的 B3:B17 区域,选择一种汉字输入方法,单击"数据"选项卡,在"数据工具"组中选择"数据有效性"命令,打开"数据有效性"对话框,单击"输入法模式"选项卡,在"模式"下拉列表框中选择"打开",单击"确定"按钮完成操作。

(6) 单击 H 列标选定"身份证号"列,单击"开始"选项卡,在"单元格"组中单击"格式"下拉按钮,在下拉菜单中选择"设置单元格格式"命令,在"设置单元格格式"对话框中单击"数字"选项卡,在"分类"列表框中选择"文本",单击"确定"按钮完成操作。

(7) 输入若干条记录,体验已设置好的自动功能。

计算机培训学校报名表

序号	姓名	性别	年龄	民族	主修科目	辅修科目	身份证号	户口所在地	学习信息来源
1.									
2.									
3.									
4.									
5.									
6.									
7.									
8.									
9.									
10.									
11.									
12.									
13.									
14.									
15.									

图 4-41　报名表的效果图

4.3.2　案例 2——学生成绩表的管理

1. 案例背景及分析

Excel 的数据计算分析功能非常强大，其应用非常广泛。Excel 主要有文本、统计、数学和三角函数、逻辑、日期和时间等九大类函数，它们可以单独使用或者与加、减等算术运算符组合嵌套使用，实现对工作表数值的各种运算。函数是一些预定义的公式，它们通过使用一些称为参数的特定数值来按特定顺序或结构执行简单或复杂的计算。Excel 公式中的数据可以引用同一工作表中的其他单元格，或者同一工作簿不同工作表的单元格，又或者其他工作簿的工作表的单元格。

本案例讨论应用函数分析学生的信息，计算考试成绩，并分析每科成绩的最高分、最低分、平均分，统计每个学生的总分排名，效果图如图 4-42 所示。

	A	B	E	F	G	H	I	J	K	L
1	学号	姓名	出生日期	年龄	计算机导论	计算机应用基础	C语言程序设计	总分	平均值	排名
2	1801130201	李娜	1998/9/1	22	89	67	73	229	76.3	9
3	1801130202	甘常霖	1997/10/1	23	76	50	50	176	58.7	25
4	1801130203	王紫盈	1998/3/16	22	93	98	93	284	94.7	1
5	1801130204	师园园	1998/8/1	22	63	86	96	245	81.7	5
6	1801130205	王子豪	1998/4/18	22	77	100	75	252	84.0	3
7	1801130206	雷晓童	1998/9/1	22	47	71	69	187	62.3	20
8	1801130207	姜婧怡	1998/5/24	22	55	87	76	218	72.7	12
9	1801130208	薛子杨	1998/9/13	22	41	59	83	183	61.0	23
10	1801130209	刘勇康	1998/11/4	22	61	81	50	192	64.0	18
11	1801130210	吉岩	1998/2/15	22	69	76	65	210	70.0	16
12	1801130211	史梦欣	1998/2/23	22	65	80	100	245	81.7	5
13	1801130212	张乐	1998/11/7	22	66	66	55	187	62.3	20
14	1801130213	高腾波	1998/10/28	22	86	67	95	248	82.7	4
15	1801130214	黄一彬	1998/6/9	22	88	98	52	238	79.3	7
16	1801130215	王斌德	1998/9/10	22	89	41	83	213	71.0	14
17	1801130216	王龙	1999/7/11	21	63	73	85	221	73.7	11
18	1801130217	韩磊	1999/4/12	21	62	73	59	194	64.7	17
19	1801130218	张向阳	1999/6/13	21	71	100	43	214	71.3	13
20	1801130219	刘艳佳	1998/7/4	22	90	65	83	238	79.3	7
21	1801130220	李卓亚	1998/12/15	22	45	50	87	182	60.7	24
22	1801130221	曹燕	1998/3/20	22	91	40	54	185	61.7	22
23	1801130222	何佳航	1998/9/17	22	96	45	49	190	63.3	19
24	1801130223	赵千	1998/6/18	22	51	67	95	213	71.0	14
25	1801130224	任家宝	1998/11/19	22	80	83	62	225	75.3	10
26	1801130225	惠兴虎	1999/9/20	21	93	69	99	261	87.0	2
27										
28		总分			1807	1792	1832			
29		平均分			72.3	71.7	73.3			
30		最高分			96	100	100			
31		最低分			41	40	43			
32		及格人数			20	19	17			
33		总人数			25	25	25			
34		及格率			80%	76%	68%			

图 4-42　学生成绩表管理效果图

2. 相关知识与技能

1) 单元格地址的引用方式

在 Excel 中，单元格地址有三种引用方式。

(1) 相对引用。

相对引用是 Excel 默认的单元格引用方式，用列标和行号表示，如 A1。当复制或移动公式时，Excel 会根据移动的位置自动调节公式中引用的单元格地址。

(2) 绝对引用。

绝对引用是在单元格地址的列标和行号前均加上 "$" 符号，如$A$1。当复制或移动公式时，单元格的地址不会随公式位置的变化而改变。

(3) 混合引用。

混合引用是指在单元格的列标和行号中，一个使用绝对地址，而另一个使用相对地址，如$A1 或 A$1。当公式单元因为复制或插入而引起行列变化时，公式的相对地址部分会随公式位置变化，而绝对地址部分仍保持不变。

在输入或编辑公式时，利用 F4 键可以变换上述三种单元格地址的引用方式。

若需要引用一个单元格区域，则用该单元格的左上角和右下角的单元格地址来引用，如 A1:D3、$A$1:$D$3、$A1:D$3。

若需要引用同一工作簿中不同工作表中的单元格，则在引用单元格之前会加上工作表名和感叹号，如 Sheet3!A1。

2) 公式的输入

Excel 公式是 Excel 工作表中进行数值计算的等式。简单的公式运算有加、减、乘、除等。在输入公式时，通常以等号 "=" 作为开始，否则 Excel 只能将其识别为文本。

Excel 允许在活动单元格内输入由数字、单元格引用、函数和运算符组成的数学公式。输入公式时，有以下规则：

(1) 在输入公式前，先输入一个 "=" 号。

(2) 公式中使用的运算符主要有四种：算术运算符、比较运算符、文本运算符、引用运算符。

算术运算符包括 +、–、*、/、%(百分数)和^(乘方)。

比较运算符包括 =、>、>=、<、<=、<>，其结果为 TRUE 或 FALSE。

文本运算符&用于连接两个文本，以便产生一段连续的文本。例如，在 A1 中输入 "你"，在 B1 中输入 "们"，在 C1 中输入公式 "=A1＆B1＆好"，则 C1 中出现 "你们好"。

引用运算符包括 :(冒号)、,(逗号)、空格，用于定义一个单元格区域。例如，A1:A5 表示 A1 至 A5 区域的所有单元格。

3) 函数的使用

函数是预先编写的公式，可以对一个或多个值执行运算，并返回一个或多个值。函数可以简化和缩短工作表中的公式，尤其在用公式执行很长或复杂的计算时。Excel 提供了许多内置函数，为用户对数据进行运算和分析带来了方便。这些函数包括财务、日期和时间、数学和三角函数、统计、查找与引用、多维数据集、文本、逻辑、信息等。

函数的语法形式为 "函数名(参数 1，参数 2，…)"。其中的参数可以是常量、单元格、区域、区域名或其他函数。

(1) 函数输入。

函数输入有两种方法：一种是直接输入法，另一种是粘贴函数法。

如果用户对函数名和参数的意义都非常清楚，则可以直接在单元格或公式栏中输入该函数，然后按回车键得出函数结果。但由于 Excel 有几百个函数，要在单元格或公式栏中直接输入函数难度很大，因此，一般采用粘贴函数法输入函数，具体操作如下：

① 选定要输入函数的单元格(如 C3)。

② 单击工具栏上的 "插入函数" 按钮 f_x，或单击 "公式" 选项卡，选择 "插入函数"，

弹出"插入函数"对话框，如图 4-43 所示。

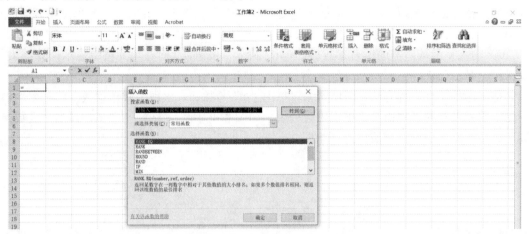

图 4-43　"插入函数"对话框

③ 在"或选择类别"下拉列表框中选择函数类型(如"常用函数")，在"选择函数"列表框中选择函数名称(如 SUM)，如图 4-44(a)所示，单击"确定"按钮，弹出"函数参数"对话框，如图 4-44(b)所示。

(a) "插入函数"对话框

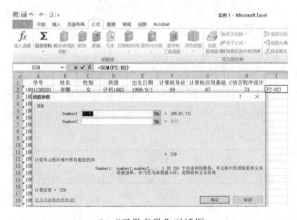

(b) "函数参数"对话框

图 4-44　"插入函数"对话框和"函数参数"对话框

④ 在参数框中输入常量、单元格或区域名。若对单元格或区域无把握，则可单击参数框右侧折叠对话框按钮　，以暂时折叠起对话框，露出工作表，此时可选择单元格区域(如F2:H2)，之后单击折叠后的输入框右侧按钮，恢复"函数参数"对话框。

⑤ 输入完函数所需的所有参数后，单击"确定"按钮，此时在单元格中显示计算结果，编辑栏中显示公式。

粘贴函数还有一种方法，即单击编辑栏中"="号按钮，出现公式选项板，单击编辑栏左侧函数列表框的下拉箭头，出现函数列表，如图 4-45 所示，选定函数名，弹出"函数参数"对话框，之后操作与前述方法相同。

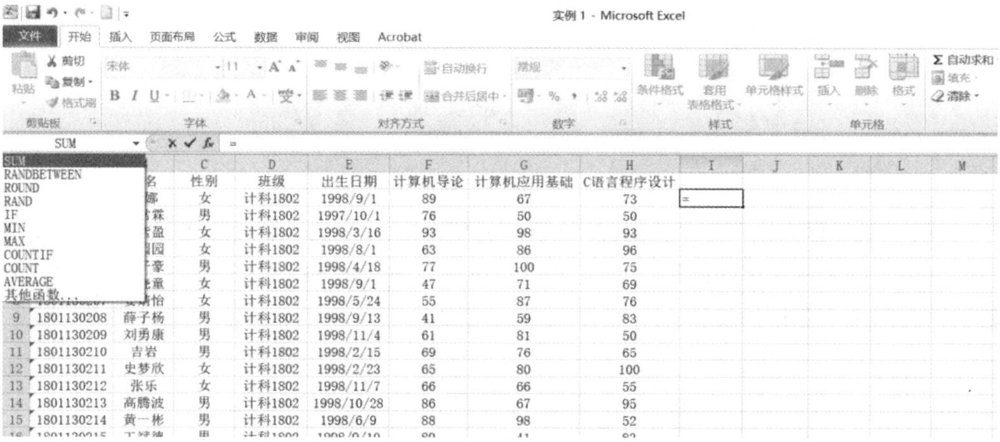

图 4-45　函数列表中的函数

输入函数后如果需要修改，则可以在编辑栏中直接修改，也可以单击"粘贴函数"按钮或单击编辑栏上的"="按钮进入"函数参数"对话框进行修改。如果要换成其他函数，则应先选定要换掉的函数，再选择其他函数，否则会将新函数嵌套在原函数中。

(2) SUM( )、AVERAGE( )、MAX( )、MIN( )函数。

数学函数是计算机中的常用函数，包括求和函数 SUM( )、求平均函数 AVERAGE( )、求最大值函数 MAX( )、求最小值函数 MIN( )。

(3) COUNT( )、COUNTA( )、COUNTBLANK( )、COUNTIF( )函数。

COUNT( )函数用于统计给定区域中数字单元格的个数。注意：COUNT( )只能统计数字单元格的个数，不能统计类似姓名这样的文本字段的单元格个数。

COUNTA( )函数用于统计给定区域中非空单元格的个数。

COUNTBLANK( )函数用于统计给定区域中空单元格的个数。

COUNTIF( )函数用于计算给定区域中满足一定条件的单元格个数。条件指的是对单元格数据内容的约束，比如单元格中数值">75"，再如单元格中文本为"男"。

(4) YEAR( )、TODAY( )函数。

YEAR( )函数的参数是一个日期格式的数据，结果返回该日期所在的年份。TODAY( )是不带参数的函数，返回值为系统时间。例如，"=YEAR(TODAY)"的结果是系统时间日期中的年份。

(5) RANK( )函数。

RANK( )是排名函数，用于求一个数字在一组数字中的排名。

3. 实现方法与步骤

1) 应用 YEAR()、TODAY()函数计算年龄

如图 4-46(a)所示，E 列单元格的数字为日期格式，表示出生年月日，要想在 F 列中计算出年龄，则插入 1 列作为 F 列，在 F1 单元格中输入"年龄"，并用当前的年份减去出生的年份即求得年龄。

函数 TODAY()没有参数，返回当前系统日期；函数 YEAR()返回日期参数中的年份。

公式"=YEAR(TODAY())-YEAR(E2)"的含义：TODAY()返回系统日期，假设返回值为当前系统日期 2009-10-5，YEAR(TODAY( ))的运算结果为当前系统日期的年份 2019，YEAR(E2)的结果是返回 E2 单元格中日期的年份 1998，整个公式"=YEAR(TODAY( ))-YEAR(E2)"的运算结果为 21。具体方法如下：

在 F2 单元格中输入"="，开始编辑公式，单击编辑栏上的"插入函数"按钮，打开"插入函数"对话框，如图 4-46(a)所示，在"或选择类别"下拉列表框中选择"日期与时间"，在"选择函数"列表框中选择"YEAR()"，单击"确定"按钮，弹出"函数参数"对话框。在文本框中输入"TODAY()"，表示第一步返回系统年份，如图 4-46(b)所示，单击"确定"按钮。然后在编辑栏中输入"-"(减号)，再次单击编辑栏左侧的"插入函数"按钮，打开"插入函数"对话框，在"选择函数"列表框中选择"YEAR()"，单击"确定"按钮，在弹出的"函数参数"对话框的文本框中输入"E2"，或者直接单击 E2 单元格。

(a)"插入函数"对话框

(b) TODAY()函数的输入

图 4-46　YEAR()函数实例

完成以上编辑后按回车键，这时在 F2 单元格中显示"1900/1/22"，这是以日期格式表示数字 22，选中 F 列，单击鼠标右键弹出快捷菜单，选择"设置单元格格式"命令，在弹出的"设置单元格格式"对话框中选择"数字"→"常规"类型，则 F2 单元格中显示值 22。双击 F2 单元格的填充柄，完成 F 列其余单元格的填充。

2) 应用公式和函数计算总分、平均分

在 J 列输入每个学生的总分，也就是 3 门功课成绩的和，在 J2 单元格中先输入"="，再输入公式"G2+H2+I2"，单击"确认"按钮，即可算出总分。利用填充柄复制公式，因为是间接引用，J2 单元格的公式保存为本行位置为前三个单元格的和，复制到 J3 单元格时，公式变为"G3+H3+I3"。利用 J2 单元格的值除以 3 计算 K2 单元格的平均值，设置保留一位小数位，如图 4-47 所示。

学号	姓名	性别	班级	出生日期	年龄	计算机导论	计算机应用基础	C语言程序设计	总分	平均分
1801130201	李娜	女	计科1802	1998/9/1	22	89	67	73	229	76.3
1801130202	甘常霖	男	计科1802	1997/10/1	23	76	50	50	176	58.7
1801130203	王紫盈	女	计科1802	1998/3/16	22	93	98	93	284	94.7
1801130204	师园园	女	计科1802	1998/8/1	22	63	86	96	245	81.7
1801130205	王子豪	男	计科1802	1998/4/18	22	77	100	75	252	84.0
1801130206	雷晓童	女	计科1802	1998/9/1	22	47	71	69	187	62.3
1801130207	姜婧怡	女	计科1802	1998/5/24	22	55	87	76	218	72.7
1801130208	薛子杨	男	计科1802	1998/9/13	22	41	59	83	183	61.0
1801130209	刘勇康	男	计科1802	1998/11/4	22	61	81	50	192	64.0
1801130210	吉岩	男	计科1802	1998/2/15	22	69	76	65	210	70.0
1801130211	史梦欣	女	计科1802	1998/2/23	22	65	80	100	245	81.7
1801130212	张乐	女	计科1802	1998/11/7	22	66	66	55	187	62.3
1801130213	高腾波	男	计科1802	1998/10/28	22	86	67	95	248	82.7
1801130214	黄一彬	男	计科1802	1998/6/9	22	88	98	52	238	79.3
1801130215	王斌德	男	计科1802	1998/9/10	22	89	41	83	213	71.0
1801130216	王龙	男	计科1802	1999/7/11	21	63	73	85	221	73.7
1801130217	韩磊	男	计科1802	1999/4/12	21	62	73	59	194	64.7
1801130218	张向阳	男	计科1802	1999/6/13	21	71	100	43	214	71.3
1801130219	刘艳佳	女	计科1802	1998/7/4	22	90	65	83	238	79.3
1801130220	李卓亚	男	计科1802	1998/12/15	22	45	50	87	182	60.7

图 4-47 总分和平均分计算结果

在 G28 单元格中计算出"计算机导论"课程全班同学成绩的总分，如用公式计算，公式会很长，可以使用 SUM()函数来计算总分。选择 G28 单元格，单击"开始"选项卡，在"编辑"组中单击"自动求和"右侧的下拉按钮，如图 4-48 所示，在下拉菜单中选择"求和"选项，如图 4-49 所示，通过拖动光标调节计算范围，或直接输入"G2:G26"后按回车键，求和结果即显示在单元格中。通过填充操作完成其余各行总分的计算。

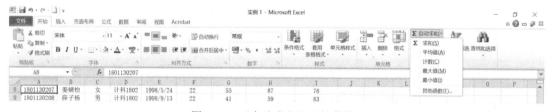

图 4-48 "自动求和"下拉菜单

在 G29 单元格中使用 AVERAGE()函数计算"计算机导论"课程全班同学成绩的平均分。选择 G29 单元格，单击编辑栏的"插入函数"按钮，弹出"插入函数"对话框，在"或选择类别"下拉列表框中选择"常用函数"，在"选择函数"列表框中选择"AVERAGE"，单击"确定"按钮，在弹出的"函数参数"对话框的文本框中输入"G2:G26"，或者单击"Value1"参数框右侧的按钮，选择 G2:G26 区域，如图 4-50 所示，单击"确定"按钮即求得平均成绩。

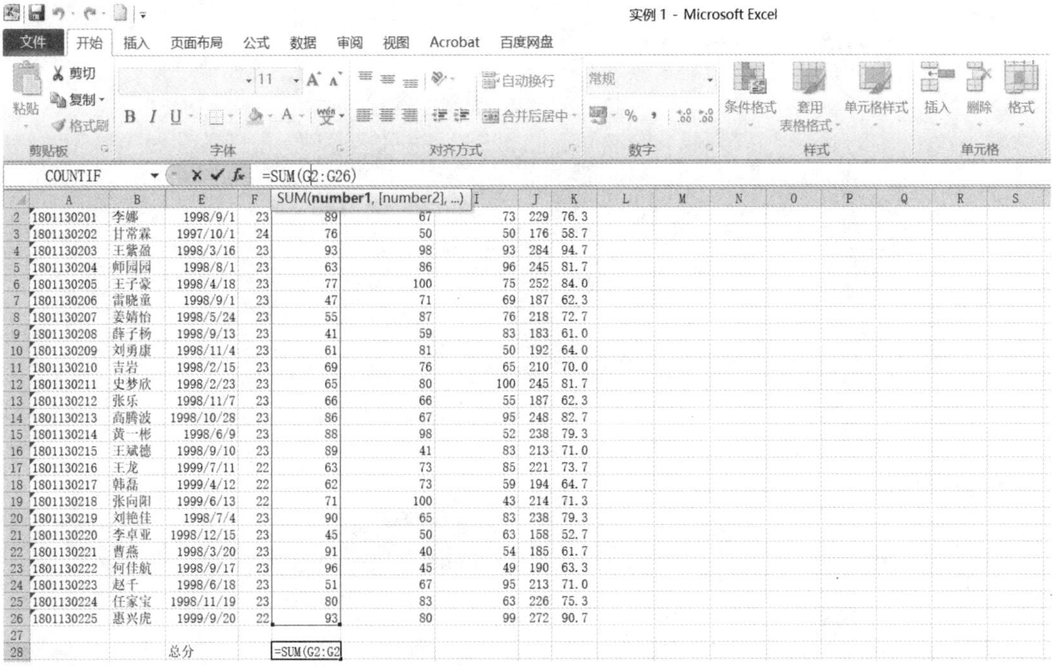

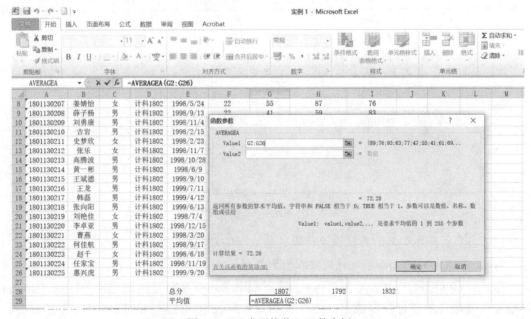

图 4-49　"求和"函数实例

图 4-50　"求平均值"函数实例

3) 应用 MAX()、MIN()函数计算最大、最小值

利用 MAX()函数计算"计算机导论"课程全班同学成绩中的最高分。选择 G30 单元格，

单击"开始"选项卡，在"编辑"组中单击"自动求和"下拉按钮，在下拉列表中选择"最大值"，即在 G30 单元格中自动生成 MAX( )函数，如图 4-51(a)所示，在括号内输入"G2:G26"，或者直接选择 G2:G26，如图 4-51(b)所示，按回车键后单元格中即显示最高分。

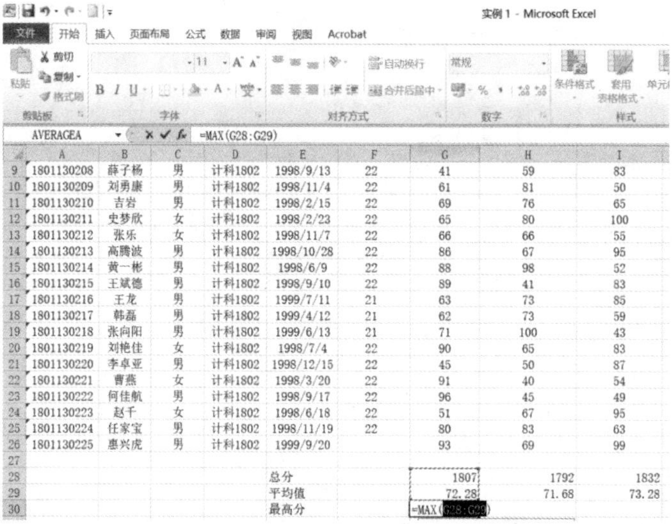

(a) 自动生成 MAX( )函数

(b) 输入 MAX( )函数的参数

图 4-51 MAX( )函数的应用

请读者自行应用类似的方法快速计算各科成绩的最低分。

4) 应用 COUNTIF( )函数统计及格人数和及格率

COUNTIF( )函数有 Range 和 Criteria 两个参数，Range 参数是所要统计的区域，Criteria 参数是所要统计的条件，以数字、表达式和文本来表示。注意：运算符一定要在英文状态下输入。

选中 G32 单元格，应用 COUNTIF( )函数统计"计算机导论"课程的及格人数，Criteria 参数在英文状态下输入">=60"，如图 4-52 所示，并统计出其他两门课程的及格人数。同时使用 COUNT()函数统计各门课程的考试人数，用公式计算及格率并设置为百分数，如图 4-53 所示。

图 4-52　COUNTIF()函数的使用

7	1801130206	雷晓童	1998/9/1	23	47		71		69	187	62.3
8	1801130207	姜婧怡	1998/5/24	23	55		87		76	218	72.7
9	1801130208	薛子杨	1998/9/13	23	41		59		83	183	61.0
10	1801130209	刘勇康	1998/11/4	23	61		81		50	192	64.0
11	1801130210	吉岩	1998/2/15	23	69		76		65	210	70.0
12	1801130211	史梦欣	1998/2/23	23	65		80		100	245	81.7
13	1801130212	张乐	1998/11/7	23	66		66		55	187	62.3
14	1801130213	高腾波	1998/10/28	23	86		67		95	248	82.7
15	1801130214	黄一彬	1998/6/9	23	88		98		52	238	79.3
16	1801130215	王斌德	1998/9/10	23	89		41		83	213	71.0
17	1801130216	王龙	1999/7/11	22	63		73		85	221	73.7
18	1801130217	韩磊	1999/4/12	22	62		73		59	194	64.7
19	1801130218	张向阳	1999/6/13	22	71		100		43	214	71.3
20	1801130219	刘艳佳	1998/7/4	23	90		65		83	238	79.3
21	1801130220	李卓亚	1998/12/15	23	45		50		63	158	52.7
22	1801130221	曹燕	1998/3/20	23	91		40		54	185	61.7
23	1801130222	何佳航	1998/9/17	23	96		45		49	190	63.3
24	1801130223	赵千	1998/6/18	23	51		67		95	213	71.0
25	1801130224	任家宝	1998/11/19	23	80		83		63	226	75.3
26	1801130225	惠兴虎	1999/9/20	22	93		80		99	272	90.7
27											
28			总分		1807		1803		1808		
29			平均分		72.3		72.1		72.3		
30			最高分		96		100		100		
31			最低分		41		40		43		
32			及格人数		20		19		17		
33			总人数		24		24		24		
34			及格率		83%		79%		71%		

图 4-53　及格率实例

5) 应用 RANK()函数快速计算数学成绩最低分

在 L 列统计每个学生的平均分由高到低的排名。

选择 L2 单元格，单击编辑栏上的"插入函数"按钮 f_x ，打开"插入函数"对话框，如图 4-54 所示，在"或选择类别"下拉列表框中选择"统计"，在"选择函数"列表框中选择"RANK.EQ"，单击"确定"按钮，打开"函数参数"对话框，如图 4-55 所示。

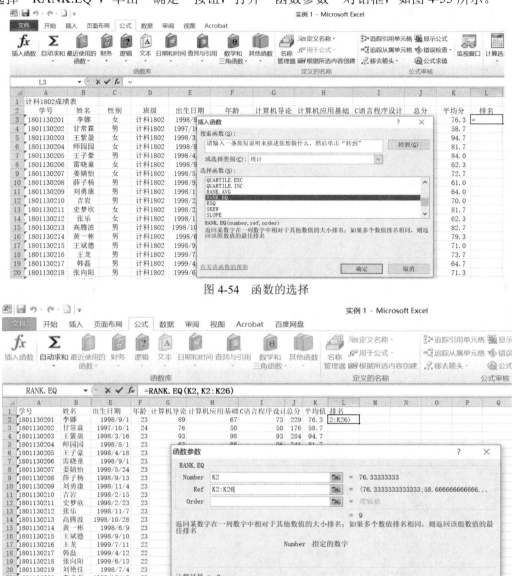

图 4-54　函数的选择

图 4-55　RANK()函数实例

RANK()函数包括三个参数。Number 参数框中输入指定数字，例如在 Number 参数框中输入"K2"，表示计算 K2 单元格数字的排名；在 Ref 参数框中输入"K2:K26"，表示参加比较的区域，合并起来的意思就是计算 K2 单元格在 K2:K26 区域中的排名；Order 参数表示统计从大到小的排名，可以忽略，分数最高的排名为 1。单击"确定"按钮，这时在 K2 单元格中显示计算结果为 9，表示 K2 单元格的数据在 K2:K26 区域中从高到低降序排列第 9。

RANK.AVG() 函数和 RANK.EQ() 函数在两个相同的分数时结果是有区别的：RANK.EQ() 函数的处理方式是将这两个同学并列为同一名次，而在他们后面的同学会直接略过重复的排名；而 RANK.AVG() 函数在遇到相同名次时会采用平均值的方式作为排名，如图 4-56 所示。

学号	姓名	性别	班级	出生日期	年龄	计算机导论	计算机应用基础	C语言程序设计	总分	平均分	排名
1801130201	李娜	女	计科1802	1998/9/1	22	89	67	73	229	76.3	9
1801130202	甘常霖	男	计科1802	1997/10/1	23	76	50	50	176	58.7	25
1801130203	王紫盈	女	计科1802	1998/3/16	22	93	98	93	284	94.7	1
1801130204	师园园	女	计科1802	1998/8/1	22	63	86	96	245	81.7	5
1801130205	王子豪	男	计科1802	1998/4/18	22	77	100	75	252	84.0	3
1801130206	雷晓童	女	计科1802	1998/9/1	22	47	71	69	187	62.3	20
1801130207	姜婧怡	女	计科1802	1998/5/24	22	55	87	76	218	72.7	12
1801130208	薛子杨	男	计科1802	1998/9/13	22	41	59	83	183	61.0	23
1801130209	刘勇康	男	计科1802	1998/11/4	22	61	81	50	192	64.0	18
1801130210	吉岩	男	计科1802	1998/2/15	22	69	76	65	210	70.0	16
1801130211	史梦欣	女	计科1802	1998/2/23	22	65	80	100	245	81.7	5
1801130212	张乐	女	计科1802	1998/11/7	22	66	66	55	187	62.3	20
1801130213	高腾波	男	计科1802	1998/10/28	22	86	67	95	248	82.7	4
1801130214	黄一彬	男	计科1802	1998/6/9	22	88	98	52	238	79.3	7
1801130215	王斌德	男	计科1802	1998/9/10	22	89	41	83	213	71.0	14
1801130216	王龙	男	计科1802	1999/7/11	21	63	73	85	221	73.7	11
1801130217	韩磊	男	计科1802	1999/4/12	21	62	73	59	194	64.7	17
1801130218	张向阳	男	计科1802	1999/6/13	21	71	100	43	214	71.3	13
1801130219	刘艳佳	女	计科1802	1998/7/4	22	90	65	83	238	79.3	7

(a) 使用 RANK.EQ 函数

学号	姓名	性别	班级	出生日期	年龄	计算机导论	计算机应用基础	C语言程序设计	总分	平均分	排名
1801130201	李娜	女	计科1802	1998/9/1	22	89	67	73	229	76.3	9
1801130202	甘常霖	男	计科1802	1997/10/1	23	76	50	50	176	58.7	25
1801130203	王紫盈	女	计科1802	1998/3/16	22	93	98	93	284	94.7	1
1801130204	师园园	女	计科1802	1998/8/1	22	63	86	96	245	81.7	5.5
1801130205	王子豪	男	计科1802	1998/4/18	22	77	100	75	252	84.0	3
1801130206	雷晓童	女	计科1802	1998/9/1	22	47	71	69	187	62.3	20.5
1801130207	姜婧怡	女	计科1802	1998/5/24	22	55	87	76	218	72.7	12
1801130208	薛子杨	男	计科1802	1998/9/13	22	41	59	83	183	61.0	23
1801130209	刘勇康	男	计科1802	1998/11/4	22	61	81	50	192	64.0	18
1801130210	吉岩	男	计科1802	1998/2/15	22	69	76	65	210	70.0	16
1801130211	史梦欣	女	计科1802	1998/2/23	22	65	80	100	245	81.7	5.5
1801130212	张乐	女	计科1802	1998/11/7	22	66	66	55	187	62.3	20.5
1801130213	高腾波	男	计科1802	1998/10/28	22	86	67	95	248	82.7	4
1801130214	黄一彬	男	计科1802	1998/6/9	22	88	98	52	238	79.3	7.5
1801130215	王斌德	男	计科1802	1998/9/10	22	89	41	83	213	71.0	14.5
1801130216	王龙	男	计科1802	1999/7/11	21	63	73	85	221	73.7	11
1801130217	韩磊	男	计科1802	1999/4/12	21	62	73	59	194	64.7	17
1801130218	张向阳	男	计科1802	1999/6/13	21	71	100	43	214	71.3	13
1801130219	刘艳佳	女	计科1802	1998/7/4	22	90	65	83	238	79.3	7.5

(b) 使用 RANK. AVG 函数

图 4-56　使用 RANK.EQ 和 RANK.AVG 函数

6) 应用$绝对引用地址填充其余单元格的排名

对于 K 列其余单元格的排名计算，不能简单地利用填充柄进行填充，因为如果直接填充引用 K2 单元格中的公式，函数参数就会改变，但是 Ref 参数 K2:K26 应该不变，所以需要对 Ref 参数 K2:K26 使用绝对地址 $K$2:$K$26，绝对地址被复制后不会改变。选中已经编辑好的 K2 单元格，单击编辑栏上的"插入函数"按钮 *fx*，直接弹出"函数参数"对话框，选中 Ref 参数框中的"K2:K26"，直接给行、列标都添加 $ 绝对地址引用符号，单击"确定"按钮就完成了 K2 单元格的编辑。之后，双击 K2 单元格的填充柄，完成其余单元格的计算，结果如图 4-56 所示。

4. 小结

本案例主要介绍了 Excel 公式和函数的基本使用方法及应用，包括求和函数 SUM()，平均值函数 AVERAGE( )，日期函数 YEAR( )、TODAY( )，RANK( )函数，COUNT( )和 COUNTIF( )函数。通过对案例的讲解，可进一步理解绝对引用及相对引用，并可利用公式和函数解决实际问题。

5. 课后练习

新建"考生成绩与录取表"。

"考生成绩与录取表"共有 100 条记录，使用填充法输入考号；姓名只输入前十个；各科成绩使用随机数模拟，用公式计算总分；按照考生只要有一科成绩不及格就不录取，否则就录取的条件，用公式计算"录取否"；在 H22 单元格中用公式计算录取报名考生的录取率；设置补录取的考生，其"录取"单元格的格式为灰底蓝字。

操作步骤提示：

(1) 设置 A 列为序号，在 A3 中输入"1"，通过"序列"对话框中的选项填充至 18。

(2) B 列为姓名列，依次输入姓名。

(3) 通过随机函数 RAND( )或 RANDBETWEEN( )生成 0~100 之间的随机数，用来模拟数据的处理。在 C3 单元格中输入随机数公式"=RANDBETWEEN(20，150)"(如果系统没有此函数，可输入"=INT(RAND( )*130+20)")。在 F3 单元格中输入随机数公式"=RANDBETWEEN(50，300)"(如果系统没有此函数，可输入"=INT(RAND( )*250+50)")。

(4) 将 C3 单元格中的公式复制到 D3、E3 单元格中，选定 C3、D3、E3 单元格区域，拖动填充柄，产生各列下面 3~17 行的考生分数。

(5) 保持选定状态，单击"复制"按钮，再使用"粘贴"下拉菜单中"选择性粘贴"里的"数值"命令将公式转变为数值，计算总分，否则每打开一次文件，数据改变一次(因为是随机数)。

(6) 在 G 列运用公式或函数计算每个学生的总分。

(7) 在"录取否"下的单元格中依次输入公式"=IF(OR(C3<90,D3<90,G3<400),"不录取","录取")"，如图 4-57 所示。

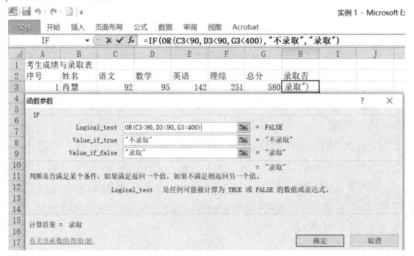

图 4-57 "函数参数"对话框

(8) 在 H22 单元格中输入公式“=COUNTIF(H3:H20，"录取")/COUNTA(H3:H20)”，再设置格式为百分数，计算报名考生的录取率。

(9) 选定“录取否”这一列，选择“样式”组的“条件格式”命令，在下拉菜单中选择“突出显示单元格规则”→“等于”，在弹出的“等于”对话框中进行设置，如图 4-58 所示，单击“确定”按钮。

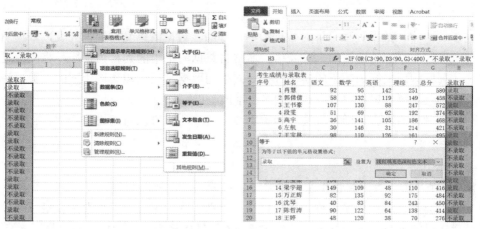

图 4-58　“录取否”的设置

“考生成绩与录取表”效果图如图 4-59 所示。

考生成绩与录取表							
序号	姓名	语文	数学	英语	理综	总分	录取否
1	肖慧	92	95	142	251	580	录取
2	郭倩倩	58	132	119	149	458	不录取
3	王书豪	107	130	88	247	572	录取
4	段雯	51	69	62	192	374	不录取
5	高宇	36	141	105	186	468	不录取
6	左航	30	146	31	214	421	不录取
7	王宝林	98	110	126	161	495	录取
8	李意伟	96	99	35	250	480	录取
9	李亮亮	54	113	128	297	592	不录取
10	杨琛	44	71	77	155	347	不录取
11	黄国涛	59	128	34	259	480	不录取
12	郭文强	82	142	48	105	377	不录取
13	王宝康	104	106	32	274	516	录取
14	梁宇超	149	109	48	110	416	录取
15	万正辉	82	135	92	175	484	不录取
16	沈琴	40	83	84	243	450	不录取
17	陈哲涛	90	122	64	138	414	录取
18	王婷	48	120	38	70	276	不录取
录取率							38.9%

图 4-59　“考生成绩与录取表”效果图

4.3.3 案例 3——学生成绩表的数据分析

1. 案例背景及分析

Excel 除了提供功能强大的各类函数，还具有功能强大的数据库管理功能，可以方便地组织、管理和分析大量的数据信息。在 Excel 中，工作表内连续不间断的数据就是一个数据库，可以对数据库中的数据进行筛选、排序、分类汇总等操作。

本案例中以制作学生成绩表为例，介绍 Excel 的筛选、排序、分类汇总、分类合并等功能。

2. 相关知识与技能

1) 数据清单

在 Excel 中，数据处理是针对数据清单进行的。数据清单又称数据列表，数据清单是一张包含多行多列相关数据的二维表格。通常将数据清单中的列称为字段，将列标题称为字段名，列标题用来标识数据的实例分类。同列的数据是同性质、同类型的。数据清单中的行称为记录，每条记录中对应实例的多个字段数据。

可以像对普通数据一样直接建立和编辑数据清单，也可以对其进行修改、删除、查看和查询等操作。

2) 数据排序

(1) 排序是指将表中数据按某列或某行递增或递减的顺序进行重新排列。根据一列或多列中的值对数据进行排序，称为按列排序。根据一行或多行中的值对数据进行排序，称为按行排序。通常数字由小到大、字母由 A～Z 的排序称为升序，反之称为降序。

(2) 不同类型关键字的排序规则如下：

数值：按数值的大小。

字母：按字母先后顺序。

日期：按日期的先后。

汉字：按汉语拼音的顺序或按笔画顺序。

逻辑值：升序时 FALSE 排在 TRUE 前面，降序时相反。

空格：总是排在最后。

3) 数据筛选

数据筛选是指在数据清单中只显示符合某种条件的数据，不满足条件的数据被暂时隐藏起来，并未真正删除；一旦取消筛选条件，这些数据又重新出现。筛选分为自动筛选和高级筛选。自动筛选一般用于简单条件的筛选，高级筛选用于复杂条件的筛选。

4) 分类汇总

使用"分类汇总"命令可以对数据清单中的数据进行分类显示，并对相应的字段进行统计。进行分类汇总的表格必须带有标题(字段名)，并且已经按分类字段进行了排序。

3. 实现方法与步骤

(1) 根据 4.3.2 小节的方法制作表格，如图 4-60 所示。

(2) 排序：根据总分降序排序。具体操作如下：

① 排序操作可以使用三种方式：第一种是单击"开始"选项卡，在"编辑"组中单击"排序和筛选"下拉按钮，打开菜单如图 4-61(a)所示，根据需要选择"升序"或"降序"命令；第二种是单击"数据"选项卡，在"连接"组中选择"排序"选项，如图 4-61(b)所示，然后进行排序操作；第三种是选中所需排序的数据，单击鼠标右键，弹出快捷菜单，如图 4-61(c)所示，然后选择相应命令进行排序操作。

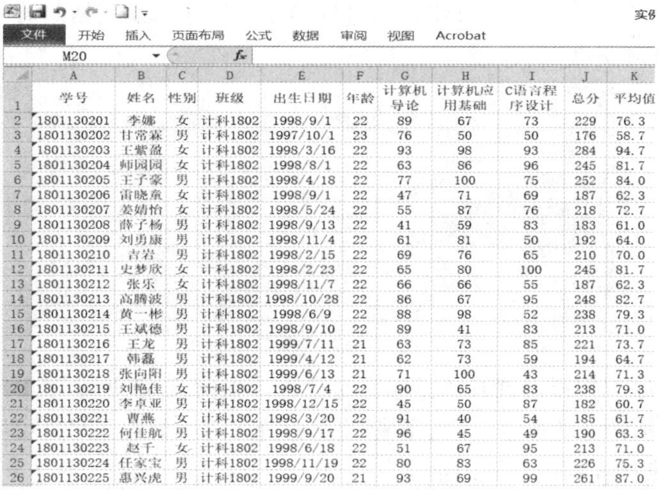

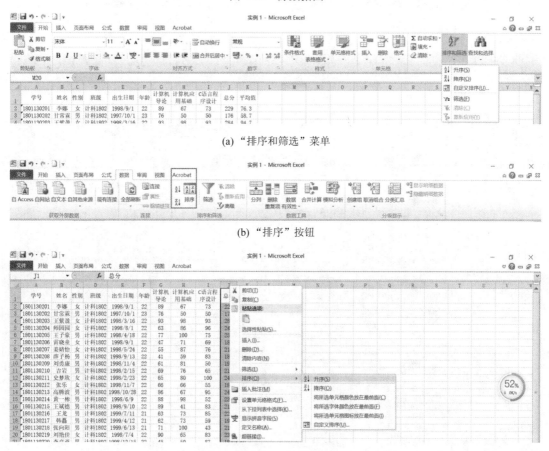

图 4-60　源数据图

(a) "排序和筛选" 菜单

(b) "排序" 按钮

(c) "排序" 快捷菜单

图 4-61　排序

② 选中 "总分" 这一列，或单击 "总分" 这一列的任意一个单元格，用上面三种方法都可以打开 "排序提醒" 对话框，如图 4-62 所示。单击 "扩展选定区域" 单选按钮。若选

中"以当前选定区域排序"单选按钮，则排序结果只排序当前数据，而其他字段不发生改变，这会导致数据不匹配。

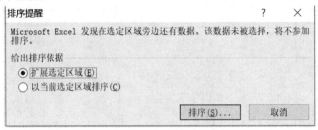

图 4-62 "排序提醒"对话框

③ 单击"排序"按钮，打开"排序"对话框，如图 4-63 所示，单击"确定"按钮，结果如图 4-64 所示。可以看出，整个数据按总分降序进行调整。另外可以看出，若总分一样的记录，则原来排在前面位置的继续保持在前面。

图 4-63 "排序"对话框

	A	B	C	D	E	F	G	H	I	J	K
1	学号	姓名	性别	班级	出生日期	年龄	计算机导论	计算机应用基础	C语言程序设计	总分	平均值
2	1801130203	王紫盈	女	计科1802	1998/3/16	22	93	98	93	284	94.7
3	1801130225	惠兴虎	男	计科1802	1999/9/20	21	93	69	99	261	87.0
4	1801130205	王子豪	男	计科1802	1998/4/18	22	77	100	75	252	84.0
5	1801130213	高腾波	男	计科1802	1998/10/28	22	86	67	95	248	82.7
6	1801130204	师园园	女	计科1802	1998/8/1	22	63	86	96	245	81.7
7	1801130211	史梦欣	女	计科1802	1998/2/23	22	65	80	100	245	81.7
8	1801130214	黄一彬	男	计科1802	1998/6/9	22	88	98	52	238	79.3
9	1801130219	刘艳佳	女	计科1802	1998/7/4	22	90	65	83	238	79.3
10	1801130201	李娜	女	计科1802	1998/9/1	22	89	67	73	229	76.3
11	1801130224	任家宝	男	计科1802	1998/11/19	22	80	83	63	226	75.3
12	1801130216	王龙	男	计科1802	1999/7/11	21	63	73	85	221	73.7
13	1801130207	姜婧怡	女	计科1802	1998/5/24	22	55	87	76	218	72.7
14	1801130218	张向阳	男	计科1802	1999/6/13	21	71	100	43	214	71.3
15	1801130215	王斌德	男	计科1802	1998/9/10	22	89	41	83	213	71.0
16	1801130223	赵千	男	计科1802	1998/5/1	22	51	67	95	213	71.0
17	1801130210	吉岩	男	计科1802	1998/2/15	22	69	76	65	210	70.0
18	1801130217	韩磊	男	计科1802	1999/4/12	21	62	73	59	194	64.7
19	1801130209	刘勇康	男	计科1802	1999/11/4	22	61	81	50	192	64.0
20	1801130222	何佳航	男	计科1802	1998/9/17	22	96	45	49	190	63.3
21	1801130206	雷晓童	女	计科1802	1998/9/1	22	47	71	69	187	62.3
22	1801130212	张乐	女	计科1802	1998/11/7	22	66	66	55	187	62.3
23	1801130221	曹燕	女	计科1802	1998/3/20	22	91	40	54	185	61.7
24	1801130208	薛子杨	男	计科1802	1998/9/13	22	41	59	83	183	61.0
25	1801130220	李卓亚	男	计科1802	1998/12/15	22	45	50	87	182	60.7
26	1801130202	甘常霖	男	计科1802	1997/10/1	23	76	50	50	176	58.7

图 4-64 排序结果

④ 设置在约定总分一致的情况下，"C 语言程序设计"课程分数高的同学排在前面。在"排序"对话框中，单击"添加条件"标签，在"次要关键字"下拉列表框中选择"C

语言程序设计"，在主关键字相同时，以次要关键字为主，如图 4-65 所示。排序效果如图 4-66 所示。如有需要，可继续添加关键字。

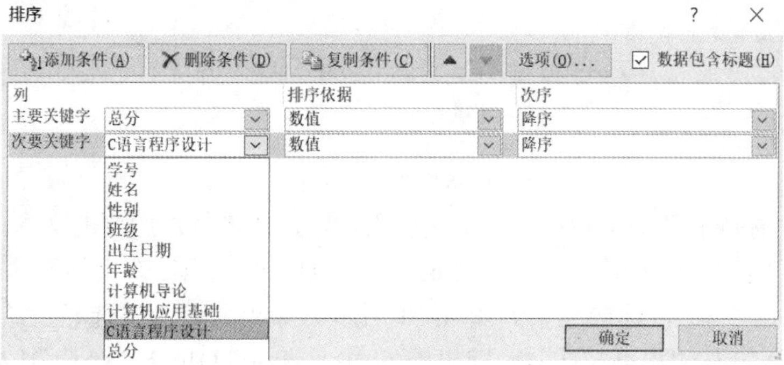

图 4-65　"添加条件"标签

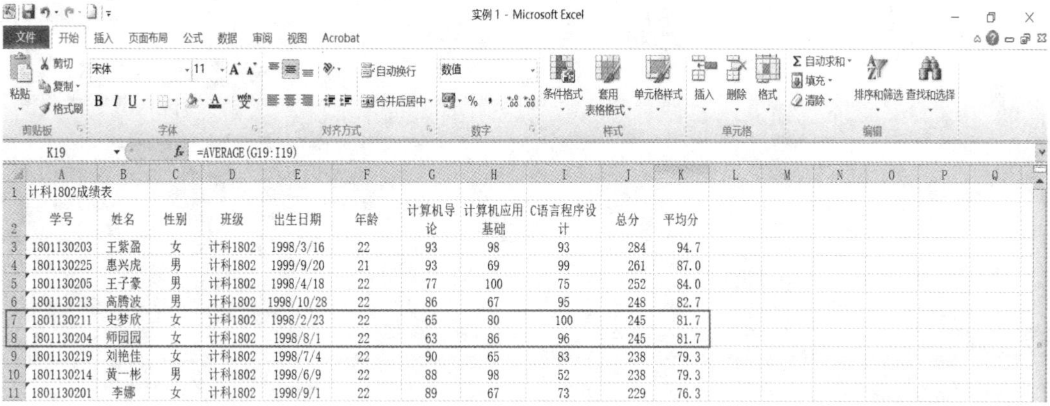

图 4-66　排序效果图

注意：利用排序结果可以在 G 列自动添加"排名"一列，在 G1 单元格中输入"排名"，在 G2 单元格中输入"1"，利用填充柄依次填充。

(3) 进行自动筛选操作。

① 打开 Excel 表格，单击表格中的任意单元格，然后单击"数据"选项卡，选择"排序和筛选"组中的"筛选"选项。我们可以看到，表头列标题右侧会出现一个下拉按钮，如图 4-67 所示，单击这个按钮，就会出现筛选功能的选择列表。也可通过单击"开始"选项卡，在"编辑"组中选择"排序和筛选"→"筛选"来实现，如图 4-68 所示。

图 4-67　"筛选"按钮

图 4-68 "筛选"选项

② 单击列标题右侧的下拉按钮，筛选所需数字，或者筛选所要的文本。单击"性别"列标题右侧的下拉按钮，弹出菜单如图 4-69 所示，如需筛选出所有女同学的成绩，则在"文本筛选"下勾选"女"，筛选结果如图 4-70 所示。如果要取消筛选显示结果，则可以单击"性别"列标题右侧的下拉按钮，弹出的界面(见图 4-71)单击"全选"，从而清除筛选。单击"排序和筛选"组中的"清除"命令也可完成该操作。

图 4-69 "文本筛选"选项

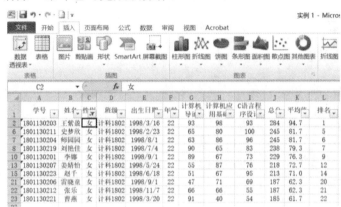

图 4-70 "文本筛选"结果

图 4-71 清除"筛选"

③ 当筛选操作不是筛选某个值的某条或某些记录，而是筛选一些条件时，应单击列标题右侧的下拉按钮，然后选择"文本筛选"选项或"数字筛选"选项，如图 4-72 所示。例如，筛选"计算机导论"课程成绩大于等于 60 分的记录，应选择"数字筛选"→"大于或等于"选项，在弹出的对话框中输入"60"；又如，筛选所有"计算机导论"课程成绩高于平均分的记录，应选择"数字筛选"→"高于平均值"选项。

(a) "文本筛选"菜单

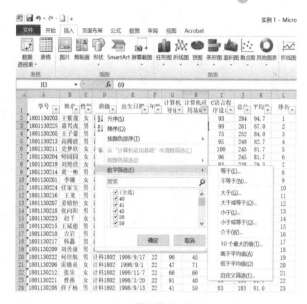

(b) "数字筛选"菜单

图 4-72　筛选菜单

④ 筛选出"计算机导论"课程成绩为 80~89 分数段的记录,可以使用"自定义自动筛选方式"对话框进行设置,如图 4-73 所示。"与"运算只有当两个操作数都为真时,结果才为真;"或"运算中两个操作数只要有一个为真,结果就为真。

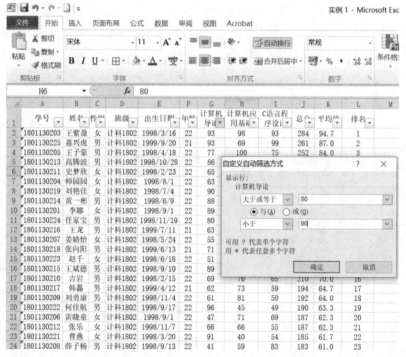

图 4-73　"自定义自动筛选方式"对话框

(4) 进行高级筛选操作。

当需要查询的数据较多或要把查询的结果汇总制作成表格时,就需要用到 Excel 中的高级筛选工具。高级筛选可将筛选结果复制到其他表中，可实现多字段的筛选结果，也可实现非重复值的筛选。具体操作如下：

① 要进行高级筛选，首先要建立一个条件区域。条件区域必须和数据区域隔开一个空行和一个空列。在条件区域中，同一行中的条件为"与条件"，不是同一行的条件为"或条件"，如图 4-74 所示。"与条件"就是这些条件必须同时满足，而"或条件"就是这些条件只满足其中一项即可。

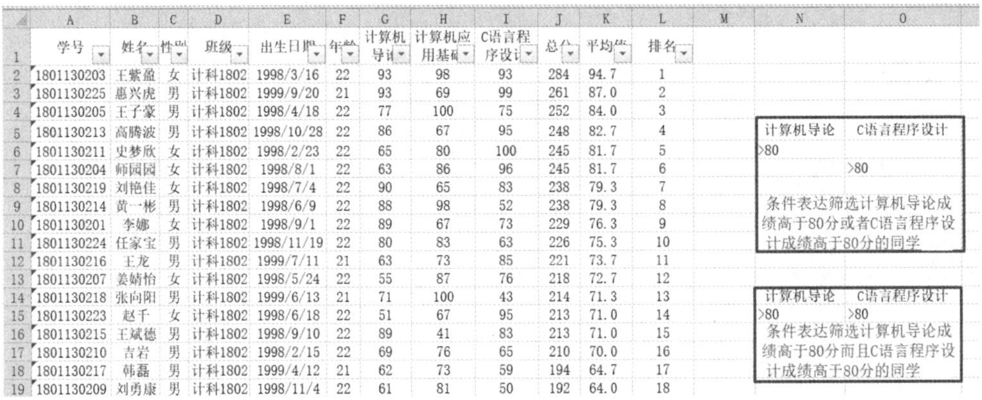

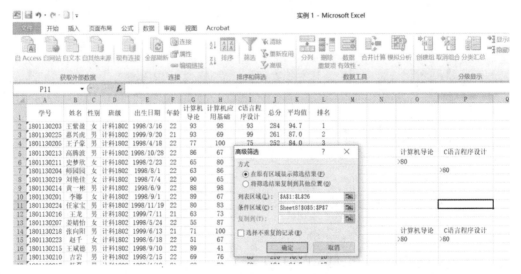

图 4-74 条件区域演示

② 打开需要筛选的文件，单击"数据"选项卡，选择"排序和筛选"组中的"高级"选项，弹出如图 4-75 所示"高级筛选"对话框。在"高级筛选"对话框中，主要有列表区域(需要筛选的区域)和条件区域(就是刚才创建的条件区域)。一般来说会给出列表区域，我们只需输入条件区域就可以了，列表区域和条件区域都可以通过移动光标来选取。"在原有区域显示筛选结果"就是筛选的结果在原表中体现。最后单击"确定"按钮完成筛选。

图 4-75 "高级筛选"对话框

③ 在原表中筛选出"计算机导论"课程成绩高于 80 分或者"C 语言程序设计"课程成绩高于 80 分的同学，结果如图 4-76 所示。

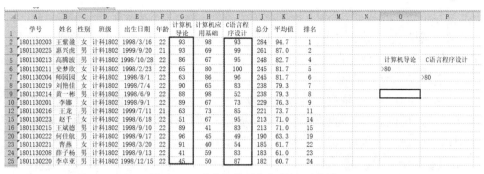

图 4-76　"或"关系高级筛选示意图

④ 从第 30 行开始筛选出"计算机导论"或者"C 语言程序设计"课程成绩高于 80 分的同学，结果如图 4-77 所示。

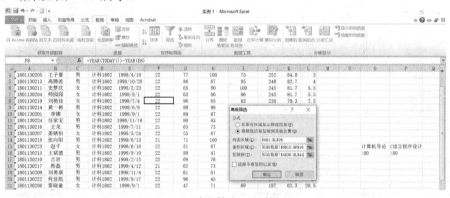

(a) "高级筛选"对话框

(b) "与"关系高级筛选示意图

图 4-77　"与"关系高级筛选操作

(5) 进行分类汇总操作。

"分类汇总"是 Excel 中最常用的工具,平时我们在工作中也时常用到。下面要求分别汇总出男生和女生三门功课的平均成绩,并将汇总结果显示在数据下方。具体操作如下:

① 选定要编辑的单元格区域。

② 以哪个字段为分类依据,就以该字段进行排序,使分类字段相同的记录连续。完成所有的操作后,可以观察,如没有进行排序操作而直接分类汇总,则会出现哪种情况。在此清单中以"性别"字段对其进行排序,如图 4-78 所示。

学号	姓名	性别	班级	出生日期	年龄	计算机导论	计算机应用基础	C语言程序设计	总分	平均值
1801130225	惠兴虎	男	计科1802	1999/9/20	21	93	69	99	261	87.0
1801130205	王子豪	男	计科1802	1998/4/18	22	77	100	75	252	84.0
1801130213	高腾波	男	计科1802	1998/10/28	22	86	67	95	248	82.7
1801130214	黄一彬	男	计科1802	1998/6/9	22	88	98	52	238	79.3
1801130224	任家宝	男	计科1802	1998/11/19	22	80	83	63	226	75.3
1801130216	王龙	男	计科1802	1999/7/11	21	63	73	85	221	73.7
1801130218	张向阳	男	计科1802	1999/6/13	21	71	100	43	214	71.3
1801130215	王斌德	男	计科1802	1998/9/10	22	89	41	83	213	71.0
1801130210	吉岩	男	计科1802	1998/2/15	22	69	76	65	210	70.0
1801130217	韩磊	男	计科1802	1999/4/12	21	62	73	59	194	64.7
1801130209	刘勇康	男	计科1802	1998/11/4	22	61	81	50	192	64.0
1801130222	何佳航	男	计科1802	1998/9/13	22	96	45	49	190	63.3
1801130208	薛子杨	男	计科1802	1998/9/13	22	41	59	83	183	61.0
1801130220	李卓亚	男	计科1802	1998/12/15	22	45	50	87	182	60.7
1801130202	甘常霖	男	计科1802	1997/10/1	23	76	50	50	176	58.7
1801130203	王紫盈	女	计科1802	1998/3/16	22	93	98	93	284	94.7
1801130211	史梦欣	女	计科1802	1998/2/23	22	65	80	100	245	81.7
1801130204	师园园	女	计科1802	1998/8/1	22	63	86	96	245	81.7
1801130219	刘艳佳	女	计科1802	1998/7/4	22	90	65	83	238	79.3
1801130201	李娜	女	计科1802	1998/9/1	22	89	67	73	229	76.3
1801130207	姜婧怡	女	计科1802	1998/5/24	22	55	87	76	218	72.7
1801130223	赵千	女	计科1802	1998/6/18	22	51	67	95	213	71.0
1801130206	雷晓童	女	计科1802	1998/9/1	22	47	71	69	187	62.3
1801130212	张乐	女	计科1802	1998/11/7	22	66	66	55	187	62.3
1801130221	曹燕	女	计科1802	1998/3/20	22	91	40	54	185	61.7

图 4-78　以"性别"字段进行排序

③ 单击"数据"选项卡,选择"分级显示"组中的"分类汇总"选项,如图 4-79 所示,弹出"分类汇总"对话框。

图 4-79　"分类汇总"按钮

④ 在"分类汇总"对话框中按要求在"分类字段"下拉列表框中选择"性别",在"汇总方式"下拉列表框中选择"平均值",在"选定汇总项"列表框中选择三门功课,勾选"汇总结果显示在数据下方"复选框,如图 4-80 所示。

图 4-80　"分类汇总"对话框

⑤ 单击"确定"按钮，汇总效果如图 4-81 所示。

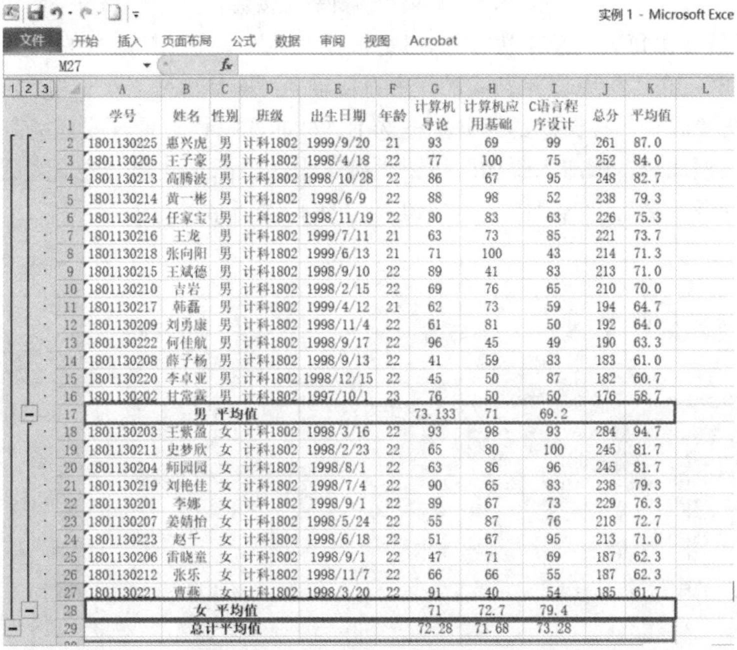

图 4-81　分类汇总效果图

(6) 进行合并计算操作。

在 Excel 中录入数据后都需要进行统计计算，而且经常需要用到合并计算。为了便于讲解，下面以另外一个例子介绍合并计算操作。如图 4-82 所示，已知某电器商场三家分店在 7 月 1 日到 7 月 3 日之间的销售记录单，现在需要统计每天的总销售收入以及每种电器在这三天中的总销售收入，并分别生成新的表格。

(a) A店销售记录单　　　(b) B店销售记录单　　　(c) C店销售记录单

图 4-82　销售记录单

① 将光标移动到放置统计结果的开始单元格中,单击"数据"选项卡,选择"数据工具"组中的"合并计算"选项,如图 4-83 所示,在打开的"合并计算"对话框中进行设置。

图 4-83　"合并计算"按钮

② 由于需统计出每天的总销售收入,因此在"合并计算"对话框的"函数"下拉列表框中选择"求和",在"引用位置"编辑栏中直接输入"A 店!$A$2:$C$10"或移动光标进行框选,然后单击"添加"按钮。继续分别框选 B、C 店的销售记录,或直接在编辑栏中输入框选区域,每次框选后,单击"添加"按钮。接下来在"标签位置"选项区域勾选"首行""最左列"复选框,最后单击"确定"按钮,如图 4-84 所示。

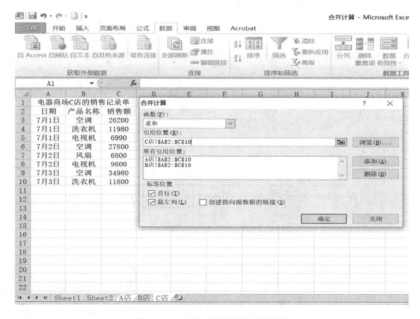

图 4-84　"合并计算"对话框

可以看到生成了新的表格,如图 4-85 所示。

图 4-85　统计结果表

③ 对表格进行调整，将 A18:A20 单元格区域格式设置为"日期型"，并在 A17 单元格中输入"销售日期"字段名，删除 B17:B20 单元格区域，即完成统计每天的总销售收入的任务。

④ 统计每种电器在这三天的总销售收入，方法和计算每天的总销售收入相同。选择"合并计算"选项，打开"合并计算"对话框后，需要将"所有引用位置"列表框中的三个区域分别选中，然后单击"删除"按钮，再框选新的引用位置，如图 4-86 所示，单击"确定"按钮，在 D17 单元格处便可以看到新的表格(在进行合并计算之前选中的单元格)，同样在 D17 单元格中输入"产品名称"即可。操作结果如图 4-87 所示。

17	销售日期	销售额		产品名称	销售额
18	7月1日	138470		空调	221580
19	7月2日	134000		风扇	12669
20	7月3日	144869		电视机	78930
21				洗衣机	104160

图 4-86　"合并计算"对话框　　　　　图 4-87　"合并计算"统计结果

4. 小结

本案例通过对"学生成绩数据分析"实例和"某电器商城销售数据的统计"实例的学习，可以充分了解 Excel 在管理数据中的应用。使用 Excel 中的排序功能可以使数据按照指定的顺序进行排列；排序可以是单个关键字段的排序，也可以有多个关键字段，还可以自定义序列来排序。使用筛选功能可以将满足条件的数据显示出来。筛选分为自动筛选和高级筛选。使用分类汇总功能可以按照指定的类别将工作表中的数据进行汇总和统计，在分类汇总之前需要将数据清单按照分类关键字段先排序，否则分类汇总的结果是不正确的。使用合并计算功能可以将多张数据表相关联的数据进行统计分析。

在进行数据分析处理之前，首先必须注意以下几个问题：① 避免在数据清单中存在空行和空列；② 避免在单元格的开头和末尾键入空格；③ 避免在一张工作表中建立多个数据清单，每张工作表应仅使用一个数据清单。

5. 课后练习

使用随机函数制作模拟考生成绩表，然后进行各种数据分析。

(1) 用函数制作模拟考生成绩表(见图 4-88，设计 1000 条记录)。

需要用到的公式如下：

婚否：=IF(C3>28，"已婚"，"未婚")。

学历：=IF(MOD(INT(100*RAND( )+1), 7)=0，"大学"，IF(MOD(INT(100*RAND( )+1), 3)=0，"大专"，"高中"))。

图 4-88　考生成绩表

(2) 按"政治"降序排序，然后恢复原序。

(3) 选择计算机成绩最好、未婚、总分高的考生，然后恢复原序。

(4) 使用自动筛选，划定录取 14 人的分数线。

(5) 选择英语成绩在前十名的未婚女大学生，退出自动筛选功能。

(6) 使用高级筛选功能，找出年龄小于 35 并且英语成绩高于 80 分的女大学生。

(7) 根据学历，统计各类考生参加考试的总人数。

(8) 根据学历，统计各类考生的平均成绩。

4.3.4　案例 4——数据透视表及图表的统计分析

1. 实例背景及分析

数据透视表(图)是 Excel 中强大的数据分析处理工具，数据透视表(图)是一种交互式报表，可以按照不同的需要以及不同的关系来提取、组织和分析数据，得到需要的分析结果。

本案例通过对数据透视表(图)及图表进行分析，统计分析出平均值，并用表和图的形式体现，以方便比较和预测。

2. 相关知识与技能

1) 数据透视表

数据透视表是 Excel 中功能最强大、使用最灵活、操作最简单的工具。使用数据透视表不必输入复杂的公式和函数，仅仅通过向导就可以创建一个交互式表格，从而自动提取、组织和汇总数据。如果将数据透视表和函数结合使用，则能创建出满足各种需求的报表。

数据透视表是一种交互式报表，通过它可以快速分类、汇总大量的数据，并可以随时选择其页、行和列中的不同元素，快速查看源数据的不同统计结果，同时还可以随意显示和打印用户感兴趣区域的明细数据，使对复杂数据的分析更加快捷、有效。

若用工作表数据制作数据透视表，则工作表数据必须是一个数据清单。所谓数据清单，就是工作表数据区域的顶端行为字段名称(标题)，各行为数据(记录)，各列为只包含一种类型数据的数据区域。这种结构的数据区域就相当于一个保存在工作表中的数据库。用工作表数据制作数据透视表时应注意：

(1) 数据区域的顶端行为字段名称(标题)。

(2) 避免在数据清单中存在空行和空列。

(3) 每列的数据都只能为同一种类型的数据。

(4) 避免在数据清单中出现合并单元格。

(5) 避免在单元格的开始和末尾输入空格。

(6) 尽量避免在一张工作表中建立多个数据清单，每张工作表最好仅使用一个数据清单。

(7) 工作表的数据清单应与其他数据之间至少留出一个空列和一个空行，以便于检测和选定数据清单。

在制作数据透视表之前，应按照以上七点来检查数据区域，如果不满足上面的要求，则需要先整理工作表数据，使之规范。

在 Excel 中可以利用数据透视表向导快速建立数据透视表，利用数据透视表的工具栏对汇总数据进行分组、排序、字段计算等操作。

2) 图表

图表以图形的形式来表示工作表内的数据，它能直观地表示数据之间的复杂关系。在 Excel 中，图表能够很直观地展现出各种数据。一个简简单单的图表就能够呈现出各种数据，使用户一眼就能够找到想要的答案，这正是图表的特点。图表一般在数据分析中用得比较多。在某些情况下，一张精确设计的图表更直观，更具说服力。

Excel 2010 提供了柱形图、条形图、折线图、饼图等 14 类图表模板。

3. 实现方法与步骤

(1) 利用图 4-89 所示的学生信息表作为数据源创建数据透视表和数据透视图，以反映不同性别、不同班级的"C 语言程序设计"和"计算机导论"课程的平均成绩。将"性别""班级"作为行标签，"课程"作为列标签，"姓名"作为报表筛选，不显示行总计和列总计。实现方法如下。

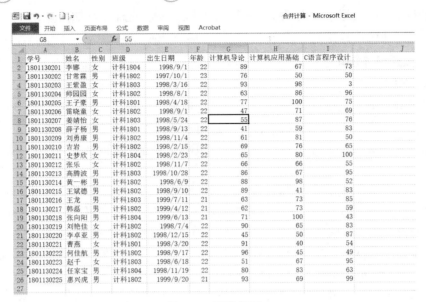

图 4-89　源数据表

① 框选原始数据的部分，单击"插入"选项卡，在"表格"组中单击"数据透视表"下拉按钮，在下拉菜单中选择"数据透视表"，如图 4-90 所示，打开"创建数据透视表"对话框，如图 4-91 所示。

图 4-90　"数据透视表"按钮

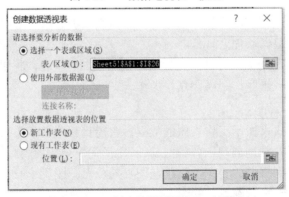

图 4-91　"创建数据透视表"对话框

② 如果前面已经选中了数据区域，则在"表/区域"右侧的文本框中就可以看到选中的单元格区域了；如果没有选中，则可以在此选取。"选择放置数据透视表的位置"选项区域有"新工作表"和"现有工作表"两个单选按钮。如果数据透视表比较大，内容比较多，那么最好在新的工作表中生成透视表。若单击"现有工作表"单选按钮，则在"位置"右侧的文本框中输入起始位置或框选位置。单击"确定"按钮。这里选择"新工作表"，如图4-91 所示。

③ 在 Excel 中出现了一个新工作表，如图 4-92 所示。右边是数据透视表字段列表，可以进行设置和拖动，左边是空白的透视表区域。

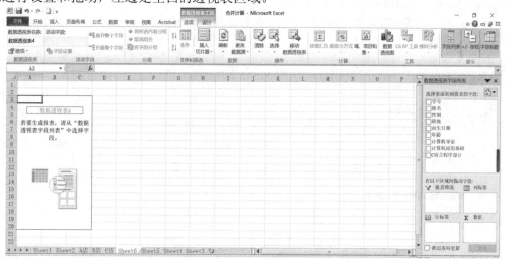

图 4-92　空白透视表

④ 数据透视表字段列表处显示的字段名称是原始数据区域的抬头，可以将其拖动到右下角的"报表筛选""列标签""行标签""数值"四个框中：

• "列标签"区域显示数据透视表中每列数据的排列情况。

• "行标签"区域显示数据透视表中每行数据的排列情况。

• "数值"区域显示哪种数据会在数据透视表中出现，这些值是在最后一列总结的数据值(一般的总结方式是求和)。

根据案例需求，把"性别""班级"这两个字段拖到"行标签"框中，"行标签"框中允许插入多个字段，但是要根据需求来排列顺序。比如，我们要按性别和班级分别看汇总数，则可以将"班级"字段拖到"性别"字段下面，再把"C 语言程序设计""计算机导论"这两个字段拖到"数值"框中。这样就可以看到左方的数据透视表已经按照"性别""班级"进行了汇总，如图 4-93 所示。此时在"数值"下拉菜单中选择"值字段设置"命令。

图 4-93　"数据透视表"初步布局

⑤ 在弹出的"值字段设置"对话框中，单击"值汇总方式"选项卡，在"计算类型"列表框中选择"平均值"，如图 4-94 所示，并把"姓名"字段加入"报表筛选"区域。

⑥ 如果不想看到这些汇总数字，可以右击数据透视表中有"总计"字样的单元格，在弹出的快捷菜单中选择"删除总计"命令，如图 4-95 所示。

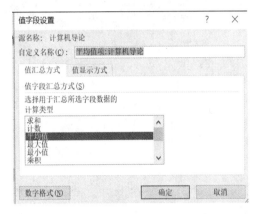

图 4-94　"值字段设置"对话框

图 4-95　"汇总"快捷菜单

⑦ 利用数据透视表数据还可以很方便地生成数据透视图。首先，选中数据透视表中任意一个单元格，然后选择"选项"→"数据透视图"，在弹出的"插入图表"对话框中选择一个合适的图表类型(如三维簇状柱形图)，单击"确定"按钮，如图 4-96 所示。

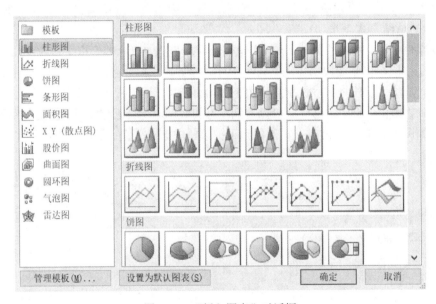

图 4-96　"插入图表"对话框

这时就可以看到自动生成的数据透视表和数据透视图了，如图 4-97 所示。选中数据透视表中任何一个单元格，菜单栏上都将会出现"选项"和"设计"两个选项卡，此时就可以对报表布局、样式等进行更多的设置。例如，利用"排序"对话框可以把所有班级按照男生或女生的"C 语言程序设计"成绩的平均值以降序排序，如图 4-98 所示。

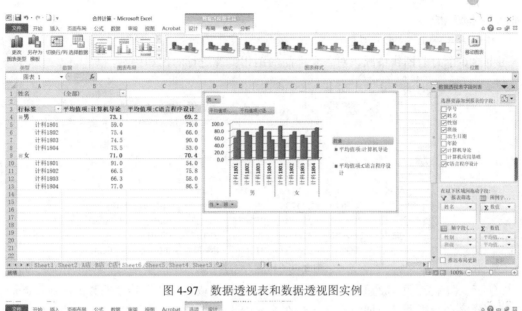

图 4-97　数据透视表和数据透视图实例

(a) "排序" 对话框

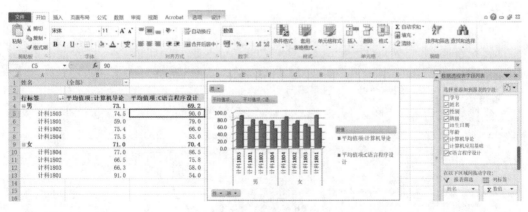

(b) "排序" 效果图

图 4-98　"排序" 实例

(2) 图表实际上就是把表格图形化，使表格中的数据具有更好的视觉效果。使用图表可以更加直观、有效地表达数据信息，并帮助用户迅速掌握数据的分布状况，有利于分析、比较和预测数据。图表由图表区、绘图区、图表标题、数据系列、三维背景、图例、数值轴、类别轴组成。

利用图 4-99 所示的电器超市 1~6 月营业额表作为数据源创建图表，以反映不同月份、不同电器 6 个月的销售情况，对各个产品的销售情况进行对比和预测。

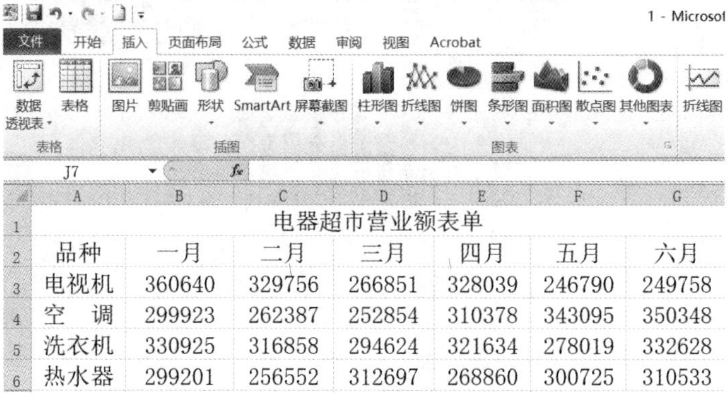

品种	一月	二月	三月	四月	五月	六月
电视机	360640	329756	266851	328039	246790	249758
空　调	299923	262387	252854	310378	343095	350348
洗衣机	330925	316858	294624	321634	278019	332628
热水器	299201	256552	312697	268860	300725	310533

图 4-99　电器超市数据源

① 创建图表。可以选取一行或一列数据，也可选取连续或不连续的数据区域，但一般包括列标题和行标题，以便将文字标注在图表中。这里选取 A2:G6 单元格区域，单击"插入"选项卡，在"图表"组中单击"柱形图"下拉按钮，在下拉列表中选择"三维簇状柱形图"选项，如图 4-100 所示，此时便创建了图表，如图 4-101 所示。

图 4-100　图表

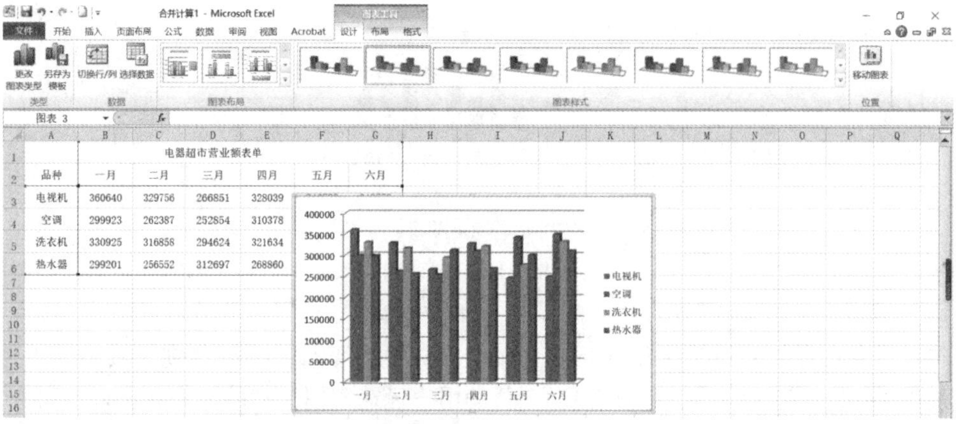

图 4-101　创建图表

② 更改图表的布局、样式。创建图表后，可以快速对图表应用预定义布局和样式，而无须手动添加或更改图表元素或设置图表格式。单击"设计"选项卡，在"图表布局"组中选择要使用的图表布局，然后在"设计"选项卡的"图表样式"组中选择要使用的图表样式。这里单击选中图表，图表布局选择"布局 3"，输入图表标题，图标样式选择"样式 18"，设置的效果如图 4-102 所示。

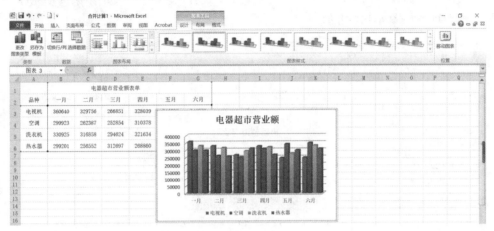

图 4-102　布局和样式的设置

③ 添加标题、数据标签。若选择的样式没有图表标题，则可添加图表标题。单击"布局"选项卡，在"标签"组中单击"图表标题"下拉按钮，在下拉列表中选择"图表上方"选项；在图表中显示的"图表标题"文本框中键入所需文本。

在"电器超市营业额"图表中添加坐标轴名称：横坐标为"月份"，纵坐标为"营业额"。单击要添加坐标轴标题的图表中的任意位置，然后单击"布局"选项卡，在"标签"组中单击"坐标轴标题"下拉按钮，在下拉列表中依次选择"主要横坐标轴标题"→"坐标轴下方标题"选项；在图表中显示的"坐标轴标题"文本框中键入"月份"。以类似的方法添加纵坐标标题。

如果要在图表中显示各月空调的营业额，以重点分析空调在每个月的销售情况，则可选中图表中的空调图标，然后单击"布局"选项卡，在"标签"组中单击"数据标签"下拉按钮，在下拉列表中选择"显示"选项，效果如图 4-103 所示。

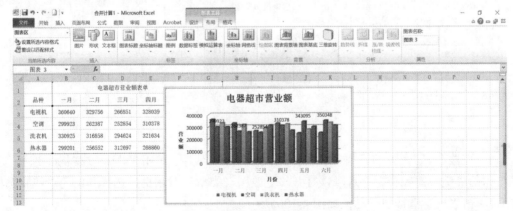

图 4-103　图例、标签的设置

④ 隐藏、删除图例。创建图表时，会显示图例，可以在图表创建完毕后隐藏图例或更改图例的位置。单击"布局"选项卡，在"标签"组中单击"图例"下拉按钮，在下拉列表中选择"无"选项，则隐藏图例。本例中把图例移到了右边。

要从图表中快速删除某个图例或图例项，可以选择该图例或图例项，然后按 Delete 键。还可以右击该图例或图例项，从弹出的快捷菜单中选择"删除"命令。本案例中删除了"热水器"图例项，如图 4-104 所示。

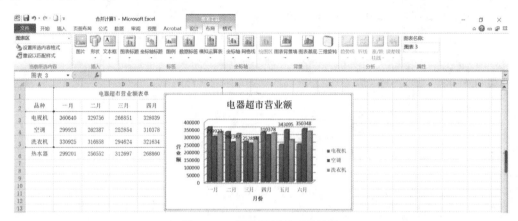

图 4-104　删除图例项后的效果

⑤ 显示、隐藏图表坐标轴。在创建图表时，会显示大多数图表类型的主要坐标轴。单击"布局"选项卡，在"坐标轴"组中单击"坐标轴"下拉按钮，在下拉列表中选择相关的选项：若要显示坐标轴，则选择"主要横坐标轴""主要纵坐标轴"或"竖坐标轴"(在三维图表中)选项，然后选择所需的坐标轴显示选项；若要隐藏坐标轴，则选择"无"选项。本案例中选择纵坐标轴，显示单位为 10 000，如图 4-105 所示。

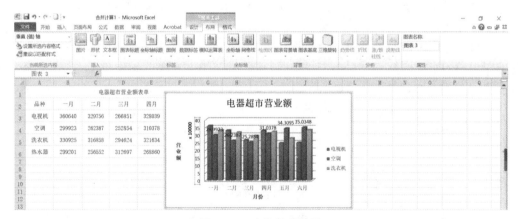

图 4-105　坐标轴的设置

⑥ 更改图表类型。将三维簇状柱形图改为堆积折线图。单击"设计"选项卡，选择"类型"组的"更改图表类型"选项，打开"更改图表类型"对话框，选择其中的"簇状圆柱图"，单击"确定"按钮，结果如图 4-106 所示。

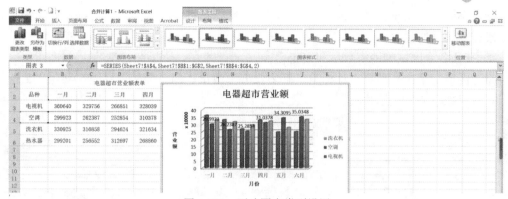

图 4-106　更改图表类型设置

另外，可以将图表移动到工作表中的任意位置，或移动到新工作表或现有的其他工作表中；也可以将图表更改为更适合的大小。实现方法如下：

创建好图表后，选中图表，单击"设计"选项卡→"位置"组→"移动图表"按钮，弹出"移动图表"对话框，从中可以选择放置图表的位置。

对于嵌入式图表，首先单击图表空白区域，这时图表边界四周出现 8 个控点的边框，表示图表已被选定。拖曳控点可使图表缩小或放大；拖曳图表空白区的任一部分可使图表在工作表中移动；还可以使用剪贴板复制图表；按 Delete 键可删除图表。

对于独立图表的移动和删除，实际就是移动和删除图表所在的工作表。

4. 小结

通过数据透视表和数据透视图，可以快速分类、汇总不同班级、不同性别学生的不同学科成绩的平均值，并用图表的形式展现，使统计分析结果既直观又美化，使分析复杂的数据更加快捷、有效。

将电器超市各种电器营业额通过图表体现，可以更加直观、有效地表达数据信息，并帮助用户迅速掌握数据的分布状况，有利于分析、比较和预测各种电器的销售。

5. 课后练习

(1) 用数据透视表对电器总经销商销售流水数据表进行统计与分析。

有一份电器总经销商 6～8 月销售流水数据，有"月份""区域""商品""数量""金额"五个字段，如图 4-107 所示。

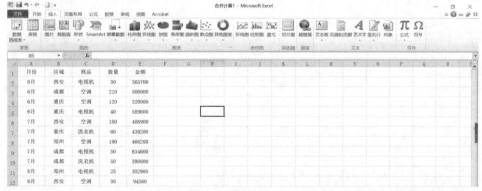

图 4-107　源数据

针对不同的数据统计分析需求,制作不同的数据透视表来汇总分析数据,其关键是各个字段需要放置的位置不同。

① 统计各个区域的销售数量和销售金额。

将"区域"字段拖动至"行标签"框中,将"数量"和"金额"字段拖动至"数值"框中,效果如图 4-108 所示。

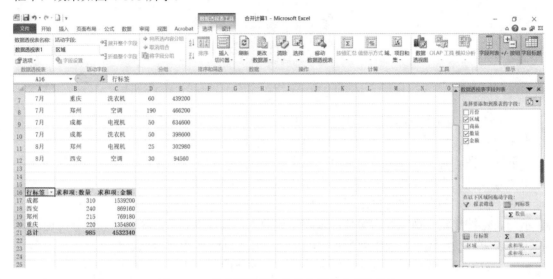

图 4-108　各个区域销售数量和销售金额的统计

② 统计各个区域、各种商品的销售金额。下面给出两种统计展示方式。

第一种是将"区域"和"商品"字段都拖入"行标签"框中,将"金额"字段拖入"数值"框中,效果如图 4-109 所示。

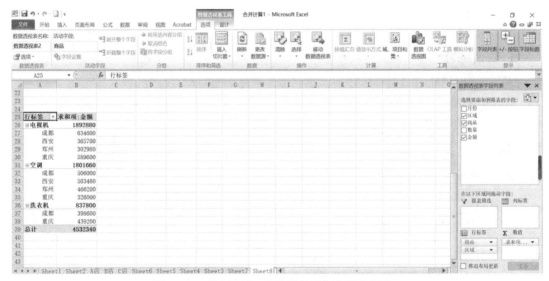

图 4-109　各个区域、各种商品销售金额的统计 1

第二种是将"区域"字段拖入"行标签"框中,将"商品"字段拖入"列标签"框中,将"金额"字段拖入"数值"框中,效果如图 4-110 所示。

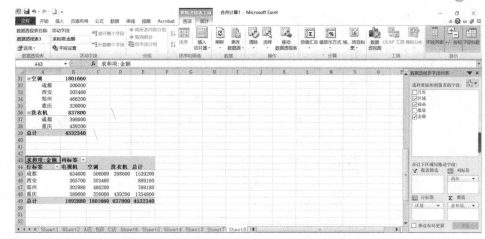

图 4-110　各个区域、各种商品销售金额的统计 2

③ 统计各个区域各种商品的每月销售金额。

根据自己的需要，可以调整"月份""区域""商品"三个字段的位置，并且"行标签"里可以更换上下级位置。图 4-111 所示的透视表是商品和区域调换位置的结果。

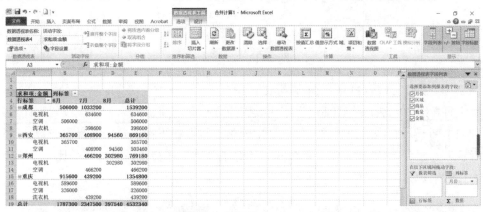

图 4-111　各个区域、各种商品每个月销售金额的统计

④ 为了更加明确、直观地统计数据，可以添加透视图，如图 4-112 所示，可以通过图中"月""区域""商品"下拉按钮，选择想要展示的图表。

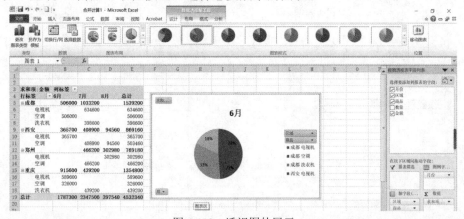

图 4-112　透视图的展示

(2) 用数据透视表对学院部门的教职工数据表进行统计与分析。

数据透视表可以帮助我们快速地进行一些数据方面的统计分析。有一份学院各个部门教职工数据，有"姓名""部门""年龄""学历"等四个字段，具体如图 4-113 所示。

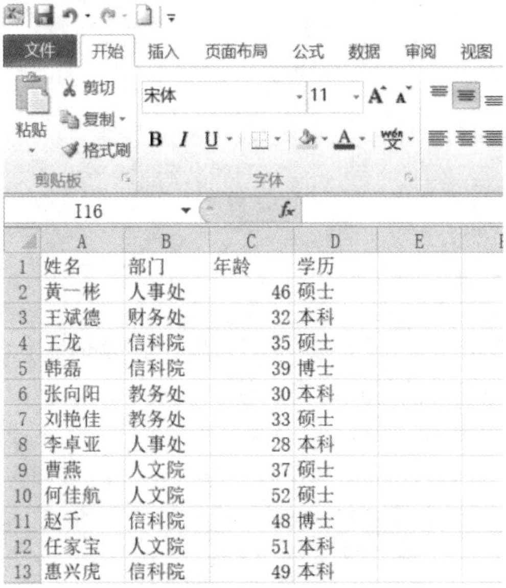

图 4-113　源数据

① 统计各部门人数占总人数的百分比。

用前面介绍的方法，将"部门"字段设置为行标签，将"姓名"字段设置为计数项，如图 4-114 所示。右击"计数项：姓名"单元格，接着在下拉菜单中选择生成数据透视表的"值显示方式"，这样就不需要用公式去计算了，然后选择"总计的百分比"。统计结果如图 4-115 所示。

图 4-114　统计各部门人数占总人数百分比的布局

(a) "总计的百分比"选项	(b) 统计效果图

图 4-115　统计各部门人数占总人数百分比的设置

② 统计员工各个年龄段的人数和占比。

这里最重要的是如何分年龄段。Excel 的数据透视表中提供了"创建组"的方法，可以通过该法进行分段设置。

首先进行数据透视表的布局，将"年龄"字段设置为"行标签"，把"部门"字段放入"数值"框中，并设置为"计数项"，如图 4-116 所示。

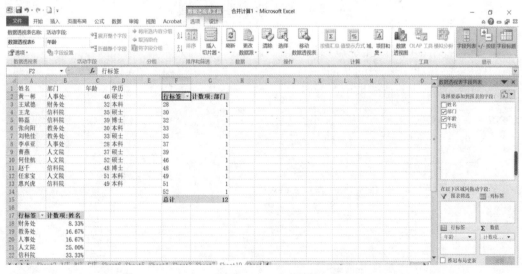

图 4-116　布局设置

接着如图 4-117(a)所示，单击需要分段的列，然后单击鼠标右键，在弹出的快捷菜单中选择"创建组"命令，打开"组合"对话框，在"步长"文本框中输入 10，即每 10 岁设置为 1 段，具体设置如图 4-117(b)所示，将"行标签"变为年龄段设置，再次把"部门"

字段放入"数值"框中，结果如图 4-117(c)所示。

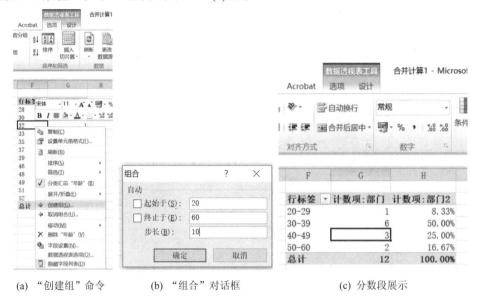

| (a)"创建组"命令 | (b)"组合"对话框 | (c) 分数段展示 |

图 4-117　分数段的设置

占比的计算方法和上面的计算方法一样，修改"值显示方式"即可，统计结果如图 4-118 所示。

行标签 ▼	计数项:部门	计数项:部门2
20-29	1	1
30-39	6	6
40-49	3	3
50-60	2	2
总计	12	12

图 4-118　全院人数段占比效果图

③ 统计各个部门各个年龄段在该部门的占比。

同样先进行数据透视表的布局，将"年龄"和"部门"字段设置为"行标签"，同时添加"部门"字段到"数值"框中，并设置为"计数项"，如图 4-119 所示。

图 4-119　人数占比透视表的布局

因为这里统计的是各部门内部各年龄段的占比，所以"部门"值的显示方式选择的是"父行汇总的百分比"，如图 4-120 所示。

图 4-120 "值显示方式"菜单

占比的计算方法和上面的计算方法一样，修改"值显示方式"即可，统计结果如图 4-121 所示。

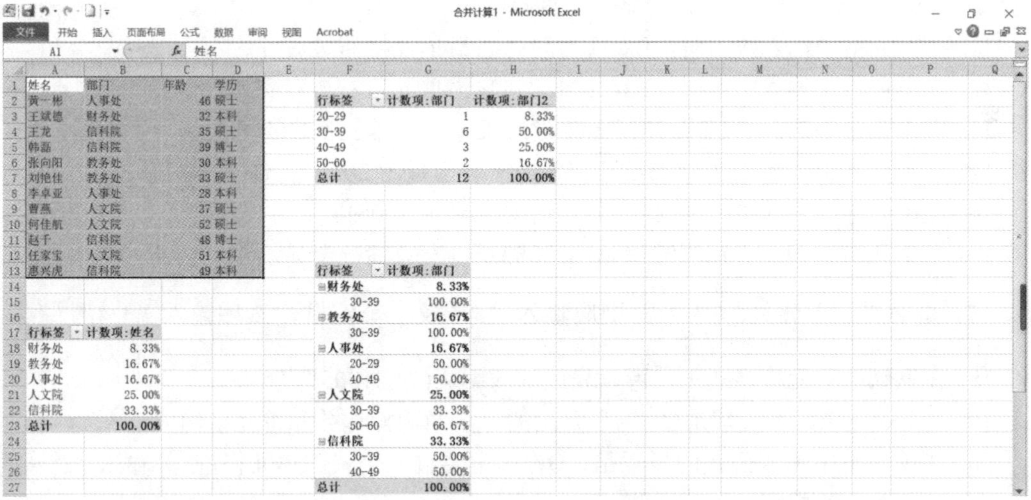

图 4-121 数据透视表实例效果图

本 章 小 结

本章重点介绍了电子表格软件 Excel 2010 的基础知识及操作方法，内容主要包括 Excel 2010 的工作界面及基本概念，工作簿、工作表、单元格的基本操作，表格的输入与格式设置，公式与函数的使用，数据的排序、筛选、合并计算、分类汇总，数据透视表及图的操作等。

自 测 题

一、判断题

1. Excel 2010 是 Microsoft 公司推出的 Office 系列办公软件中的电子表格处理软件，是办公自动化集成软件包的重要组成部分。　　　　　　　　　　　　　　　　　（　）

2. Excel 启动后，会自动创建文件名为"文档 1"的 Excel 工作簿。　　　　　（　）

3. 工作表是指在 Excel 环境中用来存储和处理工作数据的文件。　　　　　　（　）

4. Excel 工作簿是 Excel 用来计算和存储数据的文件。　　　　　　　　　　（　）

5. Excel 工作簿的扩展名是".xlsx"。　　　　　　　　　　　　　　　　　（　）

6. 在默认情况下，一个新的工作簿中包含三个工作表，它们的名称分别是 Sheet1、Sheet2、Sheet3。　　　　　　　　　　　　　　　　　　　　　　　　　　（　）

7. 打开工作簿，对工作簿中的数据进行修改就是改写磁盘数据。　　　　　　（　）

8. Excel 中处理并存储数据的基本工作单位称为单元格。　　　　　　　　　（　）

9. 正在处理的单元格称为活动单元格。　　　　　　　　　　　　　　　　　（　）

10. 编辑栏用于编辑当前单元格的内容。如果该单元格中含有公式，则公式的运算结果会显示在单元格中，公式本身会显示在编辑栏中。　　　　　　　　　　　　　（　）

11. 在单元格中输入数字时，Excel 自动将它沿单元格左边对齐。　　　　　　（　）

12. 在单元格中输入文本时，Excel 自动将它沿单元格右边对齐。　　　　　　（　）

13. 在单元格中输入"1/2"，按 Enter 键结束输入，单元格显示 0.5。　　　（　）

14. 在单元格中输入"2010/11/29"，默认情况会显示 2010 年 11 月 29 日。（　）

15. 在单元格中输入"010051"，默认情况会显示 10051。　　　　　　　　（　）

16. 在单元格中输入"150102199310220522"，默认情况会显示 1.50102E+17。（　）

17. 如果要输入分数 $\left(如 3\frac{1}{4}\right)$，则应输入"3"及一个空格，然后输入"1/4"。（　）

18. 在默认的单元格格式下，可以完成邮政编码(如 010051)的输入。　　　　（　）

19. 在 Excel 中，公式都是以"="开始的，后面由操作数和单元格构成。　　（　）

20. 在单元格中输入公式的步骤是：① 选定要输入公式的单元格；② 输入一个等号(=)；③ 输入公式的内容；④ 按回车键。　　　　　　　　　　　　　　　　　　（　）

二、选择题

1. Excel 2010 工作簿的扩展名是(　　　)。

A. .xlsx　　　　　　　　　　　　B. .exl

C. .exe　　　　　　　　　　　　D. .sxlx

2. Excel 与 Word 在表格处理方面最主要的区别是(　　　)。

A. 在 Excel 中能做出比 Word 更复杂的表格

B. 在 Excel 中可对表格的数据进行汇总、统计等各种运算和数据处理，而 Word 不行

C. Excel 能将表格中的数据转换为图形，而 Word 不能转换

D. 上述说法都不对

3. 默认情况下，一个工作簿包含三个工作表，分别是(　　)。

A. Sheet1、Sheet2、Sheet3　　　　　　B. Shift1、Shift2、Shift3

C. Chart1、Chart2、Chart3　　　　　　D. 都不对

4. Excel 的三个功能是：(　　)、图表、数据库。

A. 电子表格　　　　　　　　　　　　B. 文字输入

C. 公式计算　　　　　　　　　　　　D. 公式输入

5. Excel 广泛应用于(　　)。

A. 统计分析、财务管理分析、股票分析和经济、行政管理等各个方面

B. 工业设计、机械制造、建筑工程

C. 美术设计、装潢、图片制作等各个方面

D. 多媒体制作

6. 工作簿是指(　　)。

A. 在 Excel 环境中用来存储和处理工作数据的文件

B. 以一个工作表的形式存储和处理数据的文件

C. 图表

D. 数据库

7. 通常在 Excel 环境中用来存储和处理工作数据的文件称为(　　)。

A. 数据库　　　　B. 工作表　　　　C. 工作簿　　　　D. 图表

8. 在 Excel 中，当前工作簿的文件名显示在(　　)。

A. 任务栏　　　　B. 标题栏　　　　C. 工具栏　　　　D. 其他任务窗格

9. Excel 工作簿文件在默认情况下会打开(　　)个工作表。

A. 1　　　　　　B. 2　　　　　　C. 3　　　　　　D. 255

10. Excel 中，单元格地址是指(　　)。

A. 每一个单元格　　　　　　　　　　B. 每一个单元格的大小

C. 单元格所在的工作表　　　　　　　D. 单元格在工作表中的位置

11. Excel 中，活动单元格是指(　　)的单元格。

A. 正在处理　　　　　　　　　　　　B. 能被删除

C. 能被移动　　　　　　　　　　　　D. 能进行公式计算

12. Excel 中，当操作数发生变化时，公式的运算结果(　　)。

A. 会发生改变　　　　　　　　　　　B. 不会发生改变

C. 与操作数没有关系　　　　　　　　D. 会显示出错信息

13. Excel 中，公式中运算符的作用是(　　)。

A. 用于指定对操作数或单元格引用数据执行何种运算

B. 对数据进行分类

C. 比较数据

D. 连接数据

14. 下列关于 Excel 中筛选掉的记录的叙述错误的是(　　)。

A. 不打印   B. 不显示

C. 永远丢失了   D. 在预览时不显示

15. Excel 中，当前工作表是指(　　)。

A. 有数据的工作表   B. 有公式计算的工作表

C. 被选中激活的工作表   D. 有图表的工作表

16. Excel 中，A:C 表示的是(　　)。

A. 错误的表示方法   B. A 列和 C 列的所有单元格

C. 不是 A 列和 C 列的所有单元格   D. A 列到 C 列的单元格区域

17. Excel 中，1:3 表示的是(　　)。

A. 第 1 行到第 3 行的单元格区域   B. 第 1 行和第 3 行所有单元格

C. 第 1 列到第 3 列的单元格区域   D. 第 1 列和第 3 列所有单元格

18. Excel 中，如果求和的区域是不连续的单元格区域，在引用单元格时需按住(　　)键，然后依次选定各个单元格。

A. Shift   B. Tab   C. Ctrl + Shift   D. Ctrl

19. 下列关于 Excel 单元格的描述不正确的是(　　)。

A. Excel 中可以合并单元格，但不能拆分单元格

B. 双击要编辑的单元格，插入点将出现在该单元格中

C. 可直接单击选取不连续的多个单元格

D. 一个单元格中的文字格式可以不同

20. 在 Excel 中，若单元格的数字显示为一串"#"，则应采取的措施是(　　)。

A. 改变列的宽度，重新输入

B. 将列的宽度调整到足够大，使相应数字显示出来

C. 删除数字，重新输入

D. 增加行高，使相应数字显示出来

21. Excel 中，货币格式可以在数字前加货币符号，还有(　　)格式也可以在数字前加货币符号。

A. 常规   B. 会计专用   C. 数值   D. 特殊

22. 下面是输入 18 位身份证号的几种方法，(　　)输入方法是可以实现的。

A. 在身份证号前加西文的单引号，例如 '150102198705050525

B. 先把单元格格式设置成文本型，然后输入身份证号

C. 先输入身份证号，然后把该单元格格式设置成文本型

D. 上述方法都可以

23. 在 Excel 工作表中，C 列已设置成日期型，其格式为 YYYY-MM-DD，某人的生日是 1985 年 11 月 15 日，现要将其输入 C5 单元格，并且要求显示成 1985-11-15 的形式，下列输入错误的是(　　)。

A. 1985-11-15   B. 11-15-1985   C. 1985/11/15   D. 85/11/15

24. 在 Excel 中输入身份证号码时，应首先将单元格数据类型设置为(　　)型，以保证数据的准确性。

A. 货币   B. 文本   C. 特殊   D. 日期

25. Excel 中，在命名单元格时，先选定单元格范围，然后单击(　　)，输入名称并按回车键。

A. 名称框　　　　B. 插入函数　　　　C. 编辑栏　　　　D. 审阅

三、简答题

1. 如何在第 n 行前插入新的一行？

2. 简述分类汇总的步骤。

3. 如果当前列的数据是通过公式计算其左边相邻列的数据得到的，现要删除其相邻列而保留当前列的值，有可能吗？如果有可能，该如何操作？

 拓展阅读

数据处理的发展史可以追溯到计算机诞生之初。随着计算机技术的不断发展，数据处理技术经历了人工管理、文件系统和数据库系统三个不同阶段。

(1) 人工管理阶段。在 20 世纪 50 年代中期以前，计算机主要用于科学计算，没有操作系统和管理数据的软件。数据处理能力有限，数据处理量较小，数据处理效率低下。

(2) 文件系统阶段。在 20 世纪 50 年代后期至 60 年代中期，操作系统有了专门管理数据的软件，即文件系统。用户开始将数据以文件的形式存储在计算机中，通过编写程序对文件进行读取、写入和修改等操作，实现了初步的数据处理自动化。

(3) 数据库系统阶段。从 20 世纪 60 年代后期开始，随着数据规模的不断扩大，文件处理方式已经无法满足数据处理的需求。于是数据库技术应运而生，出现了统一管理数据的专门软件系统，即数据库系统。数据库技术将数据以结构化的方式存储，并提供了一系列的查询、更新和管理数据的工具，大大提高了数据处理的效率和可靠性。

随着数字化时代的到来，数据的产生和收集速度达到了前所未有的水平，传统的数据处理方法已经无法应对如此庞大的数据量，而依靠大数据技术能够高效地处理和分析这些海量数据。大数据不仅包括传统的结构化数据，还涵盖了非结构化数据和半结构化数据，如社交媒体上的文本、图片、视频等。通过大数据技术的应用，企业可以更加科学、准确地分析市场趋势、消费者需求和业务运营情况，制定更加合理、有效的商业策略，提高生产效率和经营效益，促进创新和决策支持，提升品牌形象和声誉。例如，智能推荐系统利用大数据技术，通过分析用户的消费记录、浏览记录和喜好等信息，智能地为用户推荐相关的产品和服务。

我国在大数据应用领域取得了一些成果，这些成果在医疗、金融、城市管理、环境保护等领域都发挥着积极的作用，展示了我国在大数据处理领域的实力和技术创新能力。例如，在医疗领域，医生利用大数据技术分析患者的病历、基因、治疗方案等信息，为患者提供更加精准和个性化的治疗；在金融领域，金融机构利用大数据技术分析客户的消费行为、还款记录等信息，对客户进行风险评估、信用评级、欺诈检测等；在城市管理领域，城市规划者利用大数据技术，分析交通流量、道路拥堵等信息，以提供科学、合理的城市规划方案；在环境保护领域，环保部门利用大数据技术分析空气质量、水质等信息，进行环境监测、污染治理等。未来，随着技术的不断发展和应用场景的不断拓展，我国在大数据应用领域将会取得更多的突破和进展。

第5章 演示文稿软件

PowerPoint 2010

PowerPoint 2010 用于幻灯片的制作和播放。幻灯片中可以含有文字、图形、图像、声音、电影、超级链接等各种多媒体信息。PowerPoint 2010 包含了许多制作精美的设计模板、配色方案和动画方案，用户可以根据需要直接套用，所以用户利用它可以将自己所要表达的信息变得生动形象、图文并茂，从而获得极佳的展示效果。PowerPoint 2010 已成为学术交流、产品展示、工作汇报、讲课培训等许多场合必不可少的工具软件。

 学习目标

➢ 理解电子演示文稿的基本概念。
➢ 掌握电子演示文稿的创建、编辑与格式化方法。
➢ 掌握电子演示文稿的音频、视频混排方法。
➢ 掌握电子演示文稿的动画设置方法。
➢ 掌握电子演示文稿的放映和发布方法。

 学习难点

➢ 电子演示文稿的编辑与格式化。
➢ 电子演示文稿的音频、视频混排。
➢ 电子演示文稿的动画处理。

5.1 PowerPoint 2010 概述

PowerPoint 2010 不但继承了以前版本的各种优势，而且在功能上有了很大的提高。与 Word 和 Excel 一样，PowerPoint 也是 Microsoft 公司开发的电子演示文稿应用程序，主要用于电子演示文稿的制作与处理。

5.1.1 启动与退出

通过以下三种方法均可启动 PowerPoint 2010。

(1) 安装 Office 2010 后，单击"开始"按钮，选择"所有程序"→"Microsoft Office"→"Microsoft PowerPoint 2010"，即可启动 PowerPoint 2010。

(2) 双击任意一个 PowerPoint 2010 文档，都可启动 PowerPoint 2010。

(3) 双击桌面快捷方式图标，即可启动 PowerPoint 2010。

退出 PowerPoint 2010 有以下三种方法：

(1) 选择"文件"菜单中的"退出"命令。

(2) 单击 PowerPoint 窗口右上角的"关闭"按钮。

(3) 双击 PowerPoint 窗口左上角的控制菜单图标，或首先单击控制菜单图标，然后从下拉菜单中选择"关闭"命令。

5.1.2 工作界面

PowerPoint 拥有典型的 Windows 应用程序的窗口，其工作界面除包括常规 Windows 窗口的标题栏、菜单栏、工具栏、状态栏等外，还包括 PowerPoint 特有的幻灯片/大纲浏览窗格、幻灯片窗格、备注窗格、视图切换按钮、显示比例按钮等部分，如图 5-1 所示。

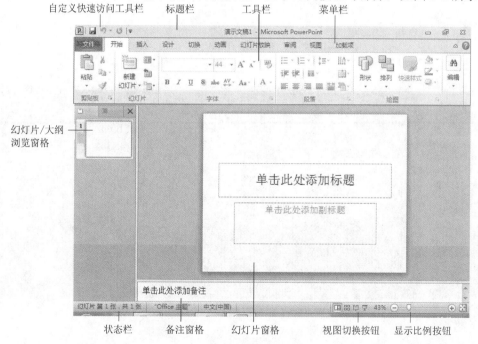

图 5-1　PowerPoint 2010 工作界面

下面对 PowerPoint 的部分窗口元素做简单介绍。

1. 演示文稿编辑区

工具栏下方的演示文稿编辑区分为三个部分：左侧的幻灯片/大纲浏览窗格、右侧上方的幻灯片窗格和右侧下方的备注窗格。拖动窗格之间的分界线可以调整各窗格的大小，以满足编辑需要。幻灯片窗格显示当前的幻灯片，用户可以在此编辑幻灯片的内容。备注窗格中可以添加与幻灯片有关的注释内容。

1) 幻灯片窗格

幻灯片窗格用于显示幻灯片的内容，包括义本、图片、表格等各种对象，可以直接在该窗格中输入和编辑幻灯片的内容。

2) 备注窗格

在备注窗格中，可输入与编辑对幻灯片的解释、说明等备注信息，供演讲者参考。

3) 幻灯片/大纲浏览窗格

幻灯片/大纲浏览窗格上方有"幻灯片"和"大纲"两个选项卡。单击"幻灯片"选项卡，可以显示各幻灯片的缩略图。如图 5-2 所示，"幻灯片"选项卡中显示了 6 张幻灯片的缩略图，当前幻灯片是第一张幻灯片。单击某幻灯片缩略图，将立即在幻灯片窗格中放大显示该幻灯片，并可对其进行编辑处理，从而呈现出演示文稿的总体效果。在这里还可以轻松地重新排列、添加或删除幻灯片。在"大纲"选项卡中可显示各幻灯片的标题与正文信息，如图 5-3 所示。在幻灯片中编辑标题或正文信息时，大纲浏览窗格也同步变化。在"大纲"选项卡中编辑文本有助于编辑演示文稿中的内容、移动项目符号或幻灯片。

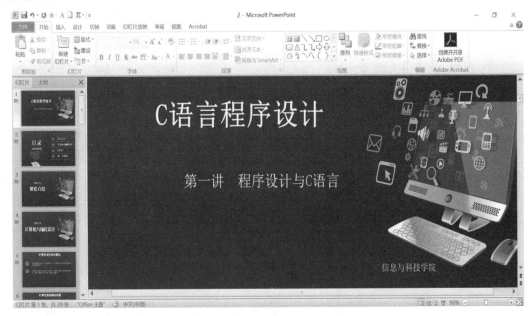

图 5-2　"幻灯片"选项卡窗口

在"普通视图"下，以上三个窗格可同时显示在演示文稿编辑区，便于用户从不同角度编排演示文稿。

2. 视图切换按钮

视图是当前演示文稿的不同显示方式，有普通视图、幻灯片浏览、阅读视图、备注页等。为了方便地切换各种不同视图，可以使用"视图"选项卡中的命令，也可以利用窗口底部右侧的视图切换按钮。视图切换按钮共有"普通视图""幻灯片浏览""阅读视图"和"幻灯片放映"四个，单击某个按钮就可以方便地切换到相应视图。

图 5-3　"大纲"选项卡窗口

3. 显示比例按钮

显示比例按钮位于视图按钮右侧,单击该按钮,可以在弹出的"显示比例"对话框中选择幻灯片的显示比例,拖动其右方的滑块,也可以调节显示比例。

4. 状态栏

状态栏位于演示文稿编辑区底部左侧,在"普通视图"中,主要显示当前幻灯片的序号、当前演示文稿幻灯片的总数、采用的幻灯片主题和输入法等信息,如图 5-4 所示。在"幻灯片浏览"视图中,只显示幻灯片主题和输入法。

图 5-4　"普通视图"下的幻灯片

5.1.3 基本概念

演示文稿：由 PowerPoint 创建的文档，一般包括为某一演示目的而制作的所有幻灯片、演讲者备注和旁白等内容。PowerPoint 2010 文件的扩展名为 .pptx。

幻灯片：演示文稿中的每一单页。每张幻灯片都是演示文稿中既相互独立又相互联系的部分。

母版：其中的信息一般是共有的信息。改变母版中的信息，可统一改变演示文稿的外观。

模板：预先定义好格式、版式和配色方案的演示文稿。PowerPoint 2010 模板是扩展名为 .potx 的一张幻灯片或一组幻灯片。模板可以包含版式、主题颜色、主题字体、主题效果和背景样式，甚至可以包含内容等。

视图方式：PowerPoint 2010 提供了多种视图方式，包括备注页、普通视图、幻灯片浏览、阅读视图和幻灯片放映。

演讲者备注：演示时，演示者所需要的文章内容、提示注解和备用信息等。

5.2 PowerPoint 2010 的基本操作

5.2.1 演示文稿的创建

1. 创建空白演示文稿

创建空白演示文稿有以下两种方法。

(1) 直接启动 PowerPoint 2010，系统会自动新建一个空白演示文稿。

(2) 单击"文件"按钮，在下拉菜单中选择"新建"命令，出现如图 5-5 所示的界面，从中选择"空白演示文稿"，然后单击界面右侧的"创建"按钮，系统会自动创建一个空白演示文稿。

图 5-5 创建新演示文稿的界面

2．根据已安装的模板创建演示文稿

PowerPoint 2010 为用户提供了比以往更加丰富的内置模板，用户可以根据已安装的内置模板创建新的演示文稿。

单击"文件"按钮，在下拉菜单中选择"新建"命令，如图 5-5 所示。在"可用的模板和主题"面板中选择"样本模板"选项，并在其列表框中选择合适的模板，然后单击"创建"按钮，即可创建一个基于该模板的演示文稿；在"可用的模板和主题"面板中如选择"主题"选项，则会出现各种主题的界面，在"主题"列表框中选择合适的模板，单击"创建"按钮，即可创建一个基于该主题的演示文稿。

例如，在"主题"列表框(见图 5-6)中选择"波形"，然后单击"创建"按钮，即可得到一个如图 5-7 所示的初始界面。

图 5-6　主题模板

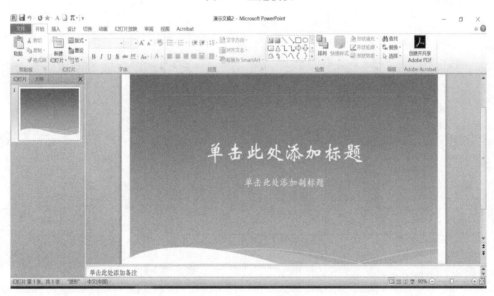

图 5-7　初始界面

5.2.2 演示文稿的基本操作

1. 打开演示文稿

启动 PowerPoint 2010，单击"文件"按钮，在下拉菜单中选择"打开"命令，随即弹出"打开"对话框，从中选择要打开的工作簿，再单击"打开"按钮，即可打开该演示文稿。

2. 保存演示文稿

对于新建或制作完成的演示文稿，只有把它保存到磁盘上，才能保证它的存在性。保存演示文稿的方法与保存 Word 和 Excel 文件的方法相似，这里不再赘述。

3. 关闭演示文稿

打开某个演示文稿后，若不需要对其进行操作，则可以将其关闭。关闭演示文稿的方法也比较简单。用户可以通过单击标题栏最右侧的"关闭"按钮退出 PowerPoint 2010；或单击"文件"按钮，在下拉菜单中选择"关闭"命令，将打开的演示文稿关闭；还可以右击任务栏中的文件名，在弹出的菜单中选择"关闭"命令来关闭 PowerPoint 2010。

4. 插入、删除、复制幻灯片

在幻灯片/大纲浏览窗格中单击所要添加幻灯片的位置，然后单击幻灯片，再单击鼠标右键，在弹出的如图 5-8 所示的快捷菜单中选择"新建幻灯片"命令，即可在演示文稿中添加一张新的幻灯片。对于不需要的幻灯片，可以将其删除。选中需要删除的幻灯片，单击鼠标右键，在弹出的快捷菜单中选择"删除幻灯片"命令，即可删除不需要的幻灯片。选中要复制的幻灯片，单击鼠标右键，在弹出的快捷菜单中选择"复制幻灯片"命令，即可在该幻灯片之后插入一张与其完全相同的幻灯片。

图 5-8 插入、删除、复制幻灯片快捷菜单

5. 移动幻灯片

选中要移动的幻灯片，然后按下鼠标左键，即可直接拖曳幻灯片。另外，单击窗口右下角的"幻灯片浏览"按钮，切换到"幻灯片浏览"视图中，选中要移动的幻灯片，然后按住鼠标左键不放，将其拖曳至合适的位置后松开鼠标，也可以实现幻灯片的移动操作。

6. 隐藏幻灯片

对于制作好的演示文稿，如果希望其中的部分幻灯片在放映的时候不显示出来，用户可以将其隐藏起来。选中需隐藏的幻灯片，然后单击鼠标右键，在弹出的快捷菜单中选择"隐藏幻灯片"命令，此时在幻灯片的标题上会出现一条删除斜线，表示幻灯片已经被隐藏，如图 5-9 所示。

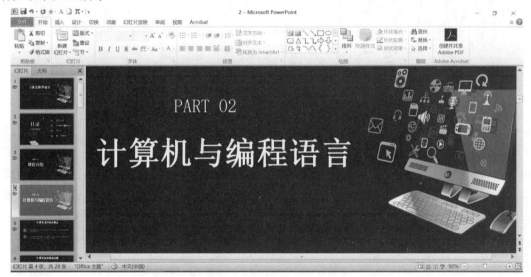

图 5-9　被隐藏的幻灯片

如果需要取消隐藏，则右击目标幻灯片，在弹出的菜单中选择"取消隐藏"命令即可。

5.2.3　演示文稿的编辑

1. 输入和编辑文本内容

文本是演示文稿最基本的元素。在幻灯片中添加文本，最简单的方法是在幻灯片的占位符中直接输入文本。当然，用户也可使用文本框在占位符之外的位置输入文本。

1) 使用占位符输入文本

占位符是一种带有虚线或阴影线边缘的框，在这些框内可以放置标题、正文、图片、表格等对象。在幻灯片中输入文本的方法之一就是在占位符中输入文本。

启动 PowerPoint 2010 应用程序，默认新建一个演示文稿，其中自带一张幻灯片，如图 5-10 所示。在这张幻灯片中包含两个边框为虚线的矩形，它们就是占位符。

当单击占位符内部区域时，初始显示的文字会消失，同时在占位符内部会显示一个闪烁的光标，即插入点。此时可以在占位符中输入文字。输入完毕后单击占位符外的任意位置，即可退出文本编辑状态。

图 5-10 新建演示文稿

2) 使用文本框输入文本

添加文本框是输入文本的另一种方法。如果想要在占位符以外的位置输入文本，可以利用文本框来实现。

选中要添加文字的幻灯片，单击"插入"选项卡，在"文本"组中单击"文本框"下拉按钮，如图 5-11 所示，在弹出的下拉菜单中选择一种文本排列方式，然后在想要添加文本的位置按住鼠标左键拖曳光标形成一个方框，确认文本框的宽度后松开鼠标左键，即可在闪烁的插入点处开始输入文本内容，输入的文本会依照文本框的宽度自动换行。

图 5-11 "文本框"按钮

通过以上两种方法都可以完成对幻灯片文本内容的输入，但是两种方法存在差异，具体包括以下几点：

(1) 占位符在初始状态下会显示提示文字，而文本框在初始状态下不显示任何内容。

(2) 占位符中的内容已经具有一定的格式，而文本框中的内容只是默认的普通格式。

(3) 占位符中可以包含任何可能的内容，如文字、图片、表格、SmartArt 图形等，而文本框中只能包含文字。

用户在幻灯片中输入标题、文本后，这些文字、段落的格式仅限于模板所制定的格式。为了使幻灯片更加美观，易于阅读，可以重新设定文字和段落的格式，这可以利用"开始"选项卡中的"字体"组和"段落"组来实现。除了对文字和段落进行格式化操作，还可以对插入的文本框、图片、自选图形、表格等其他对象进行格式化操作，其具体操作方法与Word 操作类似，在此不再作详细介绍。

2. 设置幻灯片背景

在 PowerPoint 2010 中可以简单改变一张幻灯片或整个演示文稿背景的颜色、纹理和图案等内容。调整背景的方法是：单击"设计"选项卡，在"背景"组中单击"背景样式"下拉按钮，如图 5-12 所示，在打开的列表中根据需要选择一个背景图案。

图 5-12　背景设置

选择一种背景后，该背景可用于当前演示文稿的所有幻灯片中。如果希望只对当前幻灯片设置背景，则单击所选择的背景；若需对所有幻灯片都设置此背景，则单击鼠标右键，在弹出的快捷菜单中选择"应用于所有幻灯片"命令。

如果希望使用已经收集或处理好的图片来作为幻灯片的背景，就需要对背景进行自定义设置。单击"设计"选项卡，在"背景"组中单击"背景样式"下拉按钮，在打开的列表中选择"设置背景格式"命令，打开"设置背景格式"对话框，如图 5-13 所示。从图 5-13中可以看到，默认情况下是以纯色进行背景填充的，通过选择"颜色"下拉列表框中的颜色可以改变背景色。

图 5-13　"设置背景格式"对话框

单击"渐变填充"或"图片或纹理填充"单选按钮可以改变背景填充样式。设置渐变的诀窍在于根据渐变效果的需要设置数量不等的光圈。设置光圈的方法是指定光圈的颜色、结束位置和透明度等，默认情况下自动包含三个光圈，可通过单击"添加渐变光圈"按钮和"删除渐变光圈"按钮来实现添加或删除光圈。

除了利用渐变效果来设置背景，还可以利用指定图片或图案作为幻灯片的背景。此时，需要单击"图片或纹理填充"单选按钮，在此界面中可以设置纹理图案以及选择剪贴画或者图片作为幻灯片背景，如图 5-14 所示。

图 5-14 "图片或纹理填充"选项设置界面

在进行设置的同时可以看到 PowerPoint 编辑窗口中的变化，单击"关闭"按钮，将对当前幻灯片应用已完成的设置。如果希望将背景设置作用于演示文稿的所有幻灯片中，则需要在单击"关闭"按钮之前先单击"全部应用"按钮；如果发现对背景进行了错误的设置，则可以单击"重置背景"按钮，将背景恢复为默认状态。

5.2.4 演示文稿的切换

在 PowerPoint 2010 中，幻灯片切换动画和对象动画这两类动画分别放在不同的选项卡中。对于幻灯片切换动画而言，用户既可以为不同幻灯片设置互不相同的切换动画，也可以为演示文稿中的所有幻灯片设置统一的切换动画。

若要更改幻灯片之间的切换时间和效果，可使用"切换"选项卡。

1. 设置幻灯片之间的切换动画

PowerPoint 2010 提供了丰富的内置幻灯片切换动画，可以为幻灯片之间的过渡设置丰富的切换效果。单击"切换"选项卡"预览"组中的"预览"按钮，可播放动画效果，如图 5-15 所示。

图 5-15 "切换"选项卡

单击"切换"选项卡，在"切换到此幻灯片"组中单击"效果选项"下拉按钮，在下拉菜单中选择相应命令可改变动画效果的细节，如图 5-16 所示。

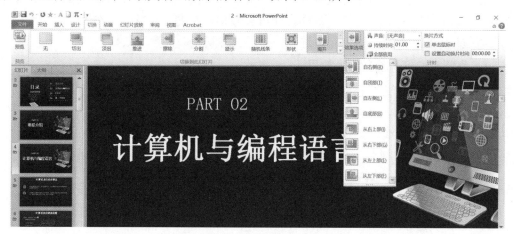

图 5-16　"效果选项"按钮

2. 设置幻灯片之间的切换声音效果

通常在播放幻灯片时，如果能够配合一定的声音，将会达到更好的播放效果。PowerPoint 2010 预置了很多可用于在切换幻灯片时播放的声音，只需单击"切换"选项卡，在"计时"组的"声音"下拉列表框中进行选择即可。

若想用其他声音文件，则可以选择"其他声音"命令，打开"添加音频"对话框，从该对话框中选择计算机中已经保存的 WAV 格式的声音文件。

另外，对于已经插入的声音还可以通过选择"播放下一段声音之前一直循环"命令来使声音持续播放，直到下一个声音播放前才停止。

3. 设置幻灯片之间的切换速度

通过"切换"选项卡"计时"组中的"持续时间"可控制幻灯片之间切换时动画的播放速度。默认情况下，每两张幻灯片之间切换动画的间隔为 2 秒，可以根据实际情况修改这个时间，如图 5-17 所示。

图 5-17　切换速度设置

4. 设置幻灯片之间的切换方式

默认情况下，在播放演示文稿时，都是由演讲者通过单击鼠标左键实现幻灯片切换的。如果希望以固定的时间间隔自动切换幻灯片，实现演示文稿的自动放映，则可以对切换方式进行设置。选择要设置的幻灯片，然后单击"切换"选项卡，在"计时"组中选择幻灯片的切换方式，选项有"单击鼠标时"和"设置自动换片时间"。

5. 删除幻灯片之间的切换效果

如果希望去掉幻灯片中已设置好的切换动画和音效，则单击"切换"选项卡，在"切换到此幻灯片"组中选择"无"选项，即可去除切换时的动画效果；在"计时"组的"声音"下拉列表框中选择"无声音"选项，即可去除切换时的声音效果。

6. 为所有幻灯片设置切换效果

如果希望所有幻灯片在切换时都使用同一个切换动画，可以先为演示文稿中的一张幻灯片设置好切换动画，然后单击"切换"选项卡，在"计时"组中选择"全部应用"选项。同理，如果希望删除演示文稿中所有幻灯片的切换效果，可以删除一张幻灯片的切换效果，然后单击"切换"选项卡，在"计时"组中选择"全部应用"选项。

5.2.5 演示文稿的放映与发布

1. 自定义放映

PowerPoint 2010 允许用户自行设置幻灯片的放映顺序，这可以通过选择"幻灯片放映"选项卡"开始放映幻灯片"组中的选项来实现。

(1) 在"开始放映幻灯片"组中单击"自定义幻灯片放映"下拉按钮，在弹出的菜单中选择"自定义放映"选项(如图 5-18 所示)，即可打开如图 5-19 所示的"自定义放映"对话框。

图 5-18　"自定义放映"选项

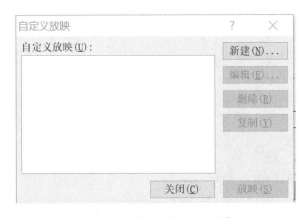

图 5-19　"自定义放映"对话框

(2) 在"自定义放映"对话框中单击"新建"按钮，弹出"定义自定义放映"对话框，在该对话框中设置"幻灯片放映名称"，在左侧的幻灯片列表中按顺序选择要放映的幻灯片，逐一添加到右侧，如图 5-20 所示，最后单击"确定"按钮，完成操作。

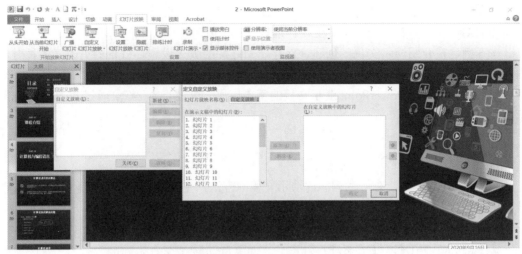

图 5-20 "定义自定义放映"对话框

2. 幻灯片放映方式的设置

在放映前，单击"幻灯片放映"选项卡，在"设置"组中选择"设置幻灯片放映"选项，可以在弹出的"设置放映方式"对话框中对放映方式进行一些整体性的设置。

(1) 放映类型：可以在此选项组中指定演示文稿的放映方式。

演讲者放映(全屏幕)：以全屏幕形式演示，放映进程完全由演讲者控制，可用绘图笔勾画，适用于会议或教学等场合。

观众自行浏览(窗口)：以窗口形式演示，在该方式中不能单击鼠标切换幻灯片，但可以拖动垂直滚动条或按 PageDown/PageUp 键进行控制，适用于人数较少的场合。

在展台浏览(全屏幕)：以全屏幕形式在展台上演示，演示文稿自动循环放映，观众只能观看，不能控制，适用于无人看管的场合。采用该放映方式的演示文稿应按事先预定的或通过选择"幻灯片放映"选项卡"设置"组中的"排练计时"选项设置的时间和次序放映，不允许现场控制放映的进程。

(2) 放映选项：可以在此选项组中指定放映时的选项，包括循环放映时是否允许使用 Esc 键停止放映，放映时是否播放旁白和动画等。

(3) 放映幻灯片：可以在此选项组中设置要放映的幻灯片的范围。如果已经设置了自定义放映，可以通过单击"自定义放映"单选按钮，在下拉列表框中选择已经创建好的自定义放映。

(4) 换片方式：可以通过使用手动单击的方式切换幻灯片，也可以使用预先设置好的排练计时来自动放映幻灯片。

5.3 应 用 案 例

5.3.1 案例 1——"计算机学科类专业介绍"演示文稿的创建及美化

1. 案例背景及分析

每一届新生入校，学院都会安排各专业的负责老师给新入校的大学生们介绍自己的学院和所学的专业。本案例的任务是利用 PowerPoint 演示文稿制作带有文字、图表、图像以及动画的幻灯片，向新入校大学生生动详细地介绍学院和所学专业的情况。

本案例旨在介绍演示文稿的创建、保存，幻灯片的版式设置，背景的更改，多种对象的插入，超链接的设置以及组织机构图的绘制。

前面已经介绍了 PowerPoint 演示文稿的基本应用，因此，本案例的重点是如何美化演示文稿。

2. 相关知识与技能

1) 演示文稿的创建

在 PowerPoint 中，有一系列新建演示文稿的方法，主要包括"空白演示文稿""根据现有内容新建""样本模板"等。

2) 幻灯片版式

PowerPoint 2010 提供了多种自动版式。这些自动版式含有不同的占位符，有的只带有文本占位符，有的则带有图片多媒体对象以及组织结构图等占位符。版式不同，布局也有所不同。

3) 背景

在演示文稿的设计过程中，可以自定义幻灯片背景。设置幻灯片背景包括设置背景颜色、背景渐变、背景纹理、背景图案和背景图片等。

4) 对象

在 PowerPoint 2010 中可以插入不同类型的对象，包括新幻灯片、日期和时间、图片、影片和声音、表格、批注等。

3. 实现方法与步骤

(1) 新建 PowerPoint 演示文稿"计算机学科类专业介绍.pptx"，并保存在 E 盘根目录下。

① 启动 PowerPoint 2010，单击"文件"按钮，在下拉菜单中选择"新建"命令，在"可用的模板和主题"中选择"空白演示文稿"，然后单击右侧的"创建"按钮，如图 5-21 所示。

图 5-21 空白演示文稿的建立

② 在标题占位符中输入"计算机学科类专业介绍",设置字体为"楷体"、字号为"48磅"、字形为"加粗"、颜色为"红色";在副标题占位符中输入"-----计算机教研室",设置字体为"宋体"、字号为"32磅"、颜色为"蓝色",并将占位符调整至合适的位置。

③ 从文件夹中选择一张图片作为背景图。单击"插入"选项卡,在"图像"组中选择"图片"选项,在弹出的"插入图片"对话框中根据图片所存放的路径打开图片,调整图片大小,使其全部覆盖上半页幻灯片,并单击鼠标右键,在下拉菜单中选择"置于底层"显示。这样,图片就可浮于文字下方,不会影响文字的显示,此时再添加"西安科技大学高新学院"字样和校徽,设计效果如图 5-22 所示。

④ 选择"文件"→"另存为",打开"另存为"对话框,在"文件名"列表框中输入"计算机学科类专业简介"文字,保持"保存类型"的默认设置"演示文稿",在"保存位置"下拉列表中选择目的驱动器"E 盘",单击"保存"按钮。

图 5-22　第 1 张幻灯片效果

(2) 设计第 2 张幻灯片。

单击第 1 张幻灯片(选中该幻灯片),再单击鼠标右键,在弹出的菜单中选择"新建幻灯片";在新建幻灯片的标题行中输入"目录",在文本框中输入"学院介绍""学科背景""专业介绍""人才培养",设置字体为"楷体"、字号为"32 磅"、字形为"加粗"、行距为"2 倍",并添加项目符号;在幻灯片右下方添加一个图标,添加方式如前所述。设计效果如图 5-23 所示。

图 5-23　输入文本效果图

对于已经设计好的第 2 张幻灯片，我们发现不论是颜色还是样式都比较单调，因此为其添加背景图案。方法是单击"设计"选项卡，再单击"背景样式"下拉按钮，如图 5-24 所示，打开"背景样式"下拉列表，在其中选择一个背景图案。

图 5-24 添加背景图案

若此时想要更改文字的排版方式，则只要选中所需排版文字，单击"文字方向"下拉按钮，在下拉菜单中选择想要的文字方向即可，如图 5-25 所示。本案例中选择"竖排"，文字排版方向设置完毕后的效果如图 5-26 所示。

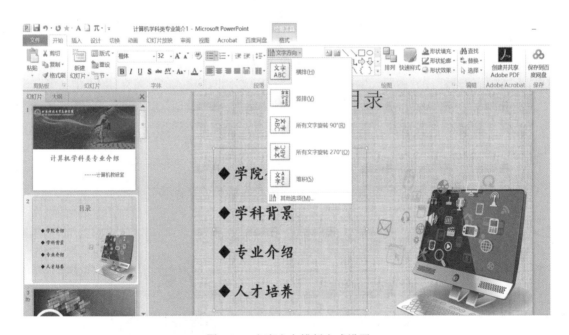

图 5-25　文字方向排版方式设置

(3) 设计第 3 张幻灯片。

插入一张新的幻灯片，在上部插入图片，调整好位置；在下部的文本框中输入"学院介绍"，并利用"插入"选项卡中的"形状"及文本框功能制作"1"的图案效果，如图 5-27 所示。

图 5-26　文字竖排效果图

图 5-27　第 3 张幻灯片效果图

(4) 设计第 4 张幻灯片。

单击"开始"选项卡，选择"新建幻灯片"选项，插入一张新的幻灯片，再单击"版式"下拉按钮，选择"内容与标题"版式。单击"插入"选项卡中的"表格"下拉按钮，拖动鼠标，确定要绘制表格的行列数；或直接单击幻灯片中的表格图标，如图 5-28 所示，设置要绘制表格的行列数。这时会在幻灯片中显示一个相应行数和列数的表格。此时可以在"表格工具设计"选项卡中对表格的样式进行设置，如图 5-29 所示。表格的行列数、样式都设计好后，就可以往里面填写内容了。如果觉得版面单调，可以添加版式(注意区分是选择当前幻灯片还是全部幻灯片，本案例中选择当前幻灯片)。设计效果如图 5-30 所示。

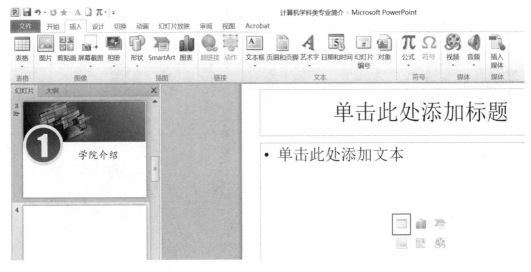

图 5-28　插入表格示意图

图 5-29　"表格工具设计"选项卡

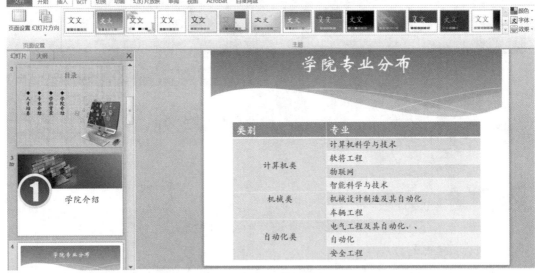

图 5-30　第 4 张幻灯片效果图

(5) 用制作第 3 张幻灯片的方法制作第 5 张幻灯片"学科背景",并将图案"1"改为图案"2"。

(6) 插入一张新的幻灯片,在标题处输入艺术字"有关文件精神",调整好格式,并输入一些内容,如图 5-31 所示。

与以前的版本相比,PowerPoint 2010 提供了更强大的艺术字功能,通过这项功能可以为幻灯片添加样式多变、丰富多彩的艺术字。插入艺术字的方法是:单击"插入"选项卡,在"文本"组中单击"艺术字"下拉按钮，在下拉列表中选择插入艺术字的类别，并输入艺术字内容。若对完成后的艺术字格式不满意，可以通过"绘图工具格式"选项卡"形状样式"和"艺术字样式"组中的选项对其进行调整。

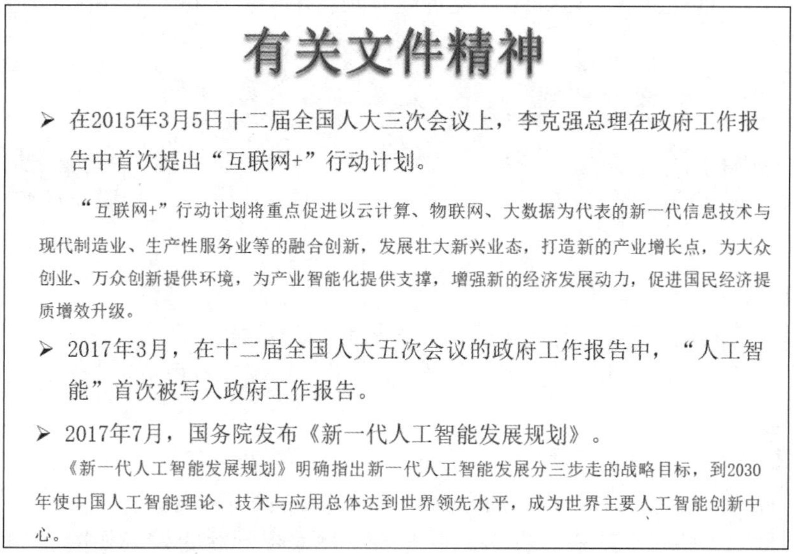

图 5-31　插入艺术字效果图

(7) 插入视频。插入一张新的幻灯片，即第 7 张幻灯片，主要介绍目前整个工科的就业情况。幻灯片左边插入图片，右边插入文本框，如图 5-32 所示。

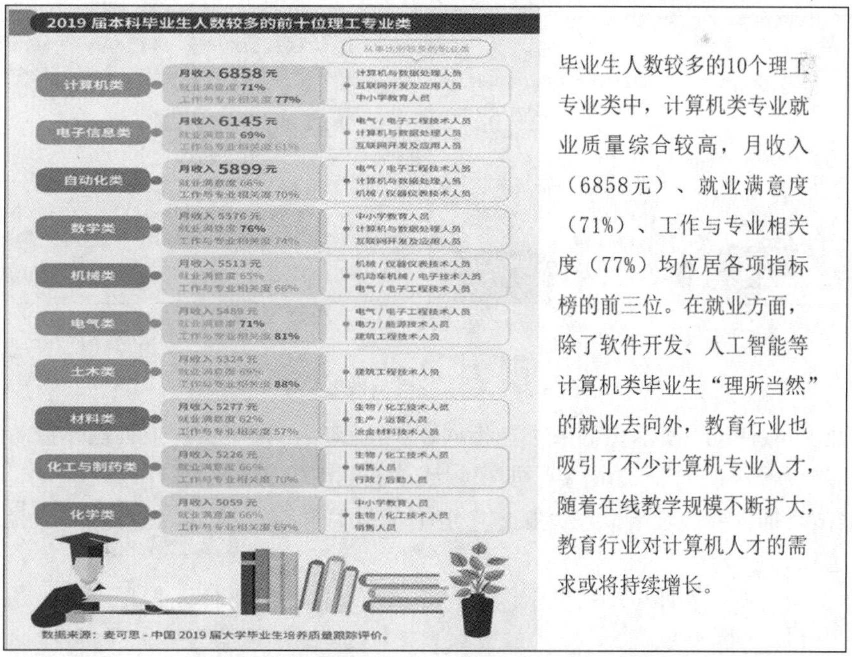

图 5-32　第 7 张幻灯片原图

视频极具吸引力，是解说应用的最佳方式，在演示文稿中添加视频可以增加活力。添加视频的方法是：单击"插入"选项卡，在"媒体"组中单击"视频"下拉按钮，打开"视频"菜单，如图 5-33 所示。视频可以来源于文件、网络及剪贴画库。如果要限制演示文稿的大小，可以链接本地驱动器上的视频文件或上传到网站(如 YouTube 或 Hulu)上的视频文件。为了防止出现链接问题，最好先将视频复制到演示文稿所在的文件夹中，再链接视频。

图 5-33　"视频"菜单

视频来自文件的操作如下：

① 选择"普通视图"，单击要向其中嵌入视频的幻灯片。

② 单击"插入"选项卡，在"媒体"组中单击"视频"下拉按钮，然后选择"文件中的视频"选项。

③ 在"插入视频文件"对话框中，找到并单击要嵌入的视频，然后单击"插入"按钮。

用上述方法在第 7 张幻灯片上插入一段宣传人工智能技术的视频(来自文件)，在第 6 张幻灯片上插入"剪贴画"库中的一个小视频。插入视频后的效果如图 5-34 所示。

(a) 第 7 张幻灯片效果图　　　　　　　(b) 第 6 张幻灯片效果图

图 5-34　插入视频后的效果图

若要在 PowerPoint 演示文稿中添加指向视频的链接，则可执行下列操作：

① 选择"普通视图"，单击要添加视频或动态 GIF 文件的幻灯片。

② 单击"插入"选项卡，在"媒体"组中单击"视频"下拉按钮，然后选择"文件中的视频"选项。

③ 在"插入视频文件"对话框中，找到并单击要链接的文件，单击"插入"下拉按钮，然后选择"链接到文件"。

(8) 插入音频。在演示文稿中合理地添加音频，可以使幻灯片更加生动，增加新鲜感。添加音频的方法与添加视频的相同。

在幻灯片上插入音频时，将显示一个表示音频文件的图标。在进行演讲时，可以将音频剪辑设置为在显示幻灯片时自动开始播放、在单击鼠标时开始播放或循环播放。

设置音频剪辑的播放方式的具体操作方法如下：

① 在幻灯片上，选择音频剪辑图标。

② 选择"音频工具播放"选项卡，在"音频选项"组中执行下列操作之一：

• 若要在放映该幻灯片时自动开始播放音频剪辑，则在"开始"下拉列表框中选择"自动"。

• 若要通过在幻灯片上单击音频剪辑来手动播放，则在"开始"下拉列表框中选择"单击"。

• 若要在演示文稿中单击切换到下一张幻灯片时播放音频剪辑，则选择"跨幻灯片播放"。

• 若要连续播放音频剪辑直至停止播放，则勾选"循环播放，直到停止"复选框。

(9) 插入超链接。不仅可以在幻灯片上添加音频和视频等多媒体对象，还可以为幻灯片加上超链接，这些技巧可方便用户更好地使用演示文稿。

超链接是一种非常实用的跳转方式，通过超链接可以从当前所在的演示文稿转到其他的演示文稿，或转到同一演示文稿的不同幻灯片。为幻灯片中的某一对象插入超链接的方法有多种，但无论选用哪种方法，前提条件都是先选中该对象。

创建超链接的具体方法如下：

① 选择"普通视图"，单击要用作超链接的文本或对象。

② 单击"插入"选项卡，在"链接"组中选择"超链接"。

③ 在"链接到"下拉菜单中，选择"本文档中的位置"。

根据需求执行下列操作之一：

• 链接到当前演示文稿中的自定义放映：在"请选择文档中的位置"下，单击要用作超链接目标的自定义放映，勾选"放映后返回"复选框。

• 链接到当前演示文稿中的幻灯片：在"请选择文档中的位置"下，单击要用作超链接目标的幻灯片。

对于链接到不同演示文稿中的幻灯片，若要在主演示文稿中添加指向演示文稿的链接，则在将主演示文稿复制到便携电脑中时，要确保将链接的演示文稿复制到主演示文稿所在的文件夹中。若不复制链接的演示文稿，或者重命名、移动或删除了添加的演示文稿，则当从主演示文稿中单击指向链接的演示文稿的超链接时，链接的演示文稿将不可用。具体方法如下：

① 选择"普通视图"，单击要用作超链接的文本或对象。

② 单击"插入"选项卡，在"链接"组中选择"超链接"。

③ 在"链接到"下拉菜单中，选择"原有文件或网页"。

④ 找到包含要链接到的幻灯片的演示文稿。

⑤ 单击"书签"按钮，然后单击要链接到的幻灯片的标题。

本案例把目录和章节用超链接链接了起来，如图 5-35 所示。单击鼠标右键，打开快捷菜单后，可以编辑或删除链接。

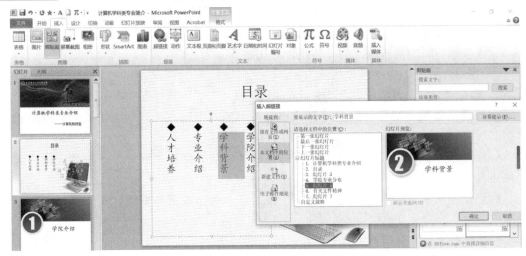

图 5-35 "插入超链接"对话框

4. 小结

本案例旨在使学生掌握演示文稿制作的基本操作方法，在以后的同类操作中还需注意以下相关技巧：

(1) 在默认状态下，PowerPoint 会随着输入来调整文本大小，以适应占位符。当扩大占位符时，文本也会随之扩大。

(2) 幻灯片中设置的超链接除了可以链接到文本文档，还可以链接到原有文件或网页、新建文档、电子邮件地址等，读者可以根据需要自行选择。

(3) 设置幻灯片背景的操作和在 Word 中设置背景的操作基本一致，除了案例中提到的纹理和图片可以充当幻灯片背景，还可以根据需要将幻灯片背景设置为渐变色、预设颜色、图案等，以达到美化幻灯片效果的目的。

5. 课后练习

课下寻找素材图片，编辑制作一份"校园风采"演示文稿。具体要求如下：

(1) 创建空白演示文稿，选取第 1 张幻灯片的版式为"标题幻灯片"，在标题占位符中输入"校园风采"，格式为华文行楷、加粗、48 号、蓝色、阴影效果。在副标题占位符中输入"——西安科技大学高新学院"，格式为宋体、28 号、黑色、右对齐。

(2) 新建一张"标题和两栏文本"幻灯片，在标题占位符中输入"四个学院"，在两栏文本中输入内容并为文本添加项目符号"●"。

(3) 新建 4 张"文本与剪贴画"幻灯片，将寻找到的素材中相应的内容复制到幻灯片中，分别插入 4 张与学校风景相关的图片，调整文本和图片的位置。

(4) 将第 5 张幻灯片的版式改为"剪贴画与垂直排列文本"。

(5) 将图片"背景.jpg"设置为第 1 张幻灯片的背景，其余幻灯片的背景设置为"雨后初晴""从角度辐射"。

(6) 在演示文稿的最后插入一张空白的幻灯片，再插入艺术字，选择字库中第 3 行第 1 列的样式，内容为"谢谢观赏！"，格式为宋体、66 号、加粗。

(7) 为第 2 张幻灯片中的目录项建立超链接，分别指向对应的幻灯片，建立超链接的文字显示为深紫色。

(8) 在学校拍一段介绍学校的小视频，将其插入到第 1 张幻灯片中，并在第 2 张幻灯片开始播放时插入自己喜欢的音乐。

5.3.2　案例 2——"计算机学科类专业介绍"演示文稿的动画设置

1. 案例背景及分析

PowerPoint 是一款集文字、图像和声音于一体的演示文稿制作软件。如果对系统提供的标准方案不太满意，还可以为幻灯片的文本和对象自定义动画。本案例的主要任务是为 5.3.1 小节中的演示文稿设置动画，旨在介绍演示文稿中添加动画的方法。

2. 相关知识与技能

幻灯片的动画效果是指给幻灯片中的指定对象，包括图片、文字、图表等添加动态效果，以使演示文稿形式更加丰富多彩，更具观赏性。动画效果的应用可以通过"动画"选项卡的"自定义动画"任务窗格来完成，其操作过程简单，可供选择的动画样式多样。

3. 实现方法与步骤

打开 5.3.1 小节中编辑的"计算机学科类专业介绍.pptx"演示文稿。

1) 幻灯片的动画编辑

(1) 为某个对象设置单个动画。

要为某个对象设置动画效果，需要先选择该对象，然后在"动画"选项卡的"动画"组中选择一种动画效果，如图 5-36 所示。本案例中对"学院介绍"设置"飞入"动画。

图 5-36　"动画"选项卡

当为幻灯片中的某一个对象设置了一个动画后，幻灯片中该对象左侧会显示一个数字，表示该动画在幻灯片中的动画序号，如图 5-37 所示。动画序号可以让我们很容易地分辨出幻灯片中每个动画的播放次序。

图 5-37　动画序号

(2) 利用动画刷设置动画。

PowerPoint 2010 新增了一个动画刷的功能，类似于 Word 中的格式刷，其功能是快速将一个对象上的动画效果复制到其他对象上。动画刷的操作是：单击包含要复制的动画对象，然后单击"动画"选项卡，在"高级动画"组中选择"动画刷"选项，再单击另一个对象，即可为后者设置之前复制的动画，如图 5-38 所示。本案例中将第 5 张幻灯片"学科背景"用动画刷刷为和"学院介绍"一样的动画效果。

图 5-38　"动画刷"选项

(3) 为某个对象设置多个动画。

如果希望某个对象可以表现出多种动画效果，可以为该对象设置多个动画。设置多个动画的方法与设置一个动画的方法类似，只要在设置好一个动画后，继续为该对象添加其他动画即可。需要注意的是，在使用"动画"组中的不同选项为同一个对象添加动画时，即使反复选择了多次动画，最终为对象设置的仍为最后一次选择的动画，而不是将每次选择的动画都叠加到该对象上。换句话说，就是使用"动画"组中的选项只能为一个对象设置一个动画。

若要在某个对象上设置多个动画，则需要先单击"动画"选项卡，在"高级动画"组中单击"添加动画"下拉按钮，然后在打开的列表中选择多个动画。当为某个对象设置了多个动画时，可以看到该对象左侧有多个动画序号。在本案例中，为第 6 张幻灯片添加 2 个动画效果("飞入"与"陀螺旋")，单击"动画"选项卡，选择"高级动画"组中的"动画窗格"选项，可以看到"动画窗格"中有 2 个动画。

(4) 调整多个动画的播放顺序。

在为同一个对象设置了多个动画或在一张幻灯片中为多个不同的对象设置了动画后，可能需要制定这些动画的播放顺序，从而得到预期的效果，这时可以单击"动画"选项卡，选择"高级动画"组中的"动画窗格"选项，打开"动画窗格"对话框，如图 5-39 所示。其中显示了当前幻灯片中所有对象的动画效果，单击"播放"按钮将依次播放动画列表中的每一个动画。如果想调整动画的播放顺序，可以在动画列表中单击要调整顺序的动画，再单击向上移动或向下移动按钮将其向上或向下移动，也可以直接通过鼠标拖曳调整动画播放顺序。

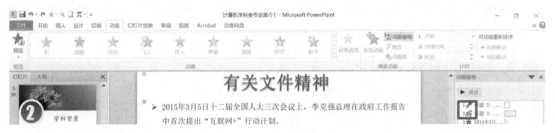

图 5-39　"动画窗格"对话框

在本案例中，对第 6 张幻灯片的每一段话进行动画设置，如图 5-40 所示。对第 2 段文字和最后一段文字添加一个"推出"和"飞出"动画，编号为 8 和 9，接着在"动画窗格"中将动画序号为 8 的动画调整为序号为 5 的动画，并调节文字位置，使本幻灯片播放时最终显示如图 5-41 所示。

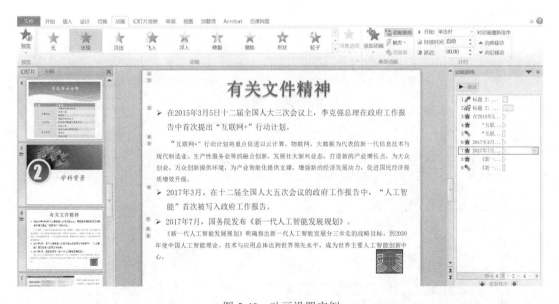

图 5-40　动画设置实例

图 5-41　更改后的动画设置实例

(5) 设置动画的细节。

这里所说的"动画细节"是指在为对象设置动画后，根据实际情况可能需要进行调整的一些动画设置选项，比如，当选择了一个动画效果后，可以激活功能区中"动画"选项卡下的"计时"组，在其中可设置动画的开始方式、持续时间、延迟时间以及动画的顺序等，如图 5-42 所示。这种设置也可以使用专门的动画设置对话框进行：右击要设置的动画效果按钮，在弹出的快捷菜单中选择"效果选项"或"计时"命令，然后在打开的对话框中对动画进行详细设置。

图 5-42　动画细节设置选项

(6) 动画播放形式的设置。

在"动画窗格"中选择一个动画，单击右边的下拉按钮，如图 5-43 所示，打开菜单。选择"单击开始"，表示单击鼠标后播放动画；选择"从上一项开始"或"从上一项之后开始"，表示用时间控制的形式播放动画。读者可以尝试用以上两种方法设置第 6 张幻灯片的播放形式。

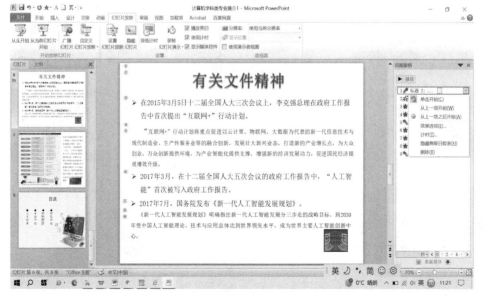

图 5-43　播放形式的设置

2）PowerPoint 2010 的切换设置

除可以对幻灯片内的对象设置动画效果外，用户还可以对幻灯片间的放映方式进行设置。这种设置可以使幻灯片以多种不同的方式出现在屏幕上。在本案例中，将第 6 张幻灯片设置成如图 5-44 所示的切换方式，如需设置所有的幻灯片切换方式，单击"全部应用"按钮即可。

图 5-44　幻灯片切换设置

4. 小结

在 PowerPoint 中，除了可以插入图片、表格等，还可以插入影片和声音等多媒体元素，以丰富幻灯片的内容。通过本小节的练习，大家可进一步掌握设置 PowerPoint 2010 中动画效果的方法。

5. 课后练习

课下寻找素材图片，编辑制作一份具备动态效果的演示文稿"校园风采"。要求添加动画和音频介绍美丽的校园，包括漂亮的校园、动人的故事、有趣的新闻等。

本 章 小 结

本章介绍了演示文稿软件 PowerPoint 2010 的基础知识与基本操作，主要内容包括：工作界面及基本概念，演示文稿的基本操作，演示文稿的编辑与切换、放映与发布，插入图片、剪贴画、音频、视频等操作，主题、样式和背景的应用，动画的设置与幻灯片的切换，幻灯片播放方式的设置等。

自 测 题

一、选择题

1. PowerPoint 2010 是(　　)。

A. 数据库管理软件　　　　B. 文字处理软件

C. 电子表格软件　　　　　D. 幻灯片制作软件(或演示文稿制作软件)

2. PowerPoint 2010 演示文稿的扩展名是(　　)。

A. .psdx　　　　　　　　　B. .ppxs

C. .pptx　　　　　　　　　D. .ppt

3. 演示文稿的基本组成单元是(　　)。

A. 图形　　　　　　　　　B. 幻灯片

C. 超链接   D. 文本

4. PowerPoint 2010 中主要的编辑视图是(　　)。

A. 幻灯片浏览视图   B. 普通视图

C. 幻灯片放映视图   D. 备注视图

5. 在 PowerPoint 2010 的幻灯片浏览视图中，要选定不连续的多张幻灯片，应借助的键是(　　)键。

A. Alt   B. Shift

C. Tab   D. Ctrl

6. 在 PowerPoint 的普通视图左侧的大纲窗格中，可以修改的是(　　)。

A. 占位符中的文字   B. 图表

C. 自选图形   D. 文本框中的文字

7. 在 PowerPoint 2010 中，通过"插入"选项卡可以创建(　　)。

A. 新文件，打开文件   B. 表、形状与图标

C. 文本左对齐   D. 动画

8. 在 PowerPoint 2010 中，通过"设计"选项卡可自定义演示文稿的(　　)。

A. 新文件，打开文件   B. 表、形状与图标

C. 背景、主题设计和颜色   D. 动画设计与页面设计

9. 放映当前幻灯片的快捷键是(　　)键。

A. F6   B. Shift + F6

C. F5   D. Shift + F5

10. 如果要在演示文稿的播放过程中终止幻灯片的演示，随时可按的终止键是(　　)键。

A. End   B. Esc

C. Ctrl + E   D. Ctrl + C

11. 在 PowerPoint 2010 的普通视图窗口的状态栏中出现了"幻灯片 2/7"的文字，表示(　　)。

A. 共有 7 张幻灯片，目前只编辑了 2 张

B. 共有 7 张幻灯片，目前显示的是第 2 张

C. 共编辑了 2/7 张的幻灯片

D. 共有 9 张幻灯片，目前显示的是第 2 张

12. PowerPoint 2010 演示文稿在放映时能呈现多种效果，这些效果(　　)。

A. 完全由放映时的具体操作决定

B. 由系统决定，无法改变

C. 与演示文稿本身无关

D. 需要在编辑时设定相应的放映属性

13. 幻灯片放映时的超级链接功能指的是选择文稿中的某个链接点时，可转向(　　)。

A. 用浏览器观察某个网站的内容

B. 用其他软件显示相应文档内容

C. 放映其他演示文稿或本演示文稿的另一张幻灯片

D. 以上都可能

14. 演示文稿在演示时，需要从第 2 张幻灯片链接到其他文件。为此，应在第 2 张幻灯片中(　　)。

A. 插入动作按钮，并进行超链接设置

B. 自定义动画，并进行超链接设置

C. 定义幻灯片切换方式，并设置切换效果

D. 自定义幻灯片放映，并设置放映选项

15. 选择"空白演示文稿"模板建立演示文稿时，下面叙述正确的是(　　)。

A. 可以不在"新幻灯片"对话框中选定一种自动版式

B. 必须在"新幻灯片"对话框中选定一种自动版式

C. 选择"文件"菜单中的"新建"命令，然后在"常用"对话框中选择"空白演示文稿"模板，即可直接输入文本内容

D. 单击"常用"工具栏中的"新建"按钮，然后直接输入文本内容

16. 若在保存演示文稿时，出现"另存为"对话框，则说明(　　)。

A. 该文件保存时不能用该文件原来的文件名

B. 该文件不能保存

C. 该文件未保存过

D. 该文件已经保存过

17. PowerPoint 2010 中，"文件"菜单中的"新建"命令的功能是建立(　　)。

A. 一个演示文稿　　　　　　　　　B. 一张幻灯片

C. 一个新的模板文件　　　　　　　D. 一个新的备注文件

18. 打开一个已经存在的演示文稿的常规操作是(　　)。

A. 选择"插入"菜单中的"文件"命令

B. 选择"编辑"菜单中的"文件"命令

C. 选择"视图"菜单中的"打开"命令

D. 选择"文件"菜单中的"打开"命令

19. "文件"菜单底部所显示的文件名是(　　)。

A. 正在使用的文件名

B. 正在打印的文件名

C. 扩展名为 PPT 的文件名

D. 最近被 PowerPoint 处理过的文件名

20. 下列操作中，不是退出 PowerPoint 2010 的操作是(　　)。

A. 选择"文件"下拉菜单中的"关闭"命令

B. 选择"文件"下拉菜单中的"退出"命令

C. 按组合键 Alt + F4

D. 双击 PowerPoint 2010 窗口的"控制菜单"图标

二、填空题

1. 在 PowerPoint 2010 中，可以对幻灯片进行移动、删除、复制、设置动画效果等操作，但不能对单独的幻灯片内容进行编辑的视图是_____。

2. 在 PowerPoint 2010 中，为给幻灯片设置动画效果，可单击＿＿＿＿＿下拉菜单中的＿＿＿＿＿或＿＿＿＿＿命令。

3. 如果在幻灯片浏览视图中选定若干张幻灯片，那么应先按住＿＿＿＿＿键，再分别单击每个幻灯片。

4. 在＿＿＿＿＿和＿＿＿＿＿视图下可以改变幻灯片的顺序。

三、简答题

1. 在 PowerPoint 2010 中，有哪几种视图？分别适用于何种情况？

2. 怎样为幻灯片设置背景和配色？

拓展阅读

我国的演示文稿编辑软件呈现出蓬勃发展的态势，已经涌现出了一批优秀的应用软件，如 WPS Office、LibreOffice、Focusky 动画演示大师、布丁演示等。这些软件都提供了多样化的模板和素材，可以帮助用户快速创建美观、专业的演示文稿；同时支持多种文件格式的导入和导出，方便用户在不同软件之间进行文件转换和分享；还支持在线协作，方便用户与他人共同编辑和分享演示文稿。通过不断创新和优化产品功能，深入挖掘用户需求，国产演示文稿编辑软件赢得了广大用户的青睐。

(1) WPS Office。WPS Office 是由金山软件股份有限公司自主研发的办公软件套装，其内存占用低、运行速度快，支持多种格式的导入和导出。其中 WPS Office 演示文稿具有海量模板和素材、软件小巧、兼容性强、支持"云"办公和简单易用等特点，是一款功能强大且用户友好的演示文稿软件。

(2) LibreOffice。LibreOffice 是一款开源的办公套件，包含了文字处理、表格和演示文稿等多个组件。它支持多种操作系统，并提供了丰富的功能和灵活的定制选项。LibreOffice 的演示文稿组件支持多种格式，包括 PPT、PDF 等。

(3) Focusky 动画演示大师。Focusky 动画演示大师是一款专业的演示文稿制作软件，其独特的缩放和动画效果可以使演示更加生动有趣。Focusky 动画演示大师提供了丰富的模板和素材，用户可以轻松制作出高质量的演示文稿。

(4) 布丁演示。布丁演示是一款简单易用的演示文稿制作软件，它提供了丰富的模板和主题，用户可以快速创建出美观的演示文稿。同时，布丁演示还支持多种媒体格式的导入和导出，方便用户进行分享和交流。

随着云计算、大数据、人工智能等技术的不断发展，我国演示文稿软件将会实现更多创新突破，如智能化内容推荐、自动布局、语音转文字等，可进一步提升用户体验和制作效率。

参 考 文 献

[1] 龚尚福. 计算机基础及应用[M]. 西安：西安电子科技大学出版社，2016.

[2] 刘瑞新. 计算机应用基础[M]. 北京：机械工业出版社，2016.

[3] 宋广军. 计算机应用基础[M]. 5 版. 北京：清华大学出版社，2019.

[4] 张巍. 计算机应用基础[M]. 2 版. 北京：清华大学出版社，2016.

[5] 孙姜燕. 信息处理技术员教程[M]. 北京：清华大学出版社，2018.

[6] 李振富. 计算机应用基础[M]. 西安：西安电子科技大学出版社，2013.

[7] 孟朝霞. 大学计算机基础实验指导与习题[M]. 西安：西安电子科技大学出版社，2012.

[8] 孙义，李鹏. 计算机文化基础[M]. 北京：北京大学出版社，2014.

[9] 宋耀文，刘松霭. 新编计算机基础教程[M]. 4 版. 北京：清华大学出版社，2020.

[10] 宋晓明，张晓娟. 计算机基础案例教程[M]. 2 版. 北京：清华大学出版社，2020.

[11] 郭娜，刘颖. 大学计算机基础教程[M]. 2 版. 北京：清华大学出版社，2019.

[12] 刘勇. 大学计算机基础[M]. 北京：清华大学出版社，2011.